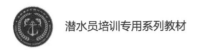潜水员培训专用系列教材

市政工程
潜水员培训手册

主编 石 路
主审 宋家慧

U0294822

上海交通大学出版社
SHANGHAI JIAO TONG UNIVERSITY PRESS

内容提要

本书由上海交通大学、中国潜水打捞行业协会、上海市排水行业协会和上海市排水管理处相关人员共同编著完成。本书结合行业特点,重点介绍了市政工程潜水作业人员在工作中涉及的物理、化学、生理学、医学基础知识以及法律、法规、标准、操作规范等内容。

本书既可供市政工程潜水作业人员使用,也可供其他潜水及高气压环境作业人员参考使用。

图书在版编目(CIP)数据

市政工程潜水员培训手册/石路主编. —上海:上海交通大学出版社,2019
ISBN 978 - 7 - 313 - 21558 - 1

Ⅰ.①市… Ⅱ.①石… Ⅲ.①潜水-技术培训-手册 Ⅳ.①P754.3 - 62

中国版本图书馆 CIP 数据核字(2019)第 153599 号

市政工程潜水员培训手册

主　　编:石　路

出版发行:上海交通大学出版社
邮政编码:200030
印　　制:上海万卷印刷股份有限公司
开　　本:787mm×1092mm　1/16
字　　数:417 千字
版　　次:2019 年 8 月第 1 版
书　　号:ISBN 978 - 7 - 313 - 21558 - 1/P
定　　价:128.00 元

地　　址:上海市番禺路 951 号
电　　话:021 - 64071208
经　　销:全国新华书店
印　　张:18.5
印　　次:2019 年 8 月第 1 次印刷

本书学术委员会

本书编写组

主　编：石　路

副主编：张代吉　陈其楠　王　炜

编　者：王　菁　方以群　虞钲昌　杨　喆
　　　　张　辉　周述尧　朱　剑　徐伟刚
　　　　周　晶　姜正林　薛利群　李洋洋
　　　　姜付章　李腊民　李　通　刘　军
　　　　孙跃平　钱思成　杨宝龙

教材编审委员会

主　任

宋家慧（中国潜水打捞行业协会）

副主任

杨　启（上海交通大学海洋水下工程科学研究院）

马德荣（上海市排水行业协会）

孙明耀（上海市排水管理处）

褚新奇（海军医学研究所）

陆志刚（上海市第六人民医院）

委　员

陈丽萍（中国潜水打捞行业协会）

张延猛（上海交通大学海洋水下工程科学研究院）

陈志康（中国潜水打捞行业协会）

庄敏捷（上海市排水管理处）

葛惠华（上海市排水行业协会）

徐庆文（交通运输部烟台打捞局）

戚以国（青岛海洋技师学院）

主　编

石　路（上海交通大学海洋水下工程科学研究院）

副主编

张代吉（中国潜水打捞行业协会）

陈其楠（上海市排水管理处）

王　炜（上海市排水行业协会）

编　者

王　菁（上海交通大学海洋水下工程科学研究院）

方以群（海军医学研究所）

虞钲昌（上海昌源市政工程有限公司）

杨　喆（上海市第六人民医院）

张　辉（交通运输部上海打捞局、深圳杉叶实业有限公司）

周述尧（上海交通大学海洋水下工程科学研究院）

朱　剑（上海市排水管理处）

徐伟刚（海军军医大学）

周　晶（中国潜水打捞行业协会）

姜正林（南通大学）

薛利群（上海交通大学海洋水下工程科学研究院）

李洋洋（上海交通大学海洋水下工程科学研究院）

姜付章（上海景湖市政工程有限公司）

李腊民（上海珑越打捞工程有限公司）

李　通（上海誉帆环境科技有限公司）

刘　军（上海乐通管道工程有限公司）

孙跃平（上海管丽建设工程有限公司）

钱思成（上海齐政建设工程有限公司）

杨宝龙（上海交通大学海洋水下工程科学研究院）

序

　　近年来,随着国家城镇化建设快速发展,现代城市规模急剧扩大。城市供水和排水设施、市政集污水管道工程和水下管道工程、大型涵箱及取排水工程、隧道盾构高气压工程、沉管隧道水下工程等市政类潜水工程应用迅猛发展,城市的每寸路面下都密布着纵横交错的管道。不同于海洋与内河相对宽松的水下作业环境,市政工程潜水作业人员工作于排水管道、污水井、泵站、污水处理厂等狭小有限空间或有毒污染空间。开展从业人员的专业培训,加强科学的操作规范和安全预防措施,对进一步提升行业安全生产和规范操作有着极大的推动作用。

　　2018年1月,中共中央办公厅、国务院办公厅印发了《关于推进城市安全发展的意见》,强调城市基础设施建设要严格把关,坚持把安全放在第一位。作为中国潜水打捞业界唯一的全国性行业协会,中国潜水打捞行业协会紧跟中央步伐,以"服务于社会、服务于行业、服务于会员"为宗旨,率先提出并主动承担起市政工程潜水及水下作业安全行业自律管理建设的社会责任,致力于规范和提升潜水及水下作业安全水平和专业服务能力。针对当前市政工程潜水安全生产现状,在开展全面调查和深入研究分析的基础上,协会决定利用其丰富的潜水及水下安全作业自律建设经验、雄厚的水下作业人员培训资源,结合当前形势,积极协助政府主管部门开展市政工程潜水及水下安全作业自律建设。上海市政府及相关主管部门高度重视2018年6月15日在上海举行的"市政工程潜水及水下作业安全行业自律管理体系建设"启动工作,认为推进安全作业自律工作应立足于国家战略,聚焦行业需求,突出问题导向,尊重发展规律,破解发展难题,汇集行业智慧,凝聚发展共识。

　　作为国内第一本市政工程潜水专业培训教材,《市政工程潜水员培训手册》紧密围绕市政工程潜水作业的特点,将涉及的物理、化学、医学、工程等领域的基础理论知识以及常见潜水装具的操作要领等做了系统的介绍。本书的编写组成员来自市政工程潜水的多个领域,长期从事潜水教学、培训及市政工程施工。在编写过程中,成员们各自发挥特长,将扎实的理论知识和丰富的实践经验融入书中,大大丰富了本书的内容。随着工作的持续推进,将陆续推出其他相关教材。

　　"长风破浪会有时,直挂云帆济沧海"。中国潜水打捞行业协会以开创和推进市政工程潜水及水下安全作业行业自律管理,建立和完善专业培训管理体系,保障从业人员健康及人身安全,提升从业机构和人员综合素质,适应国家城镇化建设发展战略要求为己任。我相信,只要始终围绕党和国家的大政方针,以"三个服务"为出发点,脚踏实地、锲而不舍、砥砺前行,就一定能够实现潜水及水下作业安全管理的现代化、科学化和专业化!

　　本书的出版,有利于进一步推进市政工程潜水及水下安全作业行业自律建设。同时,也将积极推动人民群众对美好生活的向往的实现,具有十分重要的意义!

中国潜水打捞行业协会

理事长　宋家慧

2019 年 7 月

前　言

随着我国城镇化建设步伐的加快,在城市给排水设施、各类市政管道及地下管线等现代化城市基础设施建设过程中,市政工程应用迅猛发展。现有的市政工程潜水员大部分都是从海洋工程潜水员转化而来的,市政潜水作业技能有待进一步提高。

当前,市政工程潜水作业安全越来越成为社会关注的焦点,国家出台了一系列文件,要求各部门在基础设施建设中要严把"安全"关。

中国潜水打捞行业协会从国家需求出发、把握时代脉搏、顺应行业发展潮流,坚持"三个服务"的宗旨,积极推进市政工程潜水及水下安全作业自律工作。协会领导高度重视市政工程潜水员的培训工作,致力于提升市政潜水从业人员的培训及管理水准,建立适应行业特点的中国特色人才培养机制,促进人才队伍素质提升,完善行业自律建设。上海市排水行业协会、上海市排水管理处不仅积极参与本教材的编写工作,而且在实地考察和资料收集的过程中也给予了大力支持。

2017 年 4 月,中国潜水打捞行业协会领导率队拜访了上海市人民政府相关部门,介绍了中国潜水打捞行业协会与上海市排水行业协会合作推进市政工程潜水安全自律建设及开展市政潜水员培训试点工作的计划。2017 年 5 月 13 日,协会在上海办事处召开了"市政工程潜水工作研讨会",与会专家一致形成了推进市政工程潜水安全自律建设工作的总体战略思路。在达成战略合作协议的基础上,中国潜水打捞行业协会与上海市排水行业协会在市政工程潜水安全自律建设及市政潜水员培训工作试点等方面开展了紧密合作。

上海交通大学海洋水下工程科学研究院潜水培训中心长期开展潜水员的培训工作,在系统总结近二十年潜水员培训教学经验的基础上编写了《市政工程潜水员培训专用大纲》和《市政工程潜水员培训专用教材》。2018 年,作为中国潜水打捞行业协会指定的、国内唯一一家市政潜水员试点培训机构,中心严格按照培训大纲和教材对市政工程潜水学员进行培训,培养了国内首批专业市政工程潜水员。中心通过总结试点培训的经验,进一步对培训教材进行了完善,编著了《市政工程潜水员培训手册》。

本书集理论性和操作性为一体,系统地阐述了市政工程潜水作业所涉及的物理、化学、医学、工程等领域的基础知识以及常见潜水装具的操作要领等内容。本书共 11 章;第 1 章概述,主要介绍了潜水技术发展简史以及我国市政潜水现状和发展趋势,由石路编写;第 2 章市政潜水物理学基础,主要介绍了水的压强、浮力、气体溶解度、水下声学与光学等与市政工程潜水相关的物理学基础知识,由李洋洋、杨宝龙编写;第 3 章市政潜水化学基础,主要介绍了硫化氢、一氧化碳、二氧化碳、沼气等市政工程潜水作业过程中常见的有毒有害气体的特性、防护措施等化学基础知识,由王炜、姜付章、钱思成编写;第4~6章分别介绍了自携式、水面供气需供式和通风式潜水装具及配套用品、着装及相应的潜水操作要领,由王菁、薛利群、李腊民编写;第7章市政工程潜水作业技术,主要介绍了市政给排水工程基础知识、管道养护、水下检测等技术,由张代吉、虞钲昌、李通、刘军、孙跃平编写;第8章潜水设备,主要介绍了潜水供气系统和甲板减压舱系统,由张辉、周晶、姜正林、杨宝龙编写;第9章市政潜水医学基础知识,主要介绍了潜水减压病、气压伤、氮麻醉、氧中毒、硫化氢中毒等相关病症的生理机制,由方以群、周述尧、徐伟刚、李洋洋编写;第10章市政潜水事故与急救,主要介绍了心肺复苏、应急止血包扎等基本急救知识以及有毒有害气体中毒、水下绞缠、供气中断等突发事故的紧急处理及相应的预防措施,由杨喆、王菁编写;附录市政工程作业安全须知,主要介绍了市政工程施工现场的安全作业要求,由陈其楠、朱剑编写。

　　在此,我们还要特别感谢宋家慧、杨启、马德荣、孙明耀、褚新奇、陆志刚在百忙中审阅本书。

　　由于编者学识水平有限,本书存在诸多不足。敬请广大读者批评指正,提出宝贵意见。

编　者

2019 年 6 月

目　　录

1 绪 论

　　市政工程是城市建设中市政基础设施工程建造(除建筑业的房屋建造)的科学技术活动的总称,是人们应用市政工程技术、各种材料、工艺和设备进行市政基础设施的勘测、设计、监督、管理、施工、保养维修等技术活动,在地上、地下或水中建造的直接或间接为人们生活服务的各种城市基础设施。

　　市政工程一般是指城市道路、桥涵、隧道、排水(含污水处理)、防洪和城市照明等市政基础设施的建设工程。广义的市政工程包括以下设施的建设、维护和管理:

　　(1)市政工程设施,包括城市的道路、桥梁、隧道、涵洞、防洪、下水道、排水灌渠、污水处理厂(站)、城市照明等设施。

　　(2)公用基础事业设施,包括城市供水、供气、供热、公共交通(含公共汽车、电车、地铁、轻轨列车、轮渡、出租汽车及索道缆车等)。

　　(3)园林绿化设施,包括园林建筑、园林绿化、道路绿化及公共绿地的绿化等。

　　(4)市容和环境卫生设施,包括市容市貌的设施建设、维护和管理等。

　　以上各项设施及其附属设施,统称为市政公用设施。

　　市政工程自身的特点是隐蔽工程比较多。如城市道路,除面层表面裸露外,路基、垫层、基础都位于面层之下,工程完工后,仅能看见面层表面部位;排水灌渠工程除检查井的口、盖外,工程结构的主要构造绝大部分都隐藏在地下。

　　市政工程随着社会经济的发展、科学技术的进步而不断发展:社会的发展对市政工程的需要不断地、迅速地增长,首先是作为市政工程物质基础的建筑材料日新月异,性能不断优化,其次是随之发展的设计理论与施工工艺技术不断提高,这成为市政工程建设技术水平发展的先决条件。新的技术、性能优良的建筑材料、新的设计理论或成功采用的新的施工工艺技术,这些都能促进市政工程建设水平的提高。

　　近年来,随着市政工程的迅猛发展,盾构作业和给排水工程中越来越多地需要运用潜水技术,市政工程潜水员应运而生。

1.1 潜水技术发展简史

　　主动从水面潜入水下,再从水下上升出水的过程,称为潜水。遥控潜水器和水下机器人潜水都属于无人潜水,潜水员潜水则为有人潜水。有人潜水可按潜水员机体是否承受高压,分为常压潜水和承压潜水。有人潜水又可按潜水员机体组织内的惰性气体是否达到饱和,分为常规潜水和饱和潜水。随着潜水技术不断进步,潜水方式愈来愈多,因此,有人潜水还有多种分类方法。例如,按潜水员的呼吸气体种类,可分为空气潜水、氧气潜水和混合气潜水;按呼吸气体来源,可分为自携式潜水和水面供气式潜水;按呼吸气体供气方式,可分为通风式(即连续供气式)潜水和需供式(即按需供气式)潜水;按呼吸气体回路,可分为开式、半闭式和闭式潜水等。

潜水根据其目的不同,可以分为产业潜水、娱乐潜水、科教潜水和军事潜水。潜水作为人类进入水下环境的一种手段,在人类原始时代即已开始。如今,潜水已成为经济建设、国防建设和科学研究中不可缺少的一个特殊的技术工种。潜水在军事上主要用于水下侦察、水下爆破、援潜救生和水下兵器的打捞等,在民用上主要用于水产和矿产资源勘察和开发、水下施工、沉船打捞、清扫航道、水库检修、水产养殖和海洋考察研究等方面。

1.1.1 早期的潜水活动

人类最早潜水的确切年代已无法考证,但可以推断是远在有历史记载之前。据《下海半英里》一书介绍,早在公元前 4500 年进行的一次考古发掘中,就发现了镶嵌珍珠母的珍宝。在中国,有文字记载的可以追溯到公元前 2250 年,夏朝皇帝禹曾接收了由部落进贡的牡蛎珍珠贡品。这些人工制品是先由潜水者采集,然后由工匠制作而成的。这是人类在海中屏气潜水作业的最早例证。

图 1-1 屏气潜水

在与大自然的斗争中,我们的祖先也创造了不少涉水和泅水的方法。如流传于民间的"狗刨式""寒鸭浮水""扎猛子"等。"扎猛子"实际上就是今天的屏气潜水。潜水者屏气潜水时,先吸足一口气,然后潜入水下,在耐受极限时间之内再急速上升出水(见图 1-1)。由于潜水时人的身体直接承受水下的环境水压,因此,屏气潜水是一种最原始的承压潜水技术。屏气潜水不需要任何器具,所以在一定的条件下仍不失为一种有用的潜水方法。迄今,世界上屏气潜水的最深记录于 2000 年 1 月 18 日由一名古巴潜水员弗朗西斯科创造,他的下潜深度达 162 m,屏气时间为 3 min 12 s。

屏气潜水有一定的危险性,而且因为屏气时间很短,在产业潜水方面价值有限,所以为了延长水下时间,必须解决水下呼吸问题。最简易的水下呼吸器是一根潜水呼吸管。采用潜水呼吸管进行水下呼吸的方法在我国明朝史料中就有记载。采集珍珠的潜水者用锡制的弯管在水下进行呼吸(见图 1-2)。这种潜水技术因潜水者肺内气体是常压,故吸气比较费力,只能下潜很浅的深度。如今,经过改进的潜水呼吸管在娱乐潜水场所仍在广泛使用。

为了减小水下的呼吸阻力,人们设想出了由潜水者自携气囊进行潜水的方法。气囊潜水是呼吸气体来自潜水者自携气囊的一种潜水技术。它是现代自携式水下呼吸器的前身。潜水者在水下,肺内外压力基本平衡,潜水深度可以不受限制,但是皮质气囊容积有限,可用的气体太少,所以潜水深度和时间的增加都很有限。

　　早期的钟式潜水技术,在公元前 300 多年就有记载,真正应用则在 16 世纪 30 年代。原始的潜水钟为一只倒扣的木质桶状容器,钟内气体供潜水者呼吸。随着潜水深度增加,气体容积变小,潜水者动作范围受限,而且钟内气体不能更新,最终因缺氧和二氧化碳增高而发生呼吸困难。直到 18 世纪末,鼓风箱与钟的配合使用,使潜水技术有了新的突破,解决了水下不能连续供气的问题(见图 1-3)。用潜水钟潜水比用呼吸管或气囊潜水有较多的优点,但钟本身庞大、笨重,移动操作很不方便,潜水作业效率低下,因此,早期的钟式潜水在 19 世纪初叶就宣告结束。

图 1-2　呼吸管潜水

图 1-3　原始的潜水钟潜水

1.1.2　潜水装具

　　潜水装具是潜水员潜水时为适应水下环境佩戴的全部器材的统称,通常包括水下呼吸器、潜水服和潜水附属器材。1837年,英国人赛布首次试制成功了具有现代通风式特征的潜水装具,开创了采用装具潜水的新纪元(见图 1-4)。该装具因重量较大,故又称为重潜水装具,简称重装。它的金属头盔与潜水服连为一体,新鲜的压缩空气从水面通过供气软管进入头盔,头盔上的排气阀把混有呼出气的多余气体排入水中。这种装具的特点是呼吸省力、保暖性好、水下抗流能力强,潜水员在水下可完成许多难度较大的作业。所以,通风式重装的诞生为产业潜水的发展创造了条件。

　　一个多世纪以来,各国对重装做了不少改进,其中主要是两点:一是头盔上的自动排气阀取代了人工操作的排气阀;二是

图 1-4　通风式潜水装具

增加了一套应急供气装置。国内的 TF88 型重装与仍在使用的 TF12 型、TF3 型两种重装相比，就多了这两个功能。这些功能对于防止潜水员"放漂"和窒息事故的发生都具有重要的意义。

目前，在潜水技术较发达的国家，传统的通风式重装已逐步被轻潜水装具（简称轻装）所取代。轻装与重装不同，它的水下呼吸器与潜水服在结构上是分开的。轻装的潜水服内没有气垫（如湿式潜水服），或者气垫容量很小（如干式潜水服），在水下接近零浮力，所以潜水员在水下机动性较好。另外，轻装的供气方式也与重装不同，它以按需供气为主，即吸气时供气，呼气时停止供气。所以，可节省约 50% 的气体消耗。

轻装按呼吸气源不同，可分为自携式和水面供气式（也称管供式）两种。自携式潜水装具诞生于 20 世纪初期，它的气源由潜水员自身携带，其优点是使潜水员摆脱了脐带的牵制，在水下获得了更大的自由（见图 1-5）。这种装具从 20 世纪 40 年代以来，在娱乐潜水和科教潜水中得到了广泛的应用，并且随着装具的改进和潜水知识的普及，参加潜水的人数愈来愈多。如今，人们习惯上按装具英文名称缩写的音译，把使用这种装具的潜水称为"斯库巴"潜水。这种装具的不足是水面监护比较困难。近年来推出的无绳水下通话器，较好地解决了自携式潜水员的通话联系问题。国外自携式潜水装具的品种很多，国内主要有 69-Ⅲ（全面罩）和 69-4（咬嘴）等型号。

在产业潜水中用得较多的轻装是水面需供式潜水装具（见图 1-6）。这类装具与自携式装具相比，主要特点是供气充足，通话联络方便。潜水员所需的呼吸气体除了可直接从水面供给之外，还可从水面通过潜水钟脐带、潜水钟配气盘和潜水员脐带供给。后者更为安全，但主要用于大深度潜水的场合。国内的 MZ-300（面罩）型和 TZ-300（头盔）型装具均属水面需供式潜水装具。

图 1-5　自携式潜水装具

图 1-6　水面需供式潜水装具

随着产业潜水的迅速发展,潜水引起的不适症状如关节疼痛、呼吸困难、头晕、瘫痪,甚至死亡的潜水减压病相继出现。直到1890年,加压舱技术的应用,才使许多病例得到了医治。20世纪初,何尔登等人提出了科学的潜水减压理论。它对预防减压病的发生,保证潜水员的安全起了重大的作用,并为承压潜水技术的进一步发展奠定了基础。

使用压缩空气作为呼吸介质,其安全深度英国规定为50 m以浅,我国、美国和苏联则均规定为60 m以浅。如果采用直接从水面供气,由于水中波浪和海流的影响,潜水员上升减压过程中难以控制其深度,所以为了提高安全性,采用轻潜水装具,潜水深度超过40 m,有的国家规定应与开式潜水钟(简称开式钟)配合使用。开式钟既可在水中安全舒适地上下运送潜水员,又可作为一个带有呼吸气体的水下安全庇护所。开式钟的最大作业深度为100 m左右,所以,不仅空气潜水可用,混合气潜水也可配套使用。

1.1.3　潜水器

潜水器是各种水下运行器的统称。通常分为载人潜水器和无人潜水器两大类。

载人潜水器是在水下有人操纵并可携带乘员的一种潜水器。根据舱室压力的不同,可分为常压载人潜水器、闸式潜水器和湿式潜水器三种。湿式潜水器,其舱室是非耐压的,驾驶员和乘员需戴水下呼吸器,主要用于潜水观光和运送潜水员。闸式潜水器是一种组合式(常压/高压)载人潜水器,可在水面及水下航行(见图1-7)。最早的一艘闸式潜水器于1895年根据"沉箱"的气闸原理制成。闸式潜水器首部的驾驶舱内为常压,驾驶员可利用仪器设备对舷外目标物进行水下观察和录像,可监视舷外潜水员的活动,并能及时营救。潜水器中部为一可调压的潜水舱。当舱室内外压力平衡时,打开底门,潜水员可出潜作业。作业结束,返回舱室。潜水员可在高压下与母船上的甲板减压舱对接后,进入甲板减压舱再实施减压。闸式潜水器在水下有很大的灵活性,是一种新型的多功能的潜水器,但它的投资和使用费用均较高。我国在20世纪80年代曾从法国进口过SM358和SM360两种闸式潜水器,其最大潜水深度为300 m。

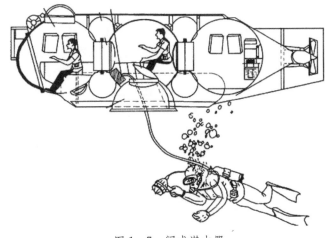

图1-7　闸式潜水器

常压潜水是人在潜水过程中始终处于常压环境下的一种潜水技术。人在水中直接潜水的最大深度在 500～600 m 范围,而人在密闭的常压耐压壳体中,可以到达海洋的最深处。1960 年,"曲斯特"号常压载人潜水器创造了深潜 10 911.84 m 的世界纪录。

图 1-8　单人常压潜水器

常压潜水服是近年来才发展起来的一种作业型潜水器,主要由坚固耐压的轻质合金躯壳、机械手和生命支持系统等部分组成。操作者呼吸常压空气,因而没有氦语音失真及保暖问题,潜水作业后也无需减压。20 世纪 70 年代初的产品型号有"吉姆"和"山姆",外形拟人,四肢有活动关节,水下活动不够灵活。后来的"黄蜂""蜘蛛"和"螳螂"型,下肢改为桶形,设 6～8 个小型推进器,可上下、左右、前后移动,也可悬停作业,潜水深度达 610 m。因不再呈人形,故改称为单人常压潜水器,英文缩写名仍为 OMAS(见图 1-8)。OMAS 的主要优点是操作使用方便、安全可靠,尤其是在紧急情况下可迅速投入使用,不足的是在水中停留时间受到海况和人的耐受力限制。国内有代表性的 QSZ-Ⅱ型常压潜水服兼有观察和作业等功能,既是常压载人潜水器,又可作为简单的遥控潜水器,其最大工作深度为 300 m,水下巡航半径为 50 m,生命支持力为 80 h,可以在海况不大于 4 级的海区进行作业。

潜水器包括载人潜水器、无人潜水器和其他深海勘查设备三类。

其中无人潜水器又称水下机器人,按无人潜水器与母船之间有无电缆连接,又分为有缆摇控潜水器 ROV(Remotely Operated Vehicle)和无缆自治潜水器 AUV(Autonomous Underwater Vehicle)。有缆摇控潜水器按其在水下运动方式不同,可将其分为浮游式无人潜水器、拖曳式无人潜水器、爬行式无人潜水器和附着式无人潜水器;无缆自治潜水器按其智能程度,又可以分为预编程、监控型和完全智能型。随着无人潜水器技术的发展,近些年又出现了一些新型无人潜水器,如自治-遥控混合型无人潜水器,它是将有缆摇控潜水器和无缆自治潜水器的某些特性结合在一起的新型无人潜水器,通过光纤进行通信,自带电源,除去光纤可以作为无缆自治潜水器使用,加上光纤又具有有缆摇控潜水器的功能。

我国 ROV 研制开发工作始于 20 世纪 70 年代末。第一台 HR-Ⅰ型 ROV 属水下观察型 ROV,其最大工作深度为 300 m,水下巡航半径为 120 m,航速为 2.5 km。之后,国内又研制出 YQ2 型等几种作业型的 ROV,具有水下搜索、水下观察和水下作业等功能。

水下机器人又称海洋机器人,是一种代替潜水员在水下作业的自控的潜水器。能在水下游动或行走,能模仿人的手和臂运动,完成水下作业所需动作。国际上,水下机器人品种繁多。国内,1994 年研制出第一台潜水深度为 1 000 m 的探索者号水下机器人。1996 年又研制成 6 000 m 的 CR-01 型水下机器人。目前,我国在无缆智能型水下机器人的研究方面也取得了一定的成果。

潜水技术发展多元化的今天,有统计资料表明,ROV、OMAS 和饱和潜水系统的初始投资费之比约为 1∶1∶10,营运费之比约为 0.5∶1∶10,重量之比约为 1∶1∶12。所以,当今人们普遍认为:在潜水作业深度超过 150 m 之后,尽管可采用饱和潜水进行作业,但是由于它的投资和营运费用昂贵及医务保障的复杂性,因此都倾向于选用 ROV 或OMAS 以取代潜水员直接潜水。在水深 150 m 以浅的水下作业,由于潜水员的手比机械手作业效率高,可完成许多复杂的任务,因此,仍基本采用承压潜水技术。具体地说,60 m以浅,水下作业时间短,主要采用水面供气式轻装空气潜水,但在寒冷和/或海流较大的水域,也可采用新型的重装空气潜水;水下作业时间及整个作业周期较长,宜采用空气饱和潜水或氮氧饱和-空气巡回潜水;60~120 m 范围,水下作业时间较短,可采用氦氧常规潜水;60~150 m 范围,水下时间较长,则应采用氦氧饱和潜水。当然如果需要,150~300 m范围,则也可采用饱和潜水技术。

1.2　我国市政潜水现状和发展趋势　>>>

　　市政工程潜水作为潜水作业的一个门类,在中国城市化建设方兴未艾的历史阶段,不断显现出它的重要性。

　　近年来,随着城市规模的急剧扩大,城市供水和排水设施、市政集污水管道工程和水下管道工程、大型涵箱及给排水工程、隧道盾构高气压工程、沉管隧道水下工程等市政潜水工程应用迅猛发展。宽阔的城市广场,漂亮的街心花园,气派的高架道路,深邃的地下轨道,城市人脚步所及的每寸路面下都密布纵横交错的管道。然而,随之出现的大雨内涝、管线泄漏爆炸、路面塌陷以及地下有限空间有害气体污染等也层出不穷,严重影响了人民群众生命财产安全和城市运行秩序。这其中排水和排污是最重要的两大循环系统。城市因健康的循环才生机勃勃,管道如人之血脉,一旦堵塞、爆裂,就会造成地面的混乱甚至瘫痪。这些意外和故障都是市政潜水员行动的发令枪,因此他们是城市循环系统的守护者。

　　然而,城市地下管道不像水管或燃气管那样,在维修时只需关闭阀门就可实现断水或断气,而且,由于城市排水管网的清淤、疏通、检测及非开挖修复项目的下井施工等相关市政作业都是费时、费力又十分危险的工作。所以一定要首先保证市政潜水员的安全,同时兼顾市政潜水任务的效率。

1.2.1　市政潜水的特点

　　市政潜水主要是指在市政工作中所涉及的水下以及高气压环境作业,而一般的工程潜水主要是指从事江、河、湖、海、水库等水下工程作业的潜水活动,如船体水下检查与维修、海上石油开采工程等,市政潜水与工程潜水的不同主要体现在有限空间及其产生的有毒有害气体。

　　有限空间,又称为"受限空间",根据《北京市有限空间作业安全生产规范》,有限空间是指封闭或部分封闭、作业场地狭小、通风不畅、照明不良、人员进出困难且与外界联系不便,未被设计为固定工作场所。城市水务有限空间的范围包括各类检查井、闸阀井、供水厂消毒罐、城乡地下管道、暗沟、涵洞、地坑、废井、沼气池、下水道、污水井(池)、化粪池等的作业及维修。

有限空间作业产生的危险因素如下：①气体中毒。污水处理厂比较常见的毒气有硫化氢和一氧化碳，均产生于污水管道、积泥池、污水池等腐败物质。②缺氧窒息。空气中氧浓度过低会引起缺氧。氧浓度过低是正常空气中氧气被消耗或置换的结果。③爆炸或燃烧。有限空间，由于通风不良，可能形成可燃气体、蒸气（乙炔、丙烷、丁烷、天然气、水煤气、碳氢化物等）聚集，浓度过高遇火会引起爆炸或燃烧。④机械伤害或人身伤害。可能会出现高空跌落、涌水、溺水、物体打击、电击、出口或撤离路线受阻、接触极限温度、噪声或烟尘、吞没危险（干散材料、土壤、污泥等）、动物危险（老鼠等）、健康危险（污水中可能存在特定病菌而引起的感染）、行人和交通危险等机械或人身伤害。

1.2.2　市政潜水的现状

随着我国城市现代化建设的不断发展，承担城市各项保障功能的市政公共设施也逐步完善。在这些市政公共设施中，城市排水、排污系统占据着重要地位。由于这两大系统涉及的有限空间数量与类型众多，且由于该类有限空间易于具备沼气发酵所需的相应条件，会产生甲烷等易燃性气体，在这样的封闭或通风不畅的空间易燃性气体容易发生聚集，当浓度位于爆炸极限范围时，一旦遇到明火或火花就会发生爆炸，危险性与危害性很大。近年来，我国在污水井、化粪池、地下室、油罐等有限空间作业过程中，发生了多起中毒窒息事故，给人民群众生命财产造成了严重损失。统计表明，2003年卫生部共收到重大职业中毒窒息事故报告46起，涉及人数639人，死亡61人。2006年以来，北京市共发生有限空间中毒窒息事故26起，死亡52人，受伤41人。其中，2006年，发生事故6起，死亡8人，受伤3人，2007年，发生事故7起，死亡12人，受伤6人，2008年发生事故5起，死亡12人，受伤17人，2009年1月至8月，发生事故8起，死亡20人，受伤15人。另外，据国家安全生产监督管理总局统计，2006—2008年期间，共有15起污水处理设施较大安全事故发生，共造成56人死亡。其中7起25人死亡的较大安全事故发生在污水处理厂，均与有限空间相关。

由此可见，由于市政潜水如给排水管道养护、检测、维修等工作环境恶劣，从业人员心理压力大、从业队伍总体文化水平偏低且稳定性差，导致市政工程有限空间作业安全事故时有发生，伤亡人数逐年上升，安全生产形势十分严峻。城市排水排污系统是典型的有限空间作业场所，由此导致的中毒窒息事件和易燃性气体爆炸禁而不绝。以上海为例，硫化氢中毒预防工作虽然年年在抓，但每年都仍有发生。有毒有害气体中毒是严重危及市政潜水员生命安全和城市公共安全的危险因素，必须常抓不懈。只有不断加强市政潜水行业的安全与自律管理，将安全与自律管理落实到日常工作中的培训、监管、应急救援等各个方面，才能真正地提升预防事故和应急处置的能力。

切实做好市政潜水行业的安全与自律管理工作要从培训入手，潜水培训中心作为市政潜水员进入有限空间作业的首道门槛更应肩负重任，从源头输入"安全第一"的观念，从理论到实践都严格把控。因此，针对市政潜水有限空间的种种特点，除了按照常规工程潜水培训之外，市政潜水员的培训还应突出其职业特点。

（1）阶段定期培训：①上岗前；②换岗前；③持续培训，当有限空间的危害发生变化时还要重新培训；④用人单位如果认为操作的程序出现问题，或者劳动者未完全掌握操作程序,都需要重新培训。

（2）市政潜水培训工作应追踪新的或修订的工作程序,使市政潜水员胜任繁杂多变的市政潜水作业;定期对市政潜水员进行体检、加压和氧敏感试验、幽闭空间测试等。

（3）使潜水员掌握在市政有限空间特定环境下安全操作所需要的知识和技能;熟悉进入有限空间潜水时可能面临的危害,包括暴露方式、症状、体征和后果;能够正确使用标准要求的装具和设备;熟悉禁止进入有限空间的条件。

（4）使潜水员掌握有限空间的风险评估,时刻灌输"先检测—后作业""安全第一"的理念。能依据 GB 8958—2006 和 GBZ 2.1—2007,制订消除、控制危害的措施,确保作业期间处于安全受控状态。禁止依靠个人的经验判断、主观推测或感觉器官去判断其内部空间气体环境是否安全。

（5）掌握有限空间潜水时紧急情况下终止作业快速撤离的流程,掌握有限空间应急预案。

（6）掌握基本的急救方法和心肺复苏术,确保岸上待命潜水员具备急救和心肺复苏术。

1.2.3　市政潜水培训展望

近年来,中国潜水打捞行业协会和上海市排水行业协会都充分认识到了市政工程潜水安全与自律管理体系建设及市政潜水员培训工作的重要性和紧迫性。

潜水技能培训是保障,有限空间的正确识别、评估、标识是安全管理工作的基础。有限空间的安全工作程序是有限空间安全管理的核心。为避免不必要的安全事故及损失,必须严格遵守有限空间安全工作程序。出现危险情况则需严格执行有限空间工作紧急程序。因此加强市政潜水有限空间作业培训、安全生产危害因素识别和技术防范,确保城市排水、排污系统的正常有序运行,实现零安全事故目标,对市政潜水有限空间作业具有重要意义。

在实际工程中,潜水培训中心、工程管理人员都要抱着维护企业的社会信誉和经济效益、国家和集体财产以及潜水员生命安全的态度,规范培训、科学管理、规范施工,统筹培训与作业、安全与生产、安全与质量、安全与速度、安全与效益的关系。把市政潜水安全作业贯彻到培训中心、工程管理的每一个环节,使施工过程中发生事故的可能性减小到最低限度,制订全面、系统、完善、合理的安全管理制度,切实落实制度中的各种要求,定期对会员进行安全教育及培训,提高其安全意识,使其由"要我安全"向"我要安全"转变。同时,政府部门应加强监管、惩处力度,对单位主要负责人、管理人员定期进行安全教育、培训,提高其安全觉悟,使单位自觉自主地落实安全管理制度。从而形成培训中心教导、潜水员自愿、用人单位自觉、政府部门监督"四位一体"的良性循环模式,从而杜绝市政潜水有限空间安全事故的发生。

随着上海等特大城市城市规模的扩大,城市供水和排水设施、市政集污水管道工程和水下管道工程、大型涵箱及给排水工程都面临管线长度和深度的增加,对潜水服务的需求也将有很大的提升。这将改变以往市政潜水仅限于空气潜水以及深度不大的观念。大深度空气潜水、混合气潜水、饱和潜水技术都将会愈来愈多地应用于市政工程建设和管线养护、检测。这也给市政潜水培训提出了新的要求,同时也带来了发展机遇。

② 市政潜水物理学基础

自古以来,无论生活在哪个时代的人们,都在不断尝试着运用各种各样的办法去认识这个世界、了解这个世界:为何会有一些物体掉落到地上?为何不同的物质有着不同的属性?人类不仅对所生活的地球有着太多的不解与疑惑,宇宙同样有着未知的空间等待着人们去探索与发现。随着科学技术的发展,随之而来的便是物理学的诞生。物理学是人类研究宇宙间物质存在的基本形式、性质、结构、转化和运动,从而做出的规律性的总结。

市政工程潜水作为潜水作业的一个新兴门类,不同于休闲潜水和工程潜水的作业环境,市政工程潜水员更多的是在雨污水井、管道、泵站等有限空间工作。相比于开放水域的作业环境,市政潜水对作业人员提出了更高的专业要求。潜入水中时,人必须改变一些基本的本能,因为这些本能可能会引起一些反应,而这些反应可能导致人在这个新环境中遭到灭顶之灾。因此,潜水员只有了解一些物理学的基本原理,才能更好地保护自己。

1) 物质的结构及形态变化

物质是指构成宇宙间一切物体的实物和场。例如空气和水,食物和棉布,煤炭和石油,钢铁和铜、铝,以及人工合成的各种纤维、塑料等都是物质。世界上,我们周围所有的客观存在都是物质。人体本身也是物质。除这些实物之外,光、电磁场等也是物质,它们是以场的形式出现的物质。物质的种类形态万千,物质的性质多种多样:气体状态的物质,液体状态的物质或固体状态的物质;单质、化合物或混合物;金属和非金属;矿物与合金;无机物和有机物;天然存在的物质和人工合成的物质;无生命的物质与生命物质以及实体物质和场物质等。物质的种类虽多,但它们有其特性,那就是客观存在,并能够被观测,以及都具有质量和能量。

爱因斯坦说过:"物质就是能量,能量就是物质。"物质和能量可以互相转换。电磁波是动能形态能量,物质是势能形态能量。直观地说,光就是动能形态能量,基本粒子就是势能形态能量。基本粒子可以转化为光。光可以转化为基本粒子,就像大气中的水分子和云来回转换一样。

所有的物质都是由相互之间有一定空隙的原子构成。不论是固体、液体、还是气体,都是由数百万的分子构成,而分子又由一个或多个原子构成。举一个典型的例子,水分子由两个氢原子和一个氧原子结合而成(H_2O)(见图2-1)。分子与分子之间由分子引力连接起来,这个引力的大小取决于物质的性质是固态、液态还是气态。气体分子之间的引力较小,因此,分子与分子之间的空隙较大,气体的质量因而较低。而液体和固体的分子引力较大,因此它们的质量也较大。分子引力与温度之间有一定的关系,因此,同一种物质根据温度的不同,可以有不同的形态。

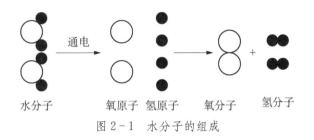

图 2-1　水分子的组成

物质都由分子、原子和离子组成(水由分子组成,铁由原子组成,盐由离子组成)。而一切物质的分子都在不停地运动,且是无规则地运动。分子的热运动与物体的温度有关(0℃的情况下也会做热运动,内能就以热运动为基础),物体的温度越高,其分子的运动越快。

物质从液态变为气态的过程称为气化,气化过程需要吸热;气化的两种方法包括蒸发和沸腾。物质从气态变为液态的过程称为液化,液化需要放热,液化的两种方法包括降低温度和压缩体积;物质由固态变为液态的过程称为熔化;物质从固态直接变为气态的过程称为升华,升华过程需要吸热;物质从气态直接变为固态的过程称为凝华,凝华过程对外放热。图 2-2 为物质三种状态之间的转化图。

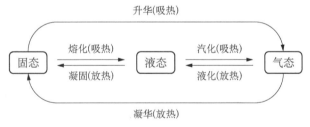

图 2-2　物质三种状态之间的转化

2）计量单位

物理学在很大程度上依赖于物质或能量的一种状态与另一种状态的比较标准。在潜水界,以往经常使用公制单位和英制单位。我国颁布法定计量单位以后,英制单位和公制中的许多单位已被剔除在法定计量单位以外。我国的法定计量单位是以国际单位为基础,适当保留个别常用的非国际单位所组成的计量单位体系。

今后,凡是遇到计量单位的问题时,都应使用我国的法定计量单位。

为了便于学习,需要了解潜水中常用到的一些法定和非法定计量单位的换算关系(见表 2-1)。

表 2-1　常用法定和非法定计量单位的换算

物理量	法定单位	非法定单位	换算关系
长度	米(m) 厘米(cm) 毫米(mm)	英尺(ft) 英寸(in)	1 m＝100 cm＝1 000 mm 1 ft＝12 in＝0.3048 m 1 in＝25.4 mm
体积	米^3(m^3) 升(L)	英尺^3(ft^3) 英寸^3(in^3)	1 m^3＝1 000 L 1 ft^3＝0.028 3 m^3 1 in^3＝0.016 4 L
质量	克(g) 千克(kg) 吨(t)	磅(lb)	1 kg＝1 000 g 1 lb＝0.453 6 kg 1 t＝1 000 kg
力	牛顿(N) 千牛(kN)	磅力(lbf) 公斤力(kgf) 吨力(tf)	1 kN＝1 000 N 1 lbf＝4.445 3 N 1 kgf＝9.8 N 1 tf＝9.8 kN
压强	帕(Pa) 兆帕(MPa) 千帕(kPa)	标准大气压(atm) 工程大气压(at) 厘米水柱(cmH$_2$O) 公斤力/厘米^2(kgf/cm^2) 毫米汞柱(mmHg) 磅力/英寸^2(lbf/in^2) 巴(bar)	1 MPa＝10^6 Pa 1 atm ＝760 mmHg 　　　＝14.7 lbf/in^2 　　　＝101.325 kPa 　　　≈0.1 MPa 1 at＝1 kgf/cm^2 　　＝98.066 5 kPa 　　≈0.1 MPa 1 cmH$_2$O ＝98.066 5 Pa 　　　　≈0.1 kPa 1 bar＝100 kPa
热量	焦耳(J)	卡(cal) 千卡(kcal)	1 cal＝4.186 8 J 1 kcal＝1 000 cal

2.1 ▶ 压力与压强

2.1.1　压力

1) 压力与压强的概念

　　压力是指发生在两个物体的接触表面的作用力,或者是气体对于固体和液体表面的垂直作用力,或者是液体对于固体表面的垂直作用力。习惯上,在力学和多数工程学科中,"压力"一词与物理学中的压强同义。压力的计算公式是:$F＝pS$,压力的单位是牛顿,简称"牛",符号为"N"。

　　固体表面的压力通常是弹性形变的结果,一般属于接触力。液体和气体表面的压力通常是重力和分子运动的结果。压力的作用方向通常垂直于物体的接触面。如果观测到压力的作用方向与接触面并不垂直,那么通常是由于压力和摩擦力共同作用的结果。

　　物体所受的压力与受力面积之比称为压强,压强用来比较压力产生的效果,压强越大,压力的作用效果越明显。压力既可以由物体的重量产生,例如大气的重量和水的重量可分别产生大气的压力和水的压力,又可以由物体间的作用力产生,例如空气压缩机的活塞对气缸内空气的作用所产生的压缩力。压强的计算公式是 $p = F/S$,压强的单位是帕斯卡,简称"帕",符号为"Pa"。

2) 压力与重力的区别和联系

　　学习力学时首先认识的是压力和重力。在很多情况下,压力和重力有不少共同点,很容易引起混淆,甚至误认为它们是等同的。这就有必要认清它们的区别和联系。

　　(1) 压力是由于相互接触的两个物体互相挤压发生形变而产生的,按照力的性质划分,压力属于弹力;重力是由于地面附近的物体受到地球的吸引作用而产生的。

　　(2) 压力的方向没有固定的指向,但始终与受力物体的接触面相垂直。(因为接触面可能是水平的,也可能是竖直或倾斜的)重力有固定的指向,总是竖直向下。

　　(3) 压力可以由重力产生也可以与重力无关。当物体放在水平面上且无其他外力作用时,压力与重力大小相等。当物体放在斜面上时,压力小于重力。当物体被压在竖直面上时,压力与重力完全无关。当物体被举起且压在天花板上时,重力削弱压力的作用。

　　(4) 压力的作用点在物体受力面上,重力的作用点在物体重心,规则、均匀的几何体的重心在物体的几何中心。

3) 压力与压强的区别和联系

　　物体由于外因或内因而形变时,在它内部任一截面的两方即出现相互的作用力,单位截面上的这种作用力称为压力。

　　一般来说,固体在外力的作用下,将会产生压(或张)形变和切形变。因此,要确切地描述固体的这些形变,就必须知道作用在它的三个互相垂直的面上的力的三个分量的效果。这样,对应于每一个分力 F_x、F_y、F_z 作用于 A_x、A_y、A_z 三个互相垂直的面,应力 F/A 有 9 个不同的分量,因此严格地说应力是一个张量。

　　由于流体不能产生切变,不存在切应力。因此对于静止流体,不管力如何作用,只存在垂直于接触面的力;又因为流体的各向同性,所以不管这些面如何取向,在同一点上,作用于单位面积上的力是相同的。由于理想流体的每一点上,F/A 在各个方向都是定值,所以应力 F/A 的方向性也就不存在了,有时称这种应力为压力,在中学物理中称为压强。压强是一个标量。压强(压力)的这一定义的应用,一般总是被限制在有关流体的问题中。

　　压力的特点:作用方向与作用面积垂直并与作用面积的外法线方向相反;压力一定时,受力面积越小,压力作用效果越显著;受力面积一定时,压力越大,压力作用效果越显著。

　　液体内部压强的特点:液体由内部向各个方向都有压强;压强随深度的增加而增加;在同一深度,液体向各个方向的压强相等;液体压强还与液体的密度有关,液体密度越大,压强也越大。液体内部压强的大小可以用压强计测量。

2.1.2　单位换算与测量

1）单位换算

在中国，一般把气体的压力用"公斤"描述（而不是"斤"），单位是"kgf/cm²"，一公斤压力就是一公斤的力作用在一个平方厘米上。

压强的基本单位为帕（Pa），因帕的单位很小，故在计算水和气体的压强时，常用兆帕（MPa）。

$$1\,Pa = 1\,N/m^2$$
$$1\,MPa = 10^6\,Pa$$

1 巴（bar）＝1 标准大气压（atm）＝1 公斤力／平方厘米（kgf/cm²）＝100 千帕（kPa）＝0.1 兆帕（MPa）

需要注意的是，在国家法定计量单位颁布前，潜水界经常使用大气压、kgf/cm² 等作为压强单位，现已不允许使用。大气压作为压强的一个概念仍在使用，不过已不再是压强的法定单位。在医学和潜水等领域，经常把压强称为压力，这个压力不是物理学概念的压力，而是特指压强。

潜水员在水中所承受的压强包括由水的重量所产生的静水压强和由水面大气的重量所产生的大气压强。

水面大气压强随海拔高度和天气的变化而变化，但一般情况下，地球表面的气压近似于 0.1 MPa（1 atm）。对于气体的压强，一般使用压力表即可测出，当把压力表置于海平面大气中时，压力表的指针指到刻度盘上"0"的位置。这并非说大气的压强为零，实际上大气的压强是 0.1 MPa，也就是说压力表所显示的压强值不包含大气压强。为了研究方便，经常使用绝对压强和相对压强的概念。

所谓相对压强（也称为表压或附加压），表示气体实际承受的压强与大气压之间的压差。压力表所显示的压强是相对压强。

所谓绝对压强，表示物体实际承受的压强，也就是施加的总压强。

绝对压强等于相对压强加上 0.1 MPa（1 atm）。

在气体定律的计算以及研究高压环境对人体的生理效应时，应使用绝对压强。

2）压力与压强的测量

目前工业上常用的压力检测方法和压力检测仪表很多，根据敏感元件和转换原理的不同，一般分为以下 4 类。

（1）液柱式压力检测：它把被测压力转换成液柱高度差进行测量，包括 U 形管压力计、单管压力计、斜管微压计及补偿式微压计等。

（2）弹簧式压力检测：它把被测压力转换成弹性元件变形的位移，包括弹簧管压力计、波纹管压力计以及膜盒式压力计等。

（3）电气式压力检测：它是将被测压力转换成各种电量，如电感、电容、电阻、电位差等，依据电量的大小实现对压力的间接测量。包括电容式压力、压差变送器、霍尔片压力变送器及应变式压力变送器等。

（4）负荷式压力检测：它把被测压力转换成砝码的质量，包括活塞式压力计、钟罩式微压计，它普遍用于压力标准仪器，用来对压力计进行校验和刻度。

2.1.3 液体压强

1）液体压强的计算

在液体容器底、内壁、内部中，由液体本身的重力而形成的压强称为液体压强，简称液压。

由于水的重量而产生的压力称为静水压力。单位面积上承受的静水压力就是静水压强。

在中学的物理课程中，已经学习过：液体内部同一点各个方向的压强都相等，而且深度增加，压强也增加。在同一深度，各点的压强都相等。若 ρ 为某种液体的密度，则深度为 h 处的静水压强 p 为

$$p = g\rho h \qquad\qquad (2-1)$$

式中：p——静水压强，Pa；

　　　g——重力加速度，N/kg；

　　　ρ——液体的密度，kg/cm^3；

　　　h——水的深度，m。

在潜水中，经常近似认为江河湖海的水密度都是 1 g/cm^3。重力加速度取 10 N/kg，静水压强以 MPa 为单位，则式（2-1）可简化为

$$p = 0.01h \qquad\qquad (2-2)$$

当 $h = 10$ m 时，$p = 0.1$ MPa（相当于 1 atm）；同理当 $h = 20$ m 时，$p = 0.2$ MPa（2 atm），以此类推。也就是说当水深每增加 10 m 时，静水压强即增加 0.1 MPa（1 atm）。

例 2-1　某潜水员潜入 36 m 水深处，问其承受多大的压强。

解：潜水员在水下受的压强由静水压强和水面上的大气压强叠加而成。

$$p = 0.01h = 0.01 \times 36 = 0.36 \text{ MPa}$$
$$P_{绝} = p + 0.1 \text{ MPa} = 0.36 + 0.1 = 0.46 \text{ MPa}$$

2）帕斯卡定律

在几百年前，帕斯卡注意到一些生活现象，比如没有灌水的水龙带是扁的。水龙带接到自来水龙头上，灌进水，就变成圆柱形了。如果水龙带上有几个眼，就会有水从小眼里喷出来，喷射的方向是向四面八方的。水是往前流的，为什么能把水龙带撑圆？

通过观察，帕斯卡设计了"帕斯卡球"实验，帕斯卡球是一个壁上有许多小孔的空心球，球上连接一个圆筒，筒里有可以移动的活塞。把水灌进球和筒里，向里压活塞，水便从各个小孔里喷射出来了，成了一支"多孔水枪"。"帕斯卡球"实验证明，液体能够把它所受到的压强向各个方向传递。通过观察发现每个孔喷出去水的距离差不多，这说明，每个孔

所受到的压强都相同。

帕斯卡通过"帕斯卡球"实验,得出著名的帕斯卡定律:加在密闭液体任一部分的压强,必然按其原来的大小,由液体向各个方向传递。这就是历史上有名的帕斯卡桶裂实验。一个容器里的液体,对容器底部(或侧壁)产生的压力远大于液体自身的重量,这对许多人来说是不可思议的。众所周知,物体受到力的作用产生压力,而只要某物体对另一物体表面有压力,就存在压强,同理,水由于受到重力作用对容器底部有压力,因此水对容器底部存在压强。液体具有流动性,对容器壁有压力,因此液体对容器壁也存在压强。

帕斯卡定律指出,不可压缩静止流体中任一点受外力产生压力增值后,此压力增值瞬时间传至静止流体各点。帕斯卡发现了液体传递压强的基本规律,所有的液压机械都是根据帕斯卡定律设计,所以帕斯卡被称为"液压机之父"。

帕斯卡在 1648 年演示了著名的"裂桶实验":用一个密闭的装满水的桶,在桶盖上插入了一根细长的管子,从楼房的阳台上向细管子灌水。结果只倒了几杯水,桶就裂了,桶里的水就从裂缝中流了出来。原因是细管子的容积较小,几杯水灌进去,其深度 h 很大。一个容器里的液体,对容器底部(或侧部)产生的压力远大于液体自身所受的重力。

由于具有流动性,液体产生的压强具有如下几个特点:

(1) 液体除了对容器底部产生压强外,还对"限制"它流动的侧壁产生压强。固体则只对其支承面产生压强,方向总是与支承面垂直。

(2) 在液体内部,各个方向都有压强,在同一深度的各个方向的压强都相等。同种液体,深度越深,压强越大。

(3) 计算液体压强的公式是 $p = \rho g h$。可见,液体压强的大小只取决于液体的种类(即密度 ρ)和深度 h,而和液体的质量、体积没有直接的关系。

(4) 密闭容器内的液体能把它受到的压强按原来的大小向各个方向传递,与重力无关。

2.1.4　气体压强

气压泛指气体对某一点施加的流体静力压强,气体压强产生的原因是大量气体分子对容器壁持续的无规则撞击产生的。从分子运动理论可知,气体的压强是大量分子频繁地碰撞容器壁而产生的。单个分子对容器壁的碰撞时间极短,作用是不连续的,但大量分子频繁地碰撞器壁,对器壁的作用力是持续的、均匀的,这个压力与器壁面积的比值就是压强大小。

根据理想气体定律 $pV = nRT$:气体压强的大小与气体的摩尔数(n)、气体的温度(T)成正比,与气体的体积(V)成反比,R 为通用气体常量。

大气压是作用在单位面积上的大气压力,即等于单位面积上向上延伸到大气上界的垂直空气柱的重量。气压大小与高度、温度等条件有关。一般随高度增大而减小。在水平方向上,大气压的差异引起空气的流动。表示气压的单位,习惯上常用水银柱高度。例如,1 个标准大气压等于 760 mm 高的水银柱的重量,它相当于 1 cm² 面积上承受1.033 6 kg 重的大气压力。国际上统一规定用"百帕"作为气压单位。经过换算:一个标准大气压＝1013百帕(毫巴)。深圳市的年平均气压为1009.8百帕。气象观测中常用的测量气压的仪器有水银气压表、空盒气压表、气压计。温度为0℃时760 mm垂直水银柱高的压力,标准大气压最先由意大利科学家托里拆利测出。

气压对人体健康的影响概括起来分为生理和心理两个方面。低气压对人体生理的影响主要是影响人体内氧气的供应。由于人体特别是脑缺氧,会出现头晕、头痛、恶心、呕吐和无力等症状,神经系统也会发生障碍,甚至会发生肺水肿和昏迷,这就是通常说的"高山反应"。

在高气压的环境中,机体各组织逐渐被氮饱和(一般在高压下工作5～6小时后,人体就被氮饱和),当人体重新回到标准大气压时,体内过剩的氮便随呼气排出,但这个过程比较缓慢,如果从高压环境突然回到标准气压环境,则脂肪中蓄积的氮就可能有一部分停留在机体内,并膨胀形成小的气泡,阻滞血液和组织,易形成气栓而引发病症,严重时会危及人的生命。

气压变化对人体健康的影响,更多表现在高压或低压所代表的环流天气形势的生成、消失或移动。在低压环流形势下,大多为阴雨天气,风的变化比较明显;而在高压环流形势下,多为晴天,天气比较稳定。在高压控制下,空气干燥,天晴风小,夜间的辐射冷却容易形成贴地逆温层,尘埃、真菌类、花粉、孢子等变应原容易在近地层停滞,从而诱发过敏性疾病,如哮喘的发作。

同时,气压的变化还会影响人的心理变化,使人产生压抑、郁闷的情绪。例如,低气压下的雨雪天气,尤其是夏季雷雨前的高温高湿天气(此时气压较低),心肺功能不好的人会异常难受,正常人也有一种抑郁不适之感。而这种憋气和压抑,又会使人的植物神经趋向紧张,释放肾上腺素,引起血压上升、心跳加快、呼吸急促等;同时,皮质醇被分解出来,引起胃酸分泌增多,血管易发生梗塞,血糖值也可能急升。有学者对每月气压最低时段与死亡高峰进行了对比研究,结果发现89%的死亡高峰都出现在最低气压的时段内。

2.1.5　流速与压强的关系

水的压强除了因自重产生的静水压强外,若水是流动的,还会因水的流动产生压强的变化。在流体中,流速越大的位置,压强越小。

在稳定流动的水中,截面面积小的地方,流速大,压强小;截面大的地方,流速小,压强大。当然,流速和压强并非成简单的反比关系。

在地铁站候车时,必须站在安全线以外的地方。是因为当地铁驶过时,地铁与乘客之间空气的流速较大,压强较小,如果距离过近,外部空气会把乘客推向列车,造成危险。

两船之间的水流速度较快,压强较小,压力较小,外部较慢的水会把它们"推向"彼此。因此船只在航行时两船之间的间距有严格的规定。

飞机的机翼上表面弯曲,下表面比较平。飞机在前进时,气流迎面流过机翼。气流被机翼分成上、下两部分,由于机翼横截面的形状上下不对称,机翼上方流速较大,对机翼的上表面的压强较小;下方流速较小,对机翼下表面的压强较大。这样机翼上下表面就存在压强差,因而有压力差,飞机就这样升空了。

2.2　浮力与密度

2.2.1　浮力

水的分子是由两个氢原子和一个氧原子组成的,其分子式为 H_2O。

纯净的水是一种无色、无味、透明的液体。在 4℃时密度最大,为 1 g/cm^3,比空气的密度大 770 倍。水的沸点是 100℃,冰点是 0℃。

水与空气比较是不可压缩的,但是一定量的水,当加压至 20 MPa 时,它的体积会减少 1%。由于水的压缩性很小,故可忽略不计。因此,通常称水是不可压缩的。

一般情况下,非纯净水的密度较纯净水的大。海水的密度约为 1.025 g/cm^3。海水含盐量为 30～35 g/L。

水与其他液体一样,具有易流动性。这是因为水在压力作用下,可达到平衡状态;而在拉力或切力作用下,会产生变形。由于水具有流动性,因此它是一种流体。

1) 浮力的概念

把一块木板放入水中,它会浮在水面,用弹簧秤称一个浸在水里的物体,其重量比在空气中称的重量要轻。这些事实说明浸在液体中的物体会受到一个向上的力。这种方向向上的托力,称为液体的浮力。

浮力:浸在液体(或气体)里的物体受到液体(或气体)向上托的力。

浮力的方向:与重力方向相反,竖直向上。

2) 浮力产生的原因

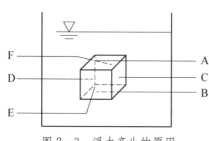

图 2-3　浮力产生的原因

将一个正方体放入盛水的容器中,如图 2-3 所示。设 A、B 两面平行于水面。A 面到水面的深度为 h_1。B 面到水面的深度为 h_2,从图中可以看出,侧面 C 和 D,E 和 F 处于同一深度,故彼此受到的静水压力大小相等,方向相反,互相抵消。但 A 面和 B 面则不同,根据式(2-1)可知,B 面压强大于 A 面压强。即

$$\rho gh_2 > \rho gh_1$$

设 A、B 面的面积分别为 S,显然 B 面的压力一定大于 A 面的压力,即

$$S\rho gh_2 > S\rho gh_1$$

整理后,得 $S\rho gh_2 - S\rho gh_1 > 0$

从上式可知:B 面和 A 面存在一个压力差。这个压力差即为 B、A 两面的合力。这个合力的方向是垂直向上的。

由此可见,浸在液体中的物体,它受到向上的浮力,这个浮力就是物体受到的压力的合力。

浮力产生的原因：浸在液体或气体里的物体受到液体或气体对物体向上和向下的压力差。

2.2.2　密度

密度是对特定体积内的质量的度量。某种物质组成物体的质量与它的体积之比称为这种物质的密度，用符号"ρ"表示。

密度单位：国际单位为 kg/m^3，常用单位为 g/cm^3。

单位换算关系：$1\ g/cm^3 = 10^3\ kg/m^3$，水的密度为 $10^3\ kg/m^3$，其物理意义为一立方米的水的质量为 1 千千克。

密度的计算公式：$\rho = m/V$。

一般来说，不论什么物质，也不管它处于什么状态，随着温度、压力的变化，体积或密度也会发生相应的变化。联系温度 T、压力 p 和密度 ρ（或体积）三个物理量的关系式称为状态方程。气体的体积随它受到的压力和所处的温度变化而有显著的变化。如果它的温度不变，则密度同压力成正比；如果它的压力不变，则密度同温度成反比。对于一般气体，如果密度不大，温度离液化点又较远，则其体积随压力的变化接近理想气体；对于高密度的气体，还应适当修正理想气体状态方程。

固态或液态物质的密度，在温度和压力变化时，只发生很小的变化。例如在 $0\ ℃$ 附近，各种金属的温度系数（温度升高 $1\ ℃$ 时，物体体积的变化率）大多在 10^{-9} 左右。深水中的压力和水下爆炸时的压力可达几百个大气压，甚至更高（1 大气压 $= 1.013\ 25 \times 10^5$ 帕），此时必须考虑密度随压力的变化。就整个自然界而言，特大的压力会使某些天体中物质的密度与常见密度相差悬殊。

人体的密度仅有 $1.02\ g/cm^3$，只比水的密度多出一些。汽油的密度比水小，所以在路上看到的油渍，都会浮在水面上。海水的密度大于水，所以人体在海水中比较容易浮起来（死海海水密度达到 $1.3\ g/cm^3$，大于人体密度，所以人可以在死海中漂浮起来）。表 2-2 列出了常用液体的密度。

表 2-2　液体的密度（单位：$10^3\ kg/m^3$，未注明者为常温下）

名称	密度	名称	密度
汽油	0.70	氨水	0.93
乙醚	0.71	海水	1.03
石油	0.76	牛奶	1.03
酒精	0.79	醋酸	1.049
木精(0 ℃)	0.80	人血	1.054
煤油	0.80	盐酸(40%)	1.20
松节油	0.855	无水甘油(0 ℃)	1.26
苯	0.88	二硫化碳(0 ℃)	1.29

（续表）

名称	密度	名称	密度
矿物油（润滑油）	0.9～0.93	蜂蜜	1.40
植物油	0.9～0.93	硝酸（91%）	1.50
橄榄油	0.92	硫酸（87%）	1.80
鱼肝油	0.945	溴（0℃）	3.12
蓖麻油	0.97	水银	13.6
水（0℃）	0.999 867	水（20℃）	0.998 229
水（2℃）	0.999 968	水（40℃）	0.992 244
水（4℃）	1.000 000	水（60℃）	0.983 237
水（18℃）	0.998 621	水（100℃）	0.958 375

2.2.3　阿基米德定律

阿基米德发现的浮力原理奠定了流体静力学的基础。传说希伦王召见阿基米德，让他鉴定纯金王冠是否掺假。他冥思苦想多日，在跨进澡盆洗澡时，从看见水面上升得到启示，做出了关于浮体问题的重大发现，并通过王冠排出的水量解决了国王的疑问。在著名的《论浮体》一书中，他按照各种固体的形状和比重的变化来确定其浮于水中的位置，并且详细阐述和总结了后来闻名于世的阿基米德原理：放在液体中的物体受到向上的浮力，其大小等于物体所排开的液体重量。从此使人们对物体的沉浮有了科学的认识。

实验证明，浮力的大小与浸入物体的体积及液体的密度有关。在同一种液体里，浸入物体的体积越大，浮力也越大；液体的密度越大，浮力亦越大。

浮力的大小等于浸没物体排开液体的重量。这就是阿基米德定律。用公式表达为

$$D = g\rho V \tag{2-3}$$

式中：D——物体受到的浮力，N；

　　　g——重力加速度，N/kg；

　　　ρ——液体的密度，kg/m^3；

　　　V——物体排开液体的体积，m^3。

对于纯水，如果 D 的单位用 kN，g 取 9.8 N/kg，则式（2-3）可简化为

$$D = 9.8V \tag{2-4}$$

阿基米德原理适用于全部或部分浸入静止流体的物体，要求物体下表面必须与流体接触。

如果物体的下表面并未全部同流体接触，例如，被水浸没的桥墩、插入海底的沉船、打入湖底的桩子等，在这类情况下，此时水的作用力并不等于原理中所规定的力。

如果水相对于物体有明显的流动，此原理也不适用（见伯努利方程）。鱼在水中游动，

由于周围的水受到扰动,用阿基米德原理算出的力只是部分值。这些情形要考虑流体动力学的效应。水翼船受到远大于浮力的举力就是动力学效应,所遵循的规律与静力学有所不同。

2.2.4　沉浮条件及潜水员的稳性

1) 沉浮条件

一块钢板放入水中会沉到水底,但是用钢板制造的船却可漂浮在水面。为什么会有这种现象呢? 原来,浸在水中的物体除受到向下的重力 W 外,还受到向上的浮力 D,如图 2-4 所示。物体的沉浮是由 D 和 W 共同作用的结果。

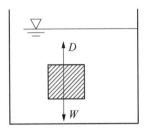

图 2-4　水中物体受力图

当 $W=D$ 时,合力 $D-W=0$,此时物体可以在液体内部任何位置平衡。于是把物体的这种状态称为悬浮状态(也称为中性状态)。

当 $D>W$ 时,合力 $D-W>0$,方向向上,物体会漂浮在水面,此时把物体的这种状态称为漂浮状态(也称为正浮力状态)。

当 $D<W$ 时,合力 $W-D>0$,方向向下,物体会沉到水底,此时把物体的这种状态称为下沉状态(也称为负浮力状态)。

显然,在水中的物体只能处于这三种状态中的一种。通过调节 D 和 W 的大小,可以改变物体的沉浮状态(简称为浮态)。

对物体的浮态进一步分析,实际上决定物体沉浮的因素是物体和液体各自的平均密度。当物体的平均密度等于液体的密度时,呈悬浮状态;当物体的平均密度小于液体的密度时,呈漂浮状态;反之,呈下沉状态。

例 2-2　欲把一个边长为 15 cm 的正方体钢块(密度 $\rho=7.8$ kg/cm³)从水底打捞出水,至少需多大的力?

解:钢块在水中分别受到向上的浮力 D 和向下的重力 W,打捞所需的力是它们的合力。

$$D=9.8V=9.8\times0.15^3=0.033 \text{ kN}=33 \text{ N}$$

$$W=g\rho V=9.8\times78\times0.15^3=0.258 \text{ kN}=258 \text{ N}$$

$$W-D=258-33=225 \text{ N}$$

答:至少需 225 N 的力才能将铁块打捞出水面。

---

2) 潜水员的沉浮原理

潜水员在水中的沉浮和一般物体在水中单纯的沉浮有所不同。一般物体在水中的浮态完全取决于物体所受到的浮力和自重的差值,这个差值是固定不变的,故只能处于三种浮态中的一种。一般物体的沉浮可以称为重力沉浮。潜水员和鱼类在水中的沉浮类似。鱼类在水中的沉浮,一方面通过腹内的鳔,改变自身的排水体积,从而改变浮力和自重的差值,达到沉浮目的,这属于重力沉浮。另一方面,运用尾和鳍的推力达到潜游和浮游的目的,这种沉浮称为动力沉浮。

潜水员在水中的沉浮,一种是重力沉浮,一种是动力沉浮。重潜水属于重力沉浮,重潜水运用了压重物(如压铅),结合调节潜水服内的空气垫,使重力和浮力的差值可以在较大范围内任意调整,达到沉浮的目的。而轻潜水服内没有(或者很少)可任意调节的气垫,也就是说重力和浮力的差值无法随时改变,所以轻潜水主要依靠脚蹼的推力达到沉浮的目的。

3) 潜水员的稳性

潜水员在水下作业时,需要采取各种不同的体位(如站立、半屈位、跪姿等),不论采取何种体位,都要求潜水员保持身体处于稳定的平衡状态。

(1) 重心和浮心的概念。

所谓潜水员的重心是指潜水员自身的重力和潜水装具的重力共同作用形成的合力的作用点。对于潜水员来说,重心一般在腰带部位。

潜水员的浮心是指潜水员(含装具)在水中所受到的浮力的作用点。对于重潜水员来说,浮心一般在乳头的高度上。当处于直立体位时,重心和浮心的垂直距离约为 200 mm,这个距离也称为稳性高度。

(2) 潜水员在水下的稳性。

潜水员在水下保持身体平衡的能力,称为潜水员的稳性。它取决于重心和浮心的相对位置以及潜水员本身的平衡感。

潜水员的平衡分为稳定平衡、不稳定平衡和中性平衡三种情况。稳定平衡的基本条件是保持浮心在上,重心在下,并且在同一条铅垂线上。但潜水员在水下作业过程中,需经常变换体位,因此,也就不可能永远保持在一种平衡状态。由于不断变换动作,潜水员的重心和浮心随之不断发生位移,因而原有的平衡不断被打破,而产生新的平衡。造成重心和浮心位移的原因很多,主要为身体长度的改变、重量的增减,潜水服内空气垫的位移等。潜水员在水下应保持稳定平衡。

潜水员水下不稳定平衡的条件是:重心在浮心的上方,或浮心与重心不在同一条铅垂线上。造成潜水员不稳定平衡的主要原因如下:①压铅位置挂得过高,潜水员下水后,重心位置在浮心之上,潜水员感到头重脚轻,极易倾倒,当潜水员两只潜水鞋都脱落时,也会产生同样现象;②一侧压铅脱落或者一只潜水鞋脱落,会造成浮心与重心不在同一铅垂线上,重力和浮力形成的倾覆力矩使潜水员倒转放漂。潜水员应避免不稳定平衡。

中性平衡系指潜水员在水下浮力和重力相等,且浮心与重心重合的情况,此时,潜水员可悬浮于任何位置,并可绕重心与浮心的重合点做任意转动,这将不利于潜水员水下工作的正常进行。

(3) 潜水员重心和浮心变化规律。

潜水员稳性取决于重心和浮心的相对位置。为了更好地掌握水下稳性,有必要对重心和浮心的变化规律进行分析和概括。

a. 重心的变化规律。

在潜水运动中,一般认为在正确着装的基础上,不施力于物体,潜水员的重心位移很小。在直立的静态状态下，重心不变，而徒手运动时，虽因体位的变化造成重心的位移，但这种位移仍然是小范围的。由于重心在小范围发生偏离，潜水员可轻易控制稳性，保持平衡。

重心的变化只有在潜水装具各部分配重不当，着装时佩挂物的位置偏差，运动时发生压铅、潜水鞋脱落，搬运重物用力不当时才会出现较大幅度的位移。如果重心位移后仍在浮心的下方，则仍属稳定平衡范围。如果重心位移后处于浮心上方，则为不稳定平衡。这时如果潜水员有准备，可以迅速将重心和浮心调整在同一铅垂线上，仍可保持一个暂时的平衡，当然这是不易掌握的，一旦重心和浮心偏离同一条铅垂线时，倾覆力矩将使潜水员失去平衡，这是很危险的。

b. 浮心的变化规律。

浮心的变化是随时随地发生的。这里因为潜水员在水下作业时，空气垫浮力的大小和位置随时都在变化。空气垫浮力的大小是通过改变排水体积来实现的，而空气垫体积和位置是随时变化的，这种变化往往是不对称的，这就使得浮心随空气垫的变化而产生位移。浮心总是向排水体积相对增大的方向移动。由于浮心的随时变化，从而随时改变着重心和浮心的相对位置关系，影响稳性。

对于重潜水员几种常规移动与浮心变化关系可概括如下：

(1) 空气垫增大时，浮心下移，反之上移。

(2) 后仰时空气垫前移，浮心也前移。

(3) 前俯时空气垫后移，浮心也后移。

(4) 左侧身时空气垫向右移，浮心也右移。

(5) 右侧身时空气垫向左移，浮心也左移。

2.3　机械能守恒定律

任何人类活动都离不开能量。例如，现代化的生活离不开电厂供应的电能；现代交通离不开燃料燃烧释放的化学能；核电站要利用原子核裂变时释放的核能；人类生活需要摄入食物中的化学能；植物的生长依赖太阳能……在长期的科学实践中，人类已经建立起各种形式的能量概念及其量度的方法，如动能、势能、电磁能、核能等，并且发现不同形式的能量可以互相转化，在转化过程中遵从能量守恒这个基本原理。

2.3.1　能量与功

1) 能量

能量的概念是人类在对物质运动规律进行长期探索中建立的。所有的自然现象都能涉及能量，人类任何活动都离不开能量：流动的江水具有动能；高处水库里的水具有势能；现代化的生活离不开电能；现代交通工具离不开燃料燃烧释放的化学能；核电站要利用原子核裂变时释放的核能；人的生命需要摄入食物中的化学能……对应于物质的各种运动形式，能量也有各种不同的形式，它们可以通过一定的方式互相转换。

能量是物质运动转换的量度，简称"能"。世界万物是不断运动的，在物质的一切属性中,运动是最基本的属性,其他属性都是运动的具体表现。能量是表征物理系统做功本领的量度。

在机械运动中表现为物体或体系整体的机械能,如动能、势能、声能等。在热现象中表现为系统的内能,它是系统内各分子无规则运动的动能、分子间相互作用的势能、原子和原子核内的能量的总和,但不包括系统整体运动的机械能。对于热运动能(热能),人们是通过它与机械能的相互转换而认识的。

伽利略的"小球斜面实验"指出:相互作用的物体凭借其位置而具有的能量称为势能。例如,被举高的物体具有势能。物体由于运动而具有的能量称为动能。例如,运动的汽车具有动能。

2) 功

人类对于能量及其转化的认识与功的概念紧密相连。这是因为在一个过程中如果既存在做功的现象,也存在能量变化的现象,功的计算常常能够为能量的定量表达及能量的转化提供分析的基础。功的概念起源于早期工业发展的需要。当时的工程师需要一个比较蒸汽机效能的办法。在实践中大家逐渐认识到,当燃烧同样多的燃料时,机械举起的重量与举起的高度的乘积可以用来度量机器的效能,从而比较蒸汽机的优劣,并把物体的重量与其上升高度的乘积称为功。一个物体受到力的作用,并在力的方向上发生了一段位移,这个力就对物体做了功。

力和物体在力的方向上发生的位移是做功的两个不可缺少的因素。如果力的方向与位移的方向一致,就把功定义为力的大小与位移大小的乘积。用 F 表示力的大小,用 l 表示位移的大小,用 W 表示力 F 所做的功,则有 $W=Fl$。在国际单位制中,功的单位是焦耳,简称焦,符号是 J。1 J 等于 1 N 的力使物体在力的方向上发生 1 m 的位移时所做的功。当一个物体在几个力的共同作用下发生一段位移时,这几个力对物体所做的总功等于各个力分别对物体所做功的代数和,也就是这几个力的合力对物体所做的功。

功率是指物体在单位时间内所做的功的多少,即功率是描述做功快慢的物理量。功的数量不变,时间越短,功率值就越大。求功率的公式为 功率=功/时间。功率是表征做功快慢程度的物理量。单位时间内所做的功称为功率,用 P 表示。故功率等于作用力与物体受力点速度的标量积。电动机、内燃机等动力机械常常标有额定功率,这是在额定转速下可以较长时间工作时输出的功率。实际输出功率往往小于这个数值。例如,某汽车内燃机的额定功率是 97 kW,但在平直公路上行驶时,发动机的实际输出功率只有 20 kW。在特殊情况下,例如越过障碍时,司机通过增大供油量可以使实际输出的功率大于额定功率,但这对发动机有害,只能工作很短时间,而且要尽量避免。

功率计算公式:$P=W/t$(平均功率);$P=Fv$;$P=Fv\cos\alpha$(瞬时功率)。

因为 $W=F$(F 为力)$\times S$(S 为位移)(功的定义式),所以求功率的公式也可推导出 $P=Fv$;$P=W/t=FS/t=Fv$(此公式适用于物体做匀速直线运动)。

公式中的 P 表示功率,单位是"瓦特",简称"瓦",符号是 W。

W 表示功。单位是"焦耳",简称"焦",符号是 J。

t 表示时间,单位是"秒",符号是 s。

从 $P=Fv$ 可以看出,汽车、火车等交通工具和各种起重机械,当发动机的功率 P 一定时,牵引力 F 与速度 v 成反比,要增大牵引力,就要降低速度。然而,在发动机功率一定时,通过降低速度提高牵引力或减小牵引力而提高速度,效果都是有限的。所以,要提高速度和增大牵引力,必须提高发动机的额定功率,这就是高速火车、汽车需要大功率发动机的原因。

2.3.2　重力势能与动能定理

物体由于被举高而具有的能称为重力势能,是在特殊情形下引力势能的推广,是物体在重力的作用下而具有由空间位置决定的能量,大小与确定其空间位置所选取的参考点有关。物体在空间某点处的重力势能等于使物体从该点运动到参考点(即一特定水平面)时重力所做的功。

物体重力势能的大小由地球对物体的引力大小以及地球和地面上物体的相对位置决定。物体质量越大,位置越高,做功本领越大,物体具有的重力势能就越大。在某种程度上来说,就是当高度一定时,质量越大,重力势能越大;当质量一定时,高度越高,重力势能越大。

重力势能具有相对性,要根据选取参考系来作答问题,但是重力势能的变化量具有绝对性。也就是说:重力势能会随着参考平面的改变而改变,但重力势能的改变量是不会因为参考平面的不同而变化的。重力做功与路径无关,只与起点和终点的位置有关。

物体由于运动而具有的能量称为物体的动能。它的大小定义为物体质量与速度平方乘积的二分之一。因此,质量相同的物体,运动速度越大,它的动能越大;运动速度相同的物体,质量越大,具有的动能就越大。动能是标量,无方向,只有大小,且不能小于零。与功一致,可直接相加减。

力在一个过程中对物体所做的功等于在这个过程中动能的变化。这个结论称为动能定理。

合外力(物体所受的外力的总和,根据方向以及受力大小通过正交法计算出物体最终的合力方向及大小)对物体所做的功等于物体动能的变化。动能定理是由牛顿第二定律演变而来的,但是这一定理所反映的物理内容却同牛顿第二定律大不相同,牛顿第二定律反映的是力对物体的作用的瞬时效果,它指出只要在某一时刻有力作用在物体上,物体便会产生加速度,加速度的大小和方向决定了物体运动状态将如何变化,而动能定理反映的是力对物体的空间积累效应,它指出,力在某一过程中对物体做了功,物体运动的动能便发生改变。牛顿第二定律只解决力是恒力、物体沿直线运动的问题,而动能定理既可以解决恒力、直线问题,也可以解决变力、曲线问题,只要不涉及加速度和时间,用动能定理比用牛顿第二定律更简洁明了。

2.3.3　机械能守恒定律

在只有重力或弹力做功的物体系统内(或者不受其他外力的作用下),物体系统的动能和势能(包括重力势能和弹性势能)发生相互转化,但机械能的总能量保持不变,这个规律称为机械能守恒定律。

机械能守恒定律是动力学中的基本定律,即任何物体系统如无外力做功,系统内又只有保守力(见势能)做功时,则系统的机械能(动能与势能之和)保持不变。外力做功为零,表明没有从外界输入机械功;只有保守力做功,即只有动能和势能的转化,而无机械能转化为其他能,符合这两个条件的机械能守恒对一切惯性参考系都成立。这个定律的简化说法如下:质点(或质点系)在势场中运动时,其动能和势能之和保持不变;或物体在重力场中运动时动能和势能之和不变。这一说法隐含可以忽略不计产生势力场的物体(如地球)的动能的变化。这只能在一些特殊的惯性参考系如地球参考系中才成立。

2.4　气体与溶解度　>>>

2.4.1　大气的概念

地球表面被一层厚达几千公里的空气包围着,包围地球的空气层称为大气层。

空气是无色、无味、透明、易压缩的气体,密度为 1.2~1.3 g/L。

空气可溶解于液体,人体中含有大量的水分,空气会以一定的比例溶解在人体内。

空气主要由氮气、氧气、二氧化碳、灰尘、水蒸气及惰性气体组成。除氮气外,惰性气体还包括氦、氖、氩、氪、氙和氡,它们的化学性质相当稳定,在空气中含量非常稀少。除此之外,空气中还含有少量化学性质活泼的氢气和一氧化碳等。空气中几种成分的含量如表 2-3 所示。

表 2-3　空气中几种成分的含量及密度

气体名称	分子式	体积百分比/%	密度/(g/cm³)
氮气	N_2	78	1.25×10^{-3}
氧气	O_2	21	1.43×10^{-3}
二氧化碳	CO_2	0.033	1.97×10^{-3}
氦	He	0.000 5	1.8×10^{-4}

潜水中会遇到各种气体,其中主要有氧气、氮气、氦、氢气、氖、二氧化氮、一氧化碳和水蒸气等 8 种,它们以不同的含量存在于空气之中。

在常规潜水作业时,所使用的气体,最常用的是空气,空气是一种天然的潜水混合气体。在某些潜水作业时,也可以将空气中某些成分的气体与氧气混合,组成特殊的混合气体。下面介绍潜水中最常见的几种气体:

1) 氧气

氧气在空气中含量居第二位,但它是空气中对人类最重要的气体。氧气在空气中约占体积 21%。无色、无嗅、无味,化学性质活泼,易与其他元素结合。氧气不能燃烧,但能助燃。

人体在呼吸空气时,所必需的其实只有氧气,它是人类及其他生物赖以生存的气体。

2) 氮气

氮气是空气中含量最多的气体,约占空气体积的 78%。氮气无色、无嗅、无味。它是所有生命的组成部分。但它与氧气不同,不能支持生命,也不能助燃。氮气化学性质较稳定,在高压下易溶解于人体。空气中的氮气对空气潜水来说,可视作氧气的稀释剂。当然氮气并非是可用作稀释氧气的唯一气体。在高压环境下,呼吸含有高比例氮气的混合气体(如空气)时因氮气的分压过高,氮气会引发氮麻醉,使潜水员的定向能力和判断能力减弱。

3)氦

氦是无色、无味、无嗅的惰性气体,不能溶于水。氦在空气中含量极少,在高压环境下不会对人体产生麻醉效果。故在潜水中,经常用氦和氧气按一定比例配制成氦氧混合气,用于深潜水作业。

氦与氮气比较,虽有不会发生麻醉效果的优点,但其也有语言失真和散热性强等缺点。

4)二氧化碳

当空气中二氧化碳含量较小时,它是一种无色、无嗅、无味的气体,但当二氧化碳含量较大时,它具有酸味和臭味。二氧化碳比较重,常做泡沫灭火器中的灭火剂。二氧化碳极易溶于水,是机体呼吸和燃烧的产物。如果通风不良,人体排出的二氧化碳会在潜水员头盔或加压舱内积聚,当其浓度过高时,会发生二氧化碳中毒。

5)水蒸气

水蒸气是空气中所含的水,它以气态形式出现。水蒸气在空气中的含量与温度和湿度以及气体压强等因素有关。水蒸气含量过大,会使潜水面窗模糊,寒冷环境下供气软管内结冰或身体寒冷。水蒸气含量过低,会使呼吸道干燥难受。

2.4.2 湿度

空气中含有水蒸气,潜水混合气中也会有一定量的水蒸气。水蒸气是水的气态形式,它也遵循气体定律。

大气中水蒸气的含量称为湿度。湿度大则表明空气中所含水分多。潜水员呼吸气体中应含适量的水蒸气,这样可以滋润人体组织。但是如果湿度过大,潜水员会感觉不适,且当水蒸气冷凝为水时,可引起供气软管和装具中的气路结冰堵塞,使潜水员面窗模糊。

如果将一定量的水装入一个广口瓶,然后将瓶密封,这时由于水分子的运动,一部分水将蒸发到液体上方的气体中,同时气体中一部分水蒸气将回到瓶内水中。水将持续蒸发,最终将会出现离开液体表面的水蒸气分子数与返回水中的分子数相等的平衡状态,此时称为瓶内上空空气已被水蒸气饱和。

湿度与水蒸气的分压有关,而水蒸气的分压与液态水的温度有关。当水温和水面气温上升时,更多的水分子将蒸发到气体中,直至达到更高的水蒸气分压的平衡状态。如果水和气体温度降低,那么气体中的水蒸气将凝结为液态水,直至出现较低的水蒸气分压的平衡状态,所以一种气体中水蒸气所能达到的最大分压取决于这种气体的温度。水蒸气饱和时的温度称为露点。

气体中水蒸气的含量通常用绝对湿度和相对湿度表示。

绝对湿度是指单位体积的混合气体中水蒸气的质量。

相对湿度是指混合气体中水蒸气的质量与同一温度下该混合气与水蒸气饱和时的水蒸气质量之比,用百分数表示。显然,相对湿度的值在0~100%之间。

在研究湿度时,还常用到湿球温度和干球温度的概念。干球温度为气体的实际温度,湿球温度是气体冷却到饱和(露点)的温度。只有在相对湿度为100%时,两种温度才相等,否则,湿球温度总是低于干球温度。

湿度在常规潜水中对潜水员的影响并不大,但在饱和潜水中,因潜水员长期处在饱和深度的高压环境中,湿度对潜水员有一定影响。一般相对湿度应控制在50%~70%范围内。若相对湿度过高,潜水员会感到较潮湿,并容易引起细菌,特别是霉菌感染,若相对湿度过低,潜水员会感觉干燥,并使二氧化碳吸收剂效率降低。

2.4.3　混合气

混合气是指两种或两种以上单一气体按一定比例混合所组成的均匀混合的气体。

潜水中呼吸的混合气一般采用人工配制而成,常用的配制方法有分压配气法、容积配气法、流量配气法及称量配气法等。

空气是最常见的天然混合气。它含有氧气、氮气、二氧化碳、水蒸气等成分。空气是最常用的潜水呼吸气源。因空气中含有大量的氮气,在深潜水时,会使潜水员发生氮麻醉。故在深潜水中常用氧气和其他一些惰性气体配成潜水混合气体。现今最常用的是用氧气和氦按一定比例配制成氦氧混合气,用于氦氧潜水和饱和潜水。

混合气具有一定的压强,一瓶装有某种混合气的气瓶,用压力表可测出这瓶混合气的压强。这个压强是由混合气中各个成分共同作用的结果,把它称为混合气的总压。如果把混合气体中某一成分气体单独留在气瓶内,其他成分全部排出气瓶,这时所留下的单一气体将单独占据整个气瓶的空间。用压力表能够测出这种单一成分气体的压强。

混合气体中,某种单一成分的气体的压强称为混合气体中这种单一成分气体的分压。故在混合气体中,每一种成分的单一气体都具有各自的分压。

1) 道尔顿定律

混合气的总压用压力表可轻易测得,但混合气中某种成分气体的分压几乎不可能用压力表测出。原因是无法在容器中仅保留某种气体,而把其他成分气体排出。

英国科学家道尔顿通过实验证明:

混合气体的总压强等于各组成成分气体的分压之和,即

$$P = P_1 + P_2 + P_3 + \cdots + P_n \tag{2-5}$$

式中:P——混合气的总压强;

P_1、P_2,…,P_n——各组成成分气体的分压。

把公式(2-5)称为道尔顿定律,也称为分压定律。

道尔顿指出混合气中任何一种气体的分压与这种气体在整个容器中的分子百分数(体积百分比)成正比。

道尔顿定律可用于计算混合气中某种成分气体的分压,即

$$P_x = PC \tag{2-6}$$

式中:P_x——某种气体的分压;

　　　P——混合气总压;

　　　C——某种气体在混合气中所占的体积百分比。

例 2-3 已知空气中 O_2、N_2 和 CO_2 的体积分别占空气总体积的 21%、78% 和 0.03%。求在常压及水下 50 m 时,它们各自的分压。

解:常压下,空气的总压强为 0.1 MPa,水下 50 m 时,空气的压强变为 0.6 MPa。在空气的压缩过程中,各种成分的百分比不变。

据式(2-6),在常压时,

$$P_{O_2} = 0.1 \times 21\% = 0.021 \text{ MPa}$$

$$P_{N_2} = 0.1 \times 78\% = 0.078 \text{ MPa}$$

$$P_{CO_2} = 0.1 \times 0.03\% = 0.000\,03 \text{ MPa}$$

在水下 50 m 时,

$$P_{O_2} = 0.6 \times 21\% = 0.126 \text{ MPa}$$

$$P_{N_2} = 0.6 \times 78\% = 0.468 \text{ MPa}$$

$$P_{CO_2} = 0.6 \times 0.03\% = 0.000\,18 \text{ MPa}$$

混合气体中各成分气体对人体生理有不同的反应。气体对人体生理的作用取决于气体的分压。

---

2) 水面等值

从例 2-3 中,可以看出,潜水员在 50 m 水深时,从空气中吸入的氧分子的数量比在常压(0.1 MPa)下从纯氧中吸入的氧分子数量还多得多。同样吸入的二氧化碳分子数也为在水面正常空气中的 6 倍。为了比较气体在高压环境和常压环境对人体生理作用的影响,这里引入水面等值的概念。

所谓水面等值,指在某一深度的水中,一定分压的某种气体的浓度,与在水面常压(0.1 MPa)时呼吸的混合气体中含 x% 的这种气体相同。即

$$SE = \frac{P}{0.1} \times 100\% \tag{2-7}$$

式中:SE——水面等值;

　　　P——气体在某深度水中的分压。

> **例 2－4**　某种混合气体中，CO_2 分压为 0.003 MPa（绝对压）。问其水面等值为多少？
>
> **解**：已知 $P_{CO_2}=0.003$ MPa，根据式（2－7），可得
>
> $$SE = \frac{P}{0.1} \times 100\% = \frac{0.003}{0.1} \times 100\% = 3\%$$
>
> 所以其水面等值为 3%。

例 2－4 中，说明潜水员在水下所吸入的二氧化碳的数量，相当于在水面常压下呼吸的气体中含有 3% 的二氧化碳，这对潜水员来说是相当危险的，即可能引起二氧化碳中毒症状。为了避免这种现象的出现，应严格控制呼吸气源中二氧化碳的含量，并经常对潜水头盔进行通风，防止头盔内二氧化碳大量积聚引起分压过高。

3）气体的弥散

气体的弥散是指某种气体的分子通过自身的运动而进入另一种物质分子间隙内部的现象。它是气体分子在分压作用下运动的结果。

把两种气体放在同一容器内，尽管两种气体的密度不同，但到最后，这两种气体将完全均匀混合。

气体的弥散遵循从高分压区向低分压区扩散的规律。分压的差值越大，弥散的速度也越快。

2.4.4　溶解度的概念

溶解度符号为"S"，在一定温度下，某固态物质在 100 g 溶剂中达到饱和状态时所溶解的溶质的质量，称为这种物质在这种溶剂中的溶解度。物质的溶解度属于物理性质。气体的溶解度通常指的是该气体（其压强为一个标准大气压）在一定温度时溶解在一个体积溶剂里的体积数。也常用"g/100 g 溶剂"作为单位。一种气体与一种液体相接触，气体分子便借助自身的运动而进入液体内。这就是气体在液体中的溶解。

某些气体比其他气体更容易溶解在同一种液体中，同一种气体在不同液体中溶解的数量不相同。

在一定的温度下，0.1 MPa 某气体溶解于 1 mL 某液体中的毫升数称为该气体在这种液体内的溶解系数。溶解系数大，表明气体在液体中的溶解量多，反之则少。

影响气体在液体中的溶解量的因素很多。最主要的因素如下：①气体本身的特性；②液体的特性；③气体和液体的温度；④气体的分压。

由于温度越高，分子的运动速度越大，因此温度越高，气体越难溶解于液体。因为潜水员总是在高压条件下工作，所以下面着重讨论气体在液体中的溶解量与气体分压间的关系。

实验证明：在一定温度下，气体在液体中的溶解量与这种气体的分压成正比。为此把这个结论称为亨利定律。

按照亨利定律,如果气体的分压为 0.1 MPa 时在某种液体中溶解量为一个单位气体,那么气体的分压为 0.2 MPa 时,将溶解两个单位的气体。

当一种不含气体的液体首次暴露于气体中时,这种气体的分子在分压的作用下,会迅速进入液体中。当气体进入液体后,增加了气体的张力(即气体在液体中的分压)。液体内气体张力与液体外这种气体分压之间的差值称为压差梯度。压差梯度大,气体溶解在液体中的速度就快。随着时间的推移,溶解在液体内气体分子数量不断增加,气体的张力也随之增加,与此同时,液体外的气体因部分溶解在液体内,它的分压降低,溶解在液体中的气体又有一些分子从液体中逸出,增加了气体的分压。这样,气体分子不断溶解和逸出,当压差梯度为零时,逸出和溶解的气体分子数量相等,液体中溶解的气体分子数量保持恒定,称为液体被气体饱和了。

2.4.5 变化原理与影响因素

气体的溶解度(即液体被气体饱和时,单位体积液体溶解的气体质量)除与气体的分压有关外,还与温度有关,温度越高,溶解度越小。反之,温度越低,溶解度越大。

气体的溶解度大小首先取决于气体的性质,同时也随着气体的压强和溶剂温度的不同而变化。例如,在 20℃ 时,气体的压强为 1.013×10^5 Pa,1 L 水可以溶解气体的体积:氨气为 702 L,氢气为 0.018 19 L,氧气为 0.031 02 L。氨气易溶于水,是因为氨气是极性分子,水也是极性分子,而且氨气分子与水分子还能形成氢键,发生显著的水合作用,所以它的溶解度很大;而氢气、氧气都是非极性分子,所以在水里的溶解度很小。

当压强一定时,气体的溶解度随着温度的升高而减少。这一点对气体来说没有例外,因为当温度升高时,气体分子运动速率加快,容易从水面逸出。

当温度一定时,气体的溶解度随着气体的压强的增大而增大。这是因为当压强增大时,液面上的气体的浓度增大,所以进入液面的气体分子比从液面逸出的分子多,从而使气体的溶解度大。而且,气体的溶解度和该气体的压强(分压)在一定范围内成正比(在气体不与水发生化学变化的情况下)。例如,在 20℃ 时,氢气的压强为 1.013×10^5 Pa,氢气在 1 L 水里的溶解度为 0.018 19 L;同样在 20℃ 时,氢气的压强为 $2 \times 1.013 \times 10^5$ Pa 时,氢气在 1 L 水里的溶解度为 $0.018\ 19 \times 2 = 0.036\ 38$ L。

气体的溶解度有两种表示方法,一种是在一定温度下,气体的压强(或称该气体的分压,不包括水蒸气的压强)是 1.013×10^5 Pa 时,溶解于一个体积水里,达到饱和气体的体积(并需换算成在 0℃ 时的体积数),即这种气体在水里的溶解度。另一种气体的溶解度的表示方法是在一定温度下,该气体在 100 g 水里,气体的总压强为 1.013×10^5 Pa(气体的分压加上当时水蒸气的压强)所溶解的克数。

夏天打开汽水瓶盖时,压强减小,气体的溶解度减小,会有大量气体涌出。喝汽水后会打嗝,是因为汽水到胃中后,温度升高,气体的溶解度减小。

气体在液体中的溶解规律对保障潜水员安全作业具有重要的指导意义。潜水员吸入的混合气中的各种气体将按照各自的分压成比例地溶于体内。由于不同气体的溶解度不同,因此某种气体的溶解量与潜水员在高压下呼吸这种气体的时间有关,如果时间较长,这种气体将会在潜水员体内达到饱和,当然这种饱和过程较慢。不同的气体在体内达到饱和需 8～24 h。

只要潜水员所处环境的压强不变,已溶解在体内的各种气体的量就会保持原有的溶解状态。当潜水员从水下上升出水时,随着水深变浅,静水压强越来越小,溶解在潜水员体内的混合气的总压也越来越小,各种气体的分压也随之减小,溶解在潜水员体内的各种气体因分压减少,不断地逸出体外。如果按照减压表控制上升速度,那么已溶解在体内的气体将会被顺利输送到肺部并呼出体外。如果对上升速度和幅度控制不当,压力的降低超出了身体所能调节的速度,则会形成气泡并积聚在小血管内,引发减压病。

2.5　水下声学与光学

2.5.1　声波的概念

声音是怎样产生的? 观察各种发声物体,可以发现它们只有振动时才能发出声音,振动停止时,声音也消失了。这说明声音是由物体的振动产生的。

振动着的发声物体称为声源。

声源振动发出的声音怎么能传到人耳呢? 原来在声源和人耳中存在着能够传播振动的物质,如空气等,这种能够传播声音的物质称为声音的媒质。声源的振动使周围的媒质产生疏密的变化,形成疏密相间的纵波,这就是声波。不仅空气能够传播声波,其他气体、固体和液体也能传播声波。因为真空中没有传播声音的媒质,所以声波不能在真空中传播。人耳能够听到的振动频率是有一定范围的,即 20～20 000 Hz。频率在 10^{-4}～20 Hz 的机械波,人耳是听不到的,称为次声波。频率在 2×10^4～2×10^8 Hz 的机械波,人耳也感觉不到,称为超声波。

当然,是否引起人的听觉,不完全由机械波的频率决定,还与声强有关,对每一频率的声波,声强都有一个上限值,一个下限值,低于下限值或高于上限值都不能引起人耳听觉。

声源完成一次全振动所需的时间称为声源振动周期,用 T 表示。单位时间内声源完成的全振动的次数称为声源振动的频率,用 f 表示。

$$f = 1/T \tag{2-8}$$

在声波的传播过程中,振动传播的速度称为波速,用 V 表示。它的大小取决于媒质的性质。

例如:声波在0℃的空气中速度为 332 m/s,在20℃时为 344 m/s,在30℃时为 349 m/s。声波在几种媒质中的传播速度如表 2-4 所示。

表 2-4　0℃时几种媒介的声音传播速度

媒质	空气	水	铜	铁	玻璃	松木	橡胶
声速/(m/s)	332	1 450	3 800	4 900	5 000～6 000	3 320	30～50

在一个周期的时间 T 内,振动在媒质中传播的距离称为波长,用 λ 表示。

波长 λ 与频率 f 和波速 V 有着密切的关系。在均匀媒质中,振动是匀速传播的,也

就是说波速是恒量。这时,波长等于波速与周期的乘积,即

$$\lambda = VT \text{ 或 } V = \lambda f \tag{2-9}$$

声源振动发出的声音差别很大。有的声音,如各种乐器发出的声音,悦耳动听,人们把这种声音称为乐音。有的声音,如混凝土搅拌机、空气压缩机等发出的声音,嘈杂刺耳,人们把这种声音称为噪声。

噪声对人体的健康有严重危害,长期在较高噪声环境里工作,会使人神经紧张,心率加快,严重危害人的身心健康。

2.5.2 声在水中传播的特点

声音的传播速度与媒质的密度有关,密度越大,传播的速度越快。由于真空里没有物质,故声音不能在真空中传播。声音在水中的传播速度很快,达到 1 425 m/s,约为在空气中的 4 倍。声音在水中传播时衰减比在空气中少,故声音在水中可传播很远的距离。

声波在水中传播到水底、水面或遇其他障碍物时,将改变传播方向。一部分将偏离原方向,但仍在水中传播,称为反射波;另一部分则通过界面进入水底、水面或障碍物中去,其方向也发生改变,称为折射波。利用声波的反射可以测定目标物的距离,设发射声波的时间为 t_1,而此声波经反射回到原发射点的时间为 t_2,那么从发射点到目标物(反射点)的距离 S 为

$$S = \frac{1}{2}(t_2 - t_1)V \tag{2-10}$$

式中:V 为声波速度。

声音在淡水中传播的速度要比在空气中传播快得多(声音在淡水中传播的速度为 1 455 m/s,在空气中传播的速度为 332 m/s)。但是在咸水中声音传播的速度可增加到 1 550 m/s,这是因为声音传播的速度受水的盐度、温度和压力的影响。如果盐度、温度和压力这三个变量的值增加,都会使声音传播的速度相应地增加。声音传播的速度在温跃层(thermocline)达到最大。研究声波在水中传播的情况对于声呐的使用非常重要。如果水温是均一的,声音传播速度随深度而增加,导致声波向表面折射或弯曲。然而由于温跃层的存在,导致形成了一个声波消失带,这是由于位于温跃层的声源发出的声音,其传播速度在两个方向上减少,因此在海战中,潜水艇沿温跃层运动,可以避免被侦察发现。水下声学应用得最广泛的方面可能是用于精确测量海深。根据声波从海底的反射,可进行最精确的海深测量。因此,不同的海底对于所得到的反射效果有很大影响:平滑而坚硬的海底所得到的反射效果最好;松软的、表面不规则的海底则把声波吸收或散射。

由于声音在水中传播的速度很快,从声源传出的声音到达两耳的时间差极小,潜水员无法准确辨别,因此在水下大大减弱,甚至丧失了判定声源方向的能力。

潜水员在水下如果不借助电话是无法与水下同伴或水面人员对话的,这是因为人的声带结构只适应于空气环境工作。

由于声音在水中的传导性比在空气中好,因此在相同的距离内,强度相同的声音在水

中的传播比在空气中更为迅速，且听起来更加清楚。某些作业（如水下爆破）产生的噪声在水面对人不会产生伤害，但在水下有可能会对潜水员造成严重的伤害。

2.5.3　光的概念

光，其本质是一种处于特定频段的光子流。光源发出光是因为光源中电子获得额外能量。如果能量不足以使其跃迁（jump）到更外层的轨道，电子就会进行加速运动，并以波的形式释放能量；反之，电子跃迁。如果跃迁之后刚好填补了所在轨道的空位，从激发态到达稳定态，电子就不动了；反之，电子会再次跃迁回之前的轨道，并且以波的形式释放能量。

光源主要可以分为三类。

第一类是热效应产生的光。太阳光就是很好的例子，因为周围环境比太阳温度低，为了达到热平衡，太阳会一直以电磁波的形式释放能量，直到周围的温度和它一样。

第二类是原子跃迁发光。荧光灯灯管内壁涂抹的荧光物质被电磁波能量激发而产生光。此外霓虹灯的原理也是一样。原子跃迁发光具有独自的特征谱线。科学家经常利用这个原理鉴别元素种类。

第三类是物质内部带电粒子加速运动时所产生的光。如同步加速器（synchrotron）工作时发出的同步辐射光，同时携带强大的能量。另外，原子炉（核反应堆）发出的淡蓝色微光（切伦科夫辐射）也属于这种。

2.5.4　光的反射与折射

光遇到水面、玻璃以及其他许多物体的表面都会发生反射（reflection）。垂直于镜面的直线称为法线；入射光线与法线的夹角称为入射角；反射光线与法线的夹角称为反射角。在反射现象中，反射光线、入射光线和法线都在同一平面内；反射光线、入射光线分居法线两侧；反射角等于入射角。这就是光的反射定律（reflection law）。如果让光逆着反射光线的方向射到镜面，那么，它被反射后就会逆着原来的入射光的方向射出。这表明，在反射现象中，光路是可逆的。反射在物理学中分为两种：镜面反射和漫反射。镜面反射发生在十分光滑的物体表面（如镜面）。两条平行光线能在反射物体上反射过后仍处于平行状态。凹凸不平的表面（如白纸）会把光线向着四面八方反射，这种反射称为漫反射。大多数反射现象为漫反射。

光线从一种介质斜射入另一种介质时，传播方向发生偏折，这种现象称为光的折射（refraction）。折射光线与法线的夹角称为折射角。如果射入的介质密度大于原本光线所在介质密度，则折射角小于入射角。反之，若小于，则折射角大于入射角。若入射角为零，折射角为零，属于反射的一部分。但光折射还在同种不均匀介质中产生，理论上可以从一个方向射入不产生折射，但因为分不清界线且一般分好几个层次又不是平面，故无论如何看都会产生折射。如从在岸上看平静的湖水的底部属于第一种折射，但看海市蜃楼则属于第二种折射。凸透镜、凹透镜这两种常见镜片所产生效果就是因为第一种折射。在折射现象中，光路是可逆的。

水下光学是未来光学研究的重要领域之一。地球表面71%的面积被水覆盖，水下蕴藏着极其丰富的资源,同时海洋是国防战略安全的重要领域。水下光学是水中目标测量与识别的重要手段之一。水下光学主要研究光在水中的传输特性、规律及其与水中客体的相互作用,从而研发水中目标的探测、识别与水下通信。其具体内容包括光在水中的散射、吸收以及由此引起的衰减,水面光辐射、反射、折射和传输,水下光学测量、摄影、通信、照明、水中发光生物的光学特性、光能利用、光学遥感,以及光学与声学的协同等。

 **市政潜水化学基础**

3.1.1 硫化氢的性质

分子式为 H_2S,分子量为 34.076,熔点为 $-85.5℃$,沸点为 $-60.4℃$,燃点为 260℃,爆炸上限 $\%(V/V)$[①]为 46.0,爆炸下限 $\%(V/V)$ 为 4.0,蒸气压为 2 026.5 kPa/25.5℃,闪点为 $<-50℃$。

溶解性:溶于水、乙醇,溶于水(溶解比例 1:2.6)后称为氢硫酸(硫化氢未与水发生反应)

密度:相对空气密度为 1.19(空气密度设为 1)

稳定性:不稳定,加热条件下发生可逆反应 $H_2S = H_2 + S$

禁配物:强氧化剂、碱类。

有刺激性(臭鸡蛋)气味(注意:在一定浓度下无气味),嗅觉阈值为 4.1×10^{-10},常温下为无色气体,广泛存在于石油、化工、皮革、造纸等行业中,在废气、粪池、污水沟、隧道、垃圾池中,均有大量各种有机物腐烂分解产生的硫化氢。如吸入浓度为 300 mg/m³ 达 1 小时即可对呼吸道、眼睛产生刺激症状。吸入 2~3 小时达 1 000 mg 时,可发生"闪电式"死亡。硫化氢在空气中的最高容许浓度为 10 mg/m³,10~300 mg/m³ 为低危险区,超过 300 mg/m³ 为高危险区域。

3.1.2 硫化氢中毒的急救与预防

1)诊断

硫化氢中毒可导致出现以下症状:头痛剧烈、头晕、烦躁、谵妄、疲惫、昏迷、抽搐、咳嗽、胸痛、胸闷、咽喉疼痛、气急,甚至出现肺水肿、肺炎、喉头痉挛甚至窒息,可有结膜充血,水肿、怕光、流泪,进而血压下降,心律失常等。

2)急救

有人中毒昏迷时,抢救人员必须做到:

(1)戴好防毒面具或空气呼吸器,穿好防毒衣,有两个以上的人监护,从上风处进入

[①] 两个"V",分子"V"代表能发生爆炸的气体体积,而分母"V"代表含有能爆炸的气体的气体混合物总体积。

现场,切断泄漏源。

(2) 进入塔、封闭容器、地窖、下水道等事故现场,还需携带好安全带。有问题应按联络信号立即撤离现场。

(3) 合理通风,加速扩散,喷雾状水稀释、溶解硫化氢。

(4) 尽快将伤员转移到上风向空气新鲜处,清除污染衣物,保持呼吸道畅通,立即给氧。

(5) 观察伤员的呼吸和意识状态,如有心跳停止,应尽快争取在 4 分钟内进行心肺复苏救护(勿用口对口呼吸)。

(6) 有条件时静脉注射 50%高渗葡萄糖 20 mL,加维生素 C 300~500 mg。

(7) 在到达医院开始抢救前,心肺复苏不能中断。

3) 预防

(1) 产生硫化氢的生产设备应尽量密闭,并设置自动报警装置。

(2) 对含有硫化氢的废水、废气、废渣,要进行净化处理,达到排放标准后方可排放。

(3) 进入可能存在硫化氢的密闭容器、坑、窑、地沟等工作场所,应首先测定该场所空气中的硫化氢浓度,采取通风排毒措施,确认安全后方可操作。

(4) 硫化氢作业环境空气中硫化氢浓度要定期测定。

(5) 操作时做好个人防护措施,戴好防毒面具,作业工人腰间缚以救护带或绳子。做好互保,要两人以上人员在场,发生异常情况立即救出中毒人员。

(6) 患有肝炎、肾病、气管炎的人员不得从事接触硫化氢的作业。

(7) 加强对职工有关专业知识的培训,提高自我防护意识。

3.1.3 硫化氢防范措施

1) 试油、修井及井下作业

(1) 在试油、修井及井下作业过程中,应配备正压式空气呼吸器及与呼吸器气瓶压力相应的空气压缩机。

(2) 井场配备一定数量的备用空气瓶并充满压缩空气。

(3) 在试油、修井以及井下作业过程中至少配备 4 台便携式硫化氢报警仪,用来检测未设固定探头区域空气中 H_2S 的浓度。

2) 进入设备内检修作业

例如,在油池清理过程中,由于搅拌,大量有毒有害气体冲上来,严重威协作业人员的生命安全。因此要采取下列措施:

(1) 下油池清理前,必须用泵把污油、污水抽干净,用高压水冲洗置换。

(2) 采样分析,根据测定结果确定施工方案和安全措施。

(3) 佩戴适用的防毒面具,有专人监护,必要时要携带安全带(绳)。

3) 油罐的检查与清理作业

在硫化氢危险区内清理油罐时要求至少三个人,两个人进行工作,第三人在远离油罐的安全位置监护。必须准备至少四套自给式呼吸器,进行清理工作的两个人每人一套,监护者一套,一套由监护者保存在安全区域备用。

（1）严禁在进、出油及调和过程中进行人工检测、测温及拆装安全附件等作业。

（2）进行必要的检查、脱水操作时，操作人员应站在上风向，并有专人监护。

（3）准备好适合的防毒面具，以便急用。

（4）由三个人对自给式呼吸器进行事先检查。

（5）停止所有在下风向的工作并且撤离所有人员。

（6）监护者处于上风位置，确保能够监护进行工作的两个人。

（7）关闭油罐的进料阀。

（8）关闭油罐的出料阀。

（9）开启排污阀并且用来自单独接头的水冲刷或者用氮气置换或放空。

（10）停止冲洗，打开阀门，除去杂物并且将湿碎片转移到专用容器内。注意自燃硫化亚铁的影响。

（11）进行采样分析，合格后进行工作的两个人佩戴呼吸器进入油罐进行清理。

（12）除去用于本工作的所有设备并且按照废物管理程序处理垃圾。

3.1.4　个人防护装备

如果工作场所的硫化氢浓度超过 $15\ mg/m^3$（1.0×10^{-5}）或工作场所的二氧化硫的浓度超过 $5.4\ mg/m^3$（2×10^{-6}），应提供人员保护。

1）固定的硫化氢监测系统

用于油气生产和气体加工中的固定的硫化氢监测系统包括可视的或能发声的警报，要安装在整个工作区域都能察觉的位置。

2）便携式检测装置

如果大气中的硫化氢浓度达到或超过 $15\ mg/m^3$（1.0×10^{-5}），就应配置便携式检测装置。

3）呼吸装备

所有的正压式空气呼吸器都应达到相关的规范要求。宜用于硫化氢浓度超过 $15\ mg/m^3$（1.0×10^{-5}）或二氧化硫浓度超过 $5.4\ mg/m^3$（2×10^{-6}）的作业区域。

若作业人员在硫化氢或二氧化硫浓度超过规定值的区域或空气中硫化氢或二氧化硫含量不详的地方作业时，应使用正压式空气呼吸器，适当时应戴上全面罩。

警示：在可能会遇到硫化氢或二氧化硫的油气井井下作业时，不应使用防毒面具或负压压力需求型正压式空气呼吸器。

4）呼吸器的维护与维修

（1）呼吸器至少每月进行完全检查，并详细记录检查和维修数据。呼吸器的所有工作包括维修、检查和气瓶再充，这些工作必须由有工作能力的技术员进行。

（2）对人员的资质必须清楚地规定和检查，进行这项工作的责任也必须明确规定，呼吸空气质量必须定期检查。

（3）在较低温度下使用设备齐全的呼吸仪器，可能遇到不良视度和呼出阀气凝结的问题。设计采用面罩以防进入的新鲜空气覆盖目境内部，降低薄雾。在室温和接近 0℃ 的较低温度下，在目境内侧涂上抗雾化合物以降低凝雾。

(4) 在非常低的温度下,呼出阀聚集的湿气如果将其冻裂,则将使得携带者吸入有毒空气。

3.1.5 案例分析

案例 3-1 ▶

时间：2003 年 6 月 6 日

地点：江苏省常州市外环路一编号为 W9♯ 的污水深井处

事件简述：

2003 年 6 月 6 日下午近 5 点,常州市某水利工程公司施工队的 3 名安徽籍临时工余某、吴某和另一人来到常州市外环路一编号为 W9♯ 的污水深井处,为该污水深井的正式投入使用进行施工。余某和吴某先下了深井进行施工,不到 1 分钟,尚未下井的另一人发现情况不对,于是急忙求助 110。待消防人员把两人拉出井底时,年仅 22 岁的余某已经断气,尚有呼吸的吴某则被送往常州市中医院抢救。据现场察看,该 W9♯ 号污水深井口直径约为 1 m,深约为 10 m,底部施工场地为 3 m×3.5 m,与其他污水深井相通。底部一侧已有大片污水沉积,水面上漂浮着一层灰白色水沫。经采样检测发现：施工场地中硫化氢的浓度超过工作场所有害因素职业接触限值。为此,当余、吴两人未有任何防护措施下到底部时即发生严重的硫化氢中毒事故。

> **原因分析**：对存在的风险认识不足,事先没有检测作业环境,而且不佩戴防护用具。

案例 3-2 ▶

时间：2006 年 3 月 28 日

地点：江苏省宜兴市环科园的一口污水窨井

事件简述：

2006 年 3 月 28 日晚上,某水利工程公司下属施工队的 1 名工人在下井作业时被毒气熏倒后,井口工人前仆后继施救,接连有 4 人发生吸入性中毒,其中 1 人丧生。

当晚,他们在绿园新村旁一巷内,为新铺的污水管进行"开封头"作业。起先的几次下井作业均告无事。当晚约 9:30,工人骆某带着工具进入直径为 800 mm、深度为 6 m 多的一口窨井中,刚将封头敲开一个小洞,一股臭鸡蛋般的气味随即冲出,49 岁的骆某随即昏倒在井下。

正在井上的惠某见此,立即下井救人。他下到井里后,迅速将绳子系住骆某,井上的工友将骆某拉出,但惠某又昏倒在井中。接着,又有 3 名工人下井营救,但先后也被毒气熏到。

宜兴环科园派出所、消防队接警赶来,发现有 3 名中毒者在工友的营救下,已被拉出了井口,尚有 2 名工人留着井下,生命危在旦夕！消防队员戴着防毒面具,下井将 2 人救出。这5名中毒者先后被送往医院抢救。据医生透露：5名中毒工人均呈典型的中毒症状，呼吸抑制，为硫化氢中毒死亡。

> 原因分析：对存在的风险认识不足，缺乏必要的安全防护用品。施救前，防护措施不完备，如没有进行呼吸防护，冒险施救，造成事故的发生与扩大。

3.2　一氧化碳

3.2.1　一氧化碳的性质

一氧化碳（carbon monoxide，CO）纯品为无色、无臭、无刺激性的气体，分子量为28.01，密度为0.976 g/L，冰点为－207℃，沸点为－190℃。CO在水中的溶解度低，易在各种作业中产生，如冶金工业中炼焦、炼铁、锻冶、铸造和热处理的生产；化学工业中合成氨、丙酮、光气、甲醇的生产，矿井放炮、煤矿瓦斯爆炸事故，在石油开采生产过程，碳素石墨电极制造，内燃机试车都可能接触CO。炸药或火药爆炸后的气体含CO约为30%～60%。使用柴油、汽油的内燃机废气中也含CO约为1%～8%。

3.2.2　一氧化碳中毒症状

急性一氧化碳中毒是我国发生的死亡人数最多的急性职业中毒。在许多国家，CO也是引起意外生活中毒致死人数最多的毒物。急性CO中毒的发生与接触CO的浓度及时间有关。我国车间空气中CO的最高容许浓度为30 mg/m³。有资料证明，CO浓度达到292.5 mg/m³ 时，吸入超过60 mg可使人发生昏迷；CO浓度达到11 700 mg/m³ 时，数分钟内可致人死亡。

接触CO后如出现头痛、头昏、心悸、恶心等症状，吸入新鲜空气后症状即可迅速消失者，属一般接触反应。

（1）轻度中毒者出现剧烈的头痛、头昏、心跳、眼花、四肢无力、呕吐、烦躁、步态不稳、轻度至中度意识障碍（如意识模糊、朦胧状态），但无昏迷。于离开中毒场所吸入新鲜空气或氧气数小时后，症状逐渐消失。

（2）中度中毒者除上述症状外，面色潮红，常有意识不清，黏膜、口唇、皮肤、指甲出现樱桃红色，多汗、脉快、意识障碍表现，为浅至中后遗症，抢救及时，数日才能康复。

（3）重度中毒时，意识障碍严重，呈重度昏迷或植物状态，常见瞳孔缩小，对光反射正常或迟钝，四肢肌张力增高，牙关紧闭，抢救康复后遗留记忆力减退，智力低下，精神失常等。

3.2.3　一氧化碳中毒防范措施

（1）自己发现有中毒时，可暂时走（爬）出中毒现场，吸新鲜空气，并呼叫他人速来相助。

（2）他人发现已中毒者，立即通风，将中毒者抬离现场，松解衣扣，使呼吸通畅并保暖。

(3) 如有呕吐,则应使中毒者头偏向一侧,并及时清理口鼻内的分泌物。

(4) 用手导引人中、足三里、内关等穴位,及时吸氧。如有窒息立即口对口呼吸和胸外心脏按压。

(5) 快速送医院抢救。

3.3　二氧化碳

3.3.1　二氧化碳的性质

二氧化碳(carbon dioxide,CO_2)为无色无味气体,分子量为 44.01,密度为 1.977 g/L,沸点为 $-56.55℃$,水中溶解度为 1.45 g/L(25℃,100 kPa)。

在国民经济各部门,二氧化碳有着十分广泛的用途。例如:二氧化碳可注入饮料中,增加压力,使饮料中带有气泡,增加饮用时的口感,像汽水、啤酒均为此类的例子。固态的二氧化碳(或干冰)在常温下会气化,吸收大量的热,因此可用在急速的食品冷冻。

在自然界中,二氧化碳含量丰富,为大气组成的一部分。二氧化碳也包含在某些天然气或油田伴油气以及碳酸盐形成的矿石中。大气里二氧化碳含量为 0.03%～0.04%(体积比),总量约为 2.75×10^{12} t,主要由含碳物质燃烧和动物的新陈代谢产生。二氧化碳产品主要是从合成氨制氢气过程中产生的发酵气、石灰窑气、酸中和气、乙烯氧化副反应气和烟道气等气体中提取和回收而来,商用产品的纯度不低于 99%(体积)。

3.3.2　二氧化碳中毒症状

二氧化碳密度较空气大,当空气中的二氧化碳浓度较低时对人体无危害,但其超过一定量时会影响人的呼吸,原因是血液中的碳酸浓度增大,酸性增强,并产生酸中毒。

二氧化碳比空气重,容易沉积在低洼处,产生浓度较高的现象。人工凿井或挖孔桩时,若通风不良,会造成井底的人员窒息。CO_2 的正常含量是 0.04%,当 CO_2 的浓度达 1%时人会感到气闷、头昏、心悸;达到 4%～5%时,人会感到气喘、头痛、眩晕;达到 6%以上时,人体机能会严重混乱,人会丧失知觉、神志不清、呼吸停止而死亡。

3.3.3　二氧化碳中毒防范措施

(1) 自己发现有中毒时,可暂时走(爬)出中毒现场,吸新鲜空气,并呼叫他人速来相助。

(2) 他人发现已中毒者,立即通风,将中毒者抬离现场,松解衣扣,使呼吸通畅并保暖。

(3) 如有呕吐,则应使中毒者头偏向一侧,并及时清理口鼻内的分泌物。

(4) 将中毒者救出后,在空气新鲜处进行人工呼吸,心脏按摩。

(5) 送医院抢救,吸氧(避免高压、高流量、高浓度给氧,以免呼吸中枢更为抑制),开始 1～2 L/min,随中毒者呼吸好转逐渐增大给氧量(4～5 L/min),甚至采用高压氧治疗。

3.4 沼气

沼气是一种混合气体，主要成分为甲烷、二氧化碳、氮气、氢气、一氧化碳和硫化氢。甲烷，化学式为 CH_4，是最简单的烃，由一个碳和四个氢原子通过 sp^3 杂化的方式组成，因此甲烷分子的结构是正四面体结构，四个键的键长相同且键角相等。一些有机物在缺氧情况下分解时所产生的沼气其实就是甲烷。在标准状态下甲烷是一种无色无味气体，广泛存在于天然气、煤气、沼气、淤泥池塘和密闭的窖井、池塘、煤矿（井）和煤库中。倘若上述环境中空气所含甲烷浓度高，使氧气含量下降，就会致人窒息，严重者会导致死亡。甲烷遇明火易发生爆炸。

3.4.1 甲烷的危害与预防措施

甲烷对人基本无毒，但浓度过高时，会使空气中氧含量明显降低，致人窒息。当空气中甲烷达到 25%～30% 时，可引起头痛、头晕、乏力、注意力不集中、呼吸和心跳加速、共济失调。若不及时远离污染区，可致窒息死亡。皮肤接触液化的甲烷，可致冻伤。

当皮肤或眼睛接触液态甲烷冻伤时，应及时就医。

当吸入甲烷时，应迅速逃离现场至空气新鲜处。保持呼吸道通畅。如呼吸困难，进行输氧。如呼吸停止，立即进行人工呼吸，并就医。

当甲烷泄漏时，应迅速撤离泄漏污染区人员至上风处，并进行隔离，严格限制出入。切断火源，遇明火已发生爆炸。建议应急处理人员戴自给正压式呼吸器，穿消防防护服。尽可能切断泄漏源。合理通风，加速扩散。喷雾状水稀释、溶解。构筑围堤或挖坑收容产生的大量废水。如有可能，将漏出气用排风机送至空旷地方或装设适当喷头烧掉。也可以将漏气的容器移至空旷处，注意通风。漏气容器要妥善处理，修复、检验后再用。

3.4.2 案例分析

沼气池在我国各地应用广泛，因清理不当或不慎跌入造成的人员伤亡也时有发生。

案例 3-3

时间：2017 年 5 月 13 日

地点：广东潮州

事件简述：

广东潮州市饶平县，一村民王某因疏通堵塞管道，在场的以及随后赶来的 5 人先后下池施救却未成功。该事件导致 6 人死亡。

案例 3-4

时间：2017 年 5 月 17 日

地点：大连旅顺

事件简述：

大连旅顺有村民下沼气池去疏通，结果晕倒，后多人在参与施救过程中掉入池中。该事件造成 8 名村民死亡，2 人受伤。

案例 3-5

时间：2017 年 5 月 29 日

地点：重庆奉节

事件简述：

5 月 29 日晚间约 7:00，重庆奉节县白帝镇 3 人在清理沼气池内杂物时晕倒在池内。据现场群众介绍，事发时，先是 1 人未做防护措施便下到沼气池清理杂物，因没有关闭电源造成触电，另外 2 人在营救过程中，也因接触到漏电，跌入沼气池。虽经全力抢救，但因长时间吸入过多毒气，3 人仍不幸身亡。

上述案例中造成多人死亡的原因都是未采取防护措施进入有沼气的区域，结果中毒死亡。无论是进入沼气池、枯井还是水池施工操作，都有一定的安全隐患。因此，进入池子内，一定要提高安全意识，做好相关防护工作。

预防措施：

1）入池前要先做气体检测

人员进入沼气池、枯井、水池前，先打开活动盖板，用排风扇通风换气。然后用专门的气体检测仪检测，如果不行就继续通风换气，直至不再有危险。

2）严禁用明火在池内照明

在进入沼气池维修、特别是出沉渣时，不要用蜡烛等明火照明，要用手电或日光灯，以免爆炸。

3）入池做好防护工作，防止连发事件

要用绳索把入池人员身体系牢。绳索另一端系于重物上，并有专人看管。绳索绑结方法如下：从腿根处到胸背部都要绑紧，绳结的着力点落在入池人员的后颈处。这样的话，如果入池人员一旦中毒或受伤，池外人员通过绑在入池人员身上的绳子，能顺利把入池人员竖直拉出。

4）其他防护措施

入池人员下池内工作，最好架上梯子，池外还要有专人守护，如果出现头昏、恶心等不舒服症状，应立即爬出池外通风、救护，严禁单人入池操作。

如果发现池内有人昏倒，一定不要莽撞下池抢救。最好以最快速度向池内鼓风换气，先让池内人员吸收到新鲜空气。如果慌忙下池抢救，则会发生多人连发事件。如果不能做到鼓风换气，则在救生员腰背上部系安全绳，绳的另一头让池外人拉住，入池后要憋住气，从受伤人员身后，拦腰抱住，拉出池外。如果一次救不出，则必须到池外换气后再救。

5）池内作业时间不宜过长

在出料和维修时，除了有专人看护外，还要注意适时替换池内作业人员，避免一人作业时间过长而导致中毒。

3.4.3 其他有毒有害气体或液体

1）苯

苯是一种有特殊芳香的气体，常温下为液体，沸点为 80.1℃，室温下可挥发，微溶于水，易溶于乙醇、乙醚、氯仿、丙酮等有机溶剂，其蒸气与空气混合能形成爆炸性混合气体，爆炸极限为 1.2%～8.0%。苯属于易燃液体。

2）甲苯与二甲苯

甲苯与二甲苯都是无色透明、有芬芳气味、略带甜味、易挥发的液体，都不溶于水，溶于乙醇、乙醚、丙酮。甲苯闪点为 4℃，爆炸极限为 1.2%～7.0%；二甲苯的闪点为 25℃，爆炸极限为 1.1%～7.0%，都属易燃液体。

甲苯、二甲苯主要经呼吸道吸收，有麻醉和轻度刺激作用，表现为头晕、头痛、恶心、呕吐、胸闷、四肢无力、步态不稳和意识模糊，严重者出现烦躁、抽搐、昏迷。

4 自携式潜水

4.1 自携式潜水装具的分类

自携式潜水装具的呼吸气体储存在气瓶中，由潜水员潜水时随身携带，故称自携。自携式空气潜水最大安全深度为 40 m。自携式潜水相对于重装潜水来说，具有轻便、灵活、水下活动范围大、容易掌握使用、应用范围广等优点，因此在军事、科研、水下勘测、水下简单作业以及娱乐潜水等领域有广泛应用。但是自携式潜水也存在着不足，如潜水深度受限、水中停留时间短暂、身体防护有限、受水下低温影响及通常没有通信装置等，因此自携式潜水时要更加注意对水下潜水员的安全监护。

自携式潜水装具从气体更新方法上可分为开式、闭式和半闭式三种。

4.1.1 开式自携式潜水装具

开式自携式潜水装具把呼出的气体全部排出呼吸器，这种类型的潜水装具结构简单，使用安全。呼吸气体一般使用空气，也可使用混合气。过去曾用氧气潜水，但因高压氧会使潜水员发生氧中毒，因此现已很少使用氧气潜水。图 4-1 是开式回路自携式潜水呼吸器的供气示意图，气瓶中的高压气体经供气调节器调节后供潜水员吸用，潜水员呼出的气体经排气阀排出。

4.1.2 闭式自携式潜水装具

闭式自携式潜水装具省气、隐蔽性好，主要用于军事方面。图 4-2 是采用氮氧混合气的闭式回路自携式潜水呼吸器的供气示意图，该呼吸器主要由气瓶、呼吸袋、安全排气阀、产氧罐等组成。气体的流程是：氮-氧气瓶中的气体经供气装置进入呼吸袋，供潜水员吸用，呼出气经产氧罐后流入呼吸袋。产氧罐有产氧剂，在气体循环中，此种物质能产生氧气并吸收呼出气体中的二氧化碳和水蒸气。氧分压可由电子自控装置根据潜水员耗氧量的变化，自动控制在设定值范围。

4.1.3 半闭式自携式潜水装具

半闭式自携式潜水装具的特点是潜水员呼出的气体部分排入水中，部分净化后再供吸气用。半闭式潜水装具的耗气量比闭式装具大，但比开式装具的耗气量要小得多。它的供气流程与闭式装具相似。图 4-3 是半闭式自携式潜水呼吸器的供气示意图，瓶中的氮氧混合气流入吸气袋供潜水员吸用,潜水员呼出的气体流入呼气袋,多余的气体由安全阀排出,呼气袋的气体再经二氧化碳吸收罐净化流入吸气袋。潜水员消耗的气体由供气部分定量补给。因自携气量和二氧化碳吸收剂有限,所以潜水深度和时间都受到限制。若采用水面供气,此种装具可用于深度较大的潜水。

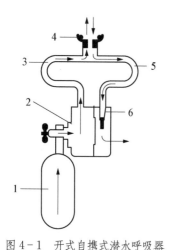

图 4-1　开式自携式潜水呼吸器

1. 气瓶　2. 供气调节器
3. 吸气管　4. 咬嘴　5. 呼气管　6. 排气阀

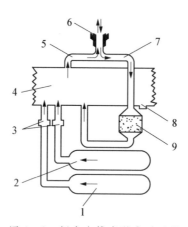

图 4-2　闭式自携式潜水呼吸器

1. 氧气瓶　2. 混合气瓶　3. 供气装置　4. 呼吸袋　5. 吸气管　6. 咬嘴　7. 呼气管　8. 安全排气阀　9. 产氧罐

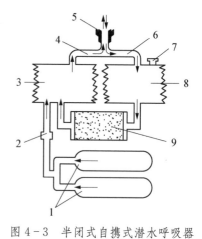

图 4-3　半闭式自携式潜水呼吸器

1. 气瓶　2. 调节器　3. 吸气袋　4. 吸气管　5. 咬嘴　6. 呼气管　7. 泄压阀　8. 呼气袋　9. 钠石灰罐

4.2 ▸ 自携式潜水呼吸器

自携式潜水装具包括潜水呼吸器和配套用品两大部分。

潜水呼吸器由气瓶和供气调节器(包括一级减压器、中压管和二级减压器)组成,如图 4-4 所示,是保证潜水员在水下维持正常呼吸的主要部件,是自携式潜水装具的核心部分。因此,自携式潜水装具的名称往往根据潜水呼吸器的类型确定。如今,人们习惯上

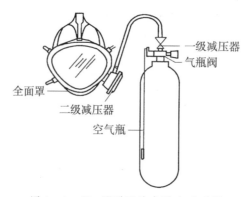

图 4-4　69-Ⅲ型开放式潜水呼吸器

把使用这种装具的潜水称为"斯库巴"潜水,这是直接按自携式潜水呼吸器的英文名称缩写(SCUBA)的音译命名的。

配套用品有面罩、脚蹼、潜水衣、压铅、呼吸管等部件;还有潜水刀、水深表、潜水表、水下指北针等用品,如图 4-5 所示。

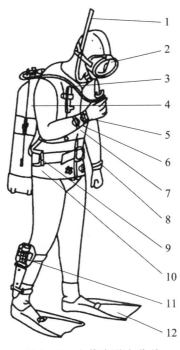

图 4-5 自携式潜水装具

1. 呼吸管 2. 眼鼻面罩 3. 供气调节器中压软管 4. 空气储气瓶 5. 水下指北针 6. 水深表 7. 浮力背心 8. 潜水手表 9. 压铅 10. 湿式潜水服 11. 潜水刀 12. 脚蹼

自携式潜水装具国内主要有 69-Ⅲ型、69-4 型及 69-4B 型等,其主要区别是:69-Ⅲ型潜水装具采用全面罩和需供式调节器;而 69-4 型和 69-4B 型采用半面罩和咬嘴型需供式调节器,其他组成器材完全相同。本节主要介绍 69-Ⅲ型、69-4 型及 69-4B 型潜水呼吸器的工作原理与结构。

4.2.1 69-Ⅲ型潜水呼吸器

1)气瓶总成

气瓶总成由气瓶本体、气瓶阀、信号阀及背负装置等组成,如图 4-6 所示。

(1)气瓶本体。

气瓶本体指单独的气瓶,它用来储存气体供潜水员吸用。在其头部装有气瓶阀、信号阀,肩部装有型号、制造年月、容量、重量、工作压力、试验压力等钢印。腰部装有背负装置,底部装有底座。气瓶的工作压力为 19.6 MPa,容积为 12 L。

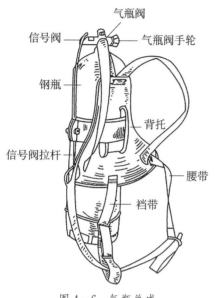

图 4-6　气瓶总成

（2）气瓶阀。

气瓶阀是气瓶内高压气体的开关，气瓶阀的手轮逆时针转动是开，反之是关。同时应注意开、关时，不能用力过猛。关时，要关足；开时，开足后应旋回少许，使他人知道气瓶阀所处的状态，防止进一步开阀而使之损坏。气瓶用毕，气瓶阀要关好。

气瓶阀中装有铜制的安全膜片，当气瓶内压力超过规定时，膜片会被击穿使高压气泄出而防止不测。安全膜工作压力为 23.5～27.4 MPa。

气瓶阀的内部结构如图 4-7 所示。

（3）信号阀。

气瓶阀上装有信号阀，信号阀的指示压力为（3.4±0.49）MPa。

信号阀的作用是当瓶内剩余气体压力降至指示压力时，向潜水员发出警告，这时潜水员感觉吸气阻力大，于是向下拉动信号阀拉杆使之处于解除状态，如图 4-8 所示。随着信号阀的阻碍作用解除，气瓶内气体顺畅流出，潜水员可用气瓶内的剩余气体上升出水。所以，潜水前一定要确定信号阀置于工作位置，即使在潜水过程中也要随时检查，防止其他原因造成信号阀位置的改变而不能报警。

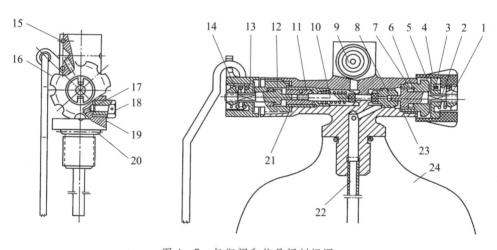

图 4-7　气瓶阀和信号阀剖视图

1. 槽螺母　2. 弹簧罩　3. 弹簧　4. 手轮　5. 垫片　6. 螺母盖　7. 垫圈　8. 高压阀头　9. 阀体　10. 开启装置（凹凸栓、传动阀、阀座、传动弹簧）　11. 压紧套　12. 螺盖　13. 拉手　14. 旋手螺杆　15. "O"形圈　16. 拉杆　17. 安全膜　18. 安全螺塞　19. 垫圈　20. "O"形圈　21. 垫圈　22. 通气管　23. 垫圈　24. 气瓶

信号阀与气瓶阀连为一体。整个信号阀装置主要由气瓶阀中的信号阀阀体及信号阀拉杆等部件构成，其剖视图如图 4-8 所示。

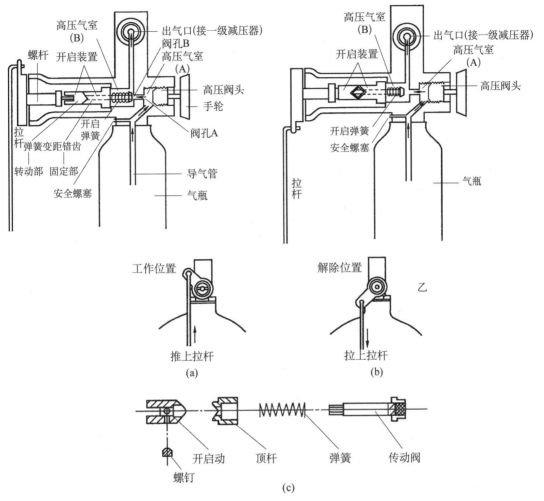

图4-8 气瓶阀中信号阀的两种位置及工作原理

(a)工作位置 (b)解除位置 (c)凹凸栓结构

　　信号阀的工作原理是当气瓶关闭、信号阀处于工作位置时,凹凸栓吻合,传动阀在传动弹簧力的作用下压着阀座。打开气瓶时,由于气瓶内气压对传动阀产生的推力大于传动阀弹簧力,使传动阀离开阀座,气路畅通,如图4-8(a)所示。当气瓶内气压降至(3.45±0.49)MPa时,传动弹簧逐渐伸展,迫使传动阀逐渐与阀座密合,供气减少,吸气阻力逐渐增大。此时将信号阀拉至解除位置,凹凸栓在拉杆、拉臂、传动杆连续动作下,使之相错,传动阀弹簧被压缩,传动阀被推离阀座,空气仍能正常供给潜水员吸用一段时间,如图4-8(b)所示。凹凸栓结构如图4-8(c)所示。

　　在向瓶内充气时,信号阀要处于解除状态,否则充不进气。

　　目前我国已研究成功了一种潜水式声光报警压力表,它与潜水呼吸器配套使用。在潜水气瓶使用过程中当气瓶达到报警压力时(气瓶内剩余压力不大于5MPa),潜水式声光报警压力表会自动发出声光报警,以警示潜水员安全返回水面。

（4）背负装置。

背负装置由背托、肩带、腰带、裆带及气瓶箍等组成。肩带、腰带、裆带串在背托上，背托由气瓶箍固定在气瓶的腰部，固定位置的高低及肩带、腰带、裆带的松紧度可按实际需要做适当调节。

4.2.2 供气调节器

供气调节器的作用是将气瓶中的高压气体调节成标准压力的气体，供潜水员吸用。它是潜水呼吸器的心脏，所以要妥善保管，使之始终保持完好。呼吸器的供气调节器在出厂时均已按标准调节妥善，不要任意拆卸；若要维修，须由专业人员或在专业人员指导下进行。

供气调节器由一级减压器和二级减压器组成，中间由中压软管连接，如图 4 - 9 所示。也有的一级减压器和二级减压器组成一体。

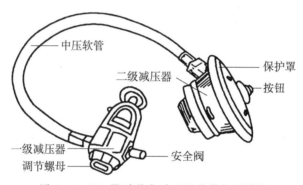

图 4 - 9 69 - Ⅲ型潜水呼吸器的供气调节器

1）一级减压器

一级减压器的作用是将气瓶中流出的高压空气调低为中压。当气瓶中气压为 15 MPa 时，输出压值（输出端保持的压力）为 0.5 MPa。使用时，每下潜 10 m，调节值自动增加 0.1 MPa，保持供气余压为 0.5 MPa。旋转调节螺母可改变输出压值。顺时针旋转输出压增高，反之则降低。一级减压器的输出端装有安全阀，出于某种原因导致输出压值过高时会自动排气。

一级减压器有各种型式和结构，但调压器的原理大致相同，常见的一级减压器一般有以下三类。

（1）反作用式：调压值（即出口压力）随气源压力（即进口压力）的降低而升高。

（2）正作用式：调节值随进口压力的降低而降低。

（3）卸荷式：调节值不随进口压力而变化，基本保持一个定值。

目前，我国生产的潜水呼吸器的一级减压器大多数属第一类，第二类只适于浅水，第三类性能好，但结构复杂。

图 4 - 10 为一级减压器工作原理图。图中所示为非工作状态，此时调压弹簧的弹力通过调节弹簧座、调压膜片、顶杆座、顶杆作用在高压阀（也称滑阀）上，因而高压阀被顶离

阀座。旋开气瓶阀时,气瓶内气体便通过高压阀体流入减压室和中压软管(此时气体膨胀,达到减压的目的)。减压室内气体压力不断升高,通过调压膜片、调压弹簧座传导到调压弹簧上,调压弹簧被压缩,与此同时,高压阀在瓶内气压和高压弹簧的作用下堵住了阀座孔使气路中断。这样,完成了一级减压。当潜水员吸气时,减压室内气体压力逐渐降低,通过调压膜片、调压弹簧座对调压弹簧的作用力也迅速减小。当低于调压弹簧的弹力时,调压膜片又弯向中压气室,高压阀被顶离阀座,高压气瓶内空气又重新输入中压室,又完成了一次一级减压。这样,减压室内的空气就可能持续地通过中压软管向二级减压器输送。

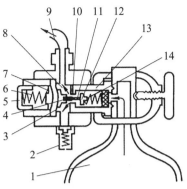

图 4-10 一级减压器工作原理图

1. 气瓶 2. 安全阀 3. 调压膜片 4. 顶杆座 5. 调节螺母 6. 调压弹簧 7. 调压弹簧座 8. 减压室 9. 中压软管 10. 阀座 11. 顶杆 12. 高压阀 13. 高压阀体 14. 高压弹簧

69-Ⅲ型潜水呼吸器的一级减压器的内部结构如图 4-11 所示。由于调节螺母底部有孔,潜水时水可接触一级减压器的膜片,随着潜水深度的增加,压在膜片上的压力也增加,因此膜片推向顶杆的力也增加,使一级减压器中压气室内的压力与潜水深度一样相应增加,并取得平衡,以保证在相应深度下的供气量。

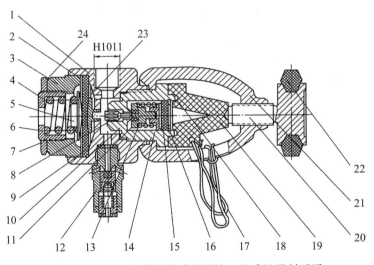

图 4-11 69-Ⅲ型潜水呼吸器的一级减压器剖面图

1. 阀体 2. 垫圈 3. 塞帽 4. 调节螺母 5. 弹簧座 6. 调压弹簧 7. 顶杆座 8. 顶杆 9. 高压阀体 10. 垫圈 11. 滑阀 12. 安全阀 13. 弹簧 14. 滤器座 15. 滤器 16. 挡圈 17. 绳 18. "O"形圈 19. 防尘盖 20. 手轮座 21. 夹头 22. 手轮 23. 膜片

2) 二级减压器

二级减压器的作用是将一级减压器通过中压软管供给的气体调节成为压力和流量均适合于潜水员吸用的气体。它的中心按钮用于手动供气。

二级减压器可根据气流方向和阀门开放方向相同和相反分为顺向和逆向两类,用嘴呼吸一般是顺向,用鼻或鼻嘴呼吸一般是逆向。

69-Ⅲ型潜水呼吸器的二级减压器工作原理如图4-12所示。不工作时,供气弹簧的力使供气阀堵在供气阀座上,所以气路不通。当潜水员吸气时,供气室内形成负压,在外压的作用下,弹性膜内陷并压迫端球,使阀杆下移并将供气阀一侧推离阀座,这样经一级减压后流入减压室和中压软管中的气体便流经供气室、吸气阀、面罩供吸用。吸气停止时,吸气阀关闭,当供气室内外压力平衡时,供气弹簧使供气阀压到供气阀座上而停止供气。呼气时,呼气阀开放,呼出气体经呼气孔排出。再次吸呼时,二级减压器又重复上述动作。这样,潜水员正常呼吸时,减压室和中压软管内的气体就会依次按需要供给潜水员。69-Ⅲ型潜水呼吸器的二级减压器的结构如图4-13所示。

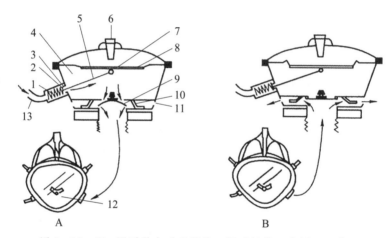

图4-12 69-Ⅲ型潜水呼吸器的二级减压器工作原理示意图

1.供气弹簧 2.供气阀 3.供气阀座 4.供气室 5.阀杆 6.手动供气按钮 7.端球 8.弹性膜 9.吸气阀 10.呼气阀 11.呼气孔 12.面罩 13.中压软管

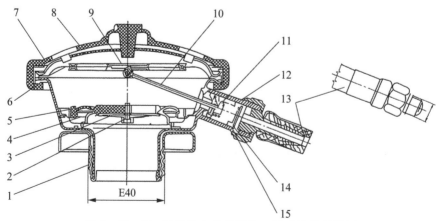

图4-13 69-Ⅲ型潜水呼吸器的二级减压器剖视图

1.壳体 2.中心栓 3.吸气膜片 4.阀座 5.压紧环 6.弹性膜 7.保护罩 8.上盖 9.端球 10.阀杆 11.阀头 12.弹簧 13.导管 14.挡圈 15.弹簧座

4.2.3　69-4型潜水呼吸器

69-4型潜水呼吸器为咬嘴式,使用时潜水员将呼吸器的咬嘴含咬于嘴中,呼吸均在口腔和咬嘴中进行。它在设计上更合理,吸、呼阻力较小,使用简捷,因此具有更大的灵活性和可靠性。69-4型潜水呼吸器在构成上与69-Ⅲ型大部分相同,最大区别在于69-4型潜水呼吸器是采用咬嘴式二级减压器和半面罩。

69-4型潜水呼吸器的二级减压器工作原理如图4-14所示,当不呼吸时,供气室5内外压力平衡,供气阀9在供气弹簧8的作用下压在供气阀座11上。呼气阀2由于自身的橡皮弹性而堵住弹性膜4旁的呼气孔1上。在吸气时,供气室内形成负压,在外压作用下,弹性膜片内陷带动杠杆,杠杆牵动供气阀克服了供气弹簧的弹力使供气阀离开供气阀座,这样减压室和中压软管10内经过一级减压后的气体便经供气阀流入供气室被潜水员吸用。吸气停止时,供气室内、外压又得到平衡,弹性膜片、杠杆、供气弹簧和供气阀又恢复到原来的位置使供气中止。呼气时,供气室内压大于外压,呼气阀被鼓开,呼出气体经呼气孔排出。再次呼吸时,二级减压器又重复上述动作。这样,二级减压口就依潜水员呼吸频率连续不断地按需供气和排气。

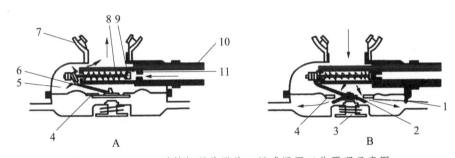

图4-14　69-4型供气调节器的二级减压器工作原理示意图

1. 呼气孔　2. 呼气阀　3. 手动供气按钮　4. 弹性膜　5. 供气室　6. 杠杆　7. 咬嘴　8. 供气弹簧
9. 供气阀　10. 中压软管　11. 供气阀座

69-4B型潜水呼吸器的结构如图4-15所示。

4.2.4　69-4B型潜水呼吸器

69-4B型潜水呼吸器结构简单,造型美观,轻巧方便。其二级减压器在设计上,采用了独特的气动平衡控制阀,呼吸阻力很小,感觉轻松自然。下面主要阐述其一、二级减压器的构造和工作原理。

1) 一级减压器

一级减压器的作用是将空气瓶内的高压空气经过减压,降低成比环境压力高(0.9±0.05)MPa的中压气体,通过中压软管输送到供气阀(即二级减压器),供潜水员使用。

一级减压器采用顺向平衡活塞结构,由本体10、活塞套筒14、活塞15、输出转动接头20、连接螺栓18、弹簧12、阀座28、高压进气接头7、夹头2、手轮1等零部件组成,如图4-16所示。

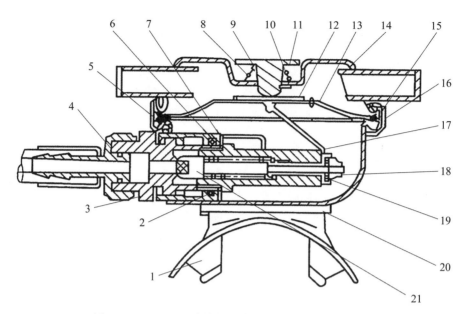

图 4-15 69-4B型供气调节器的二级减压器剖视图

1. 咬嘴 2. O型图 3. 阀体 4. 导管 5. 弹簧 6. 阀座 7. 固定垫圈 8. 弹簧 9. 轴向档圈 10. 垫片 11. 手供按钮 12. 膜阀 13. 弹性膜体 14. 下壳体 15. 上壳体 16. 夹箍 17. 撅片 18. 自锁螺母 19. 垫圈 20. 胶紧带 21. 阀头

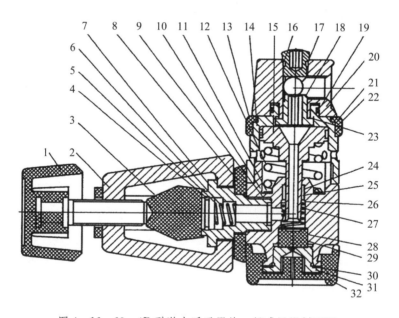

图 4-16 69-4B型潜水呼吸器的一级减压器剖面图

1. 手轮 2. 夹头 3. 防尘盖 4. 挡圈 5. 滤器 6. 弹簧 7. 高压进气接头 8. 挡圈 9. "O"型圈 10. 本体 11. 调压片 12. 弹簧 13. 挡圈 14. 活塞套筒 15. 活塞 16. 闷头体 17. "O"型圈 18. 连接螺栓 19. "O"型圈 20. 输出转动接头 21. "O"型圈 22. 挡圈 23. 垫片 24. 挡圈 25. "O"型圈 26. 压圈 27. 弹簧 28. 阀座 29. "O"型圈 30. 调压片 31. 调压螺钉 32. 底座

在减压阀体上,设有两个高压输出口,可连接水下压力表等部件,以便潜水员在水下随时掌握空气瓶中的供气压力变化。在减压输出转动接头上设有4个中压输出口,可同时接装四根中压软管,因此转动输出接头可连接浮力背心及备用一级减压器等配件。减压器输出转动接头可作360°平面旋转。

一级减压器的工作原理是:当高压气体经过高压进气接头、本体、活塞进入中压腔室后,中压腔室内气体压力升高,该压力作用在活塞上克服弹簧作用力,使活塞移向阀座,截断气路。一级减压器输出头有气体输出时,中压腔室内压力降低,弹簧力作用在活塞上,使减压阀门开启(即活塞离开阀座),高压气体再次进入中压腔室。减压器停止输出气体时,中压腔室的压力回升,又使得活塞移向阀座截断气路,起到减压作用。一级减压器的阀门的开启、关闭随二级减器的用气的需要而动作。

2)二级减压器

二级减压器的作用是把中压软管送来的中压气体自动调节成符合该环境条件下潜水员呼吸所需要的压力和流量。其设计不同于以往的一级减压器的设计。它的主要特征集中在独特的气动平衡控制阀。这种阀的作用是使波动的压力空气平滑自然地流入气腔,流入时感觉轻松、不会感到有压力。二级减压器采用很小阀门关闭力的平衡阀结构,由壳体17、上盖6、大膜片组件10、阀座1、进气管、摇杆12、阀杆3、阀头2、保护罩5及咬嘴16等零件组成,如图4-17所示。

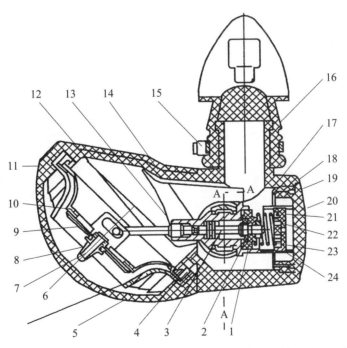

图4-17 69-4B型潜水呼吸器的二级减压器剖面图

1. 阀座 2. 阀头 3. 阀杆 4. "O"型圈 5. 保护罩 6. 上盖 7. 膜片芯轴 8. 小膜片座
9. 小膜片 10. 大膜片 11. 垫圈 12. 摇杆 13. 调节钉 14. 阀体 15. 收紧带 16. 咬嘴 17. 壳体
18. 嵌垫螺母 19. "O"型圈 20. 螺盖 21. 调节螺丝 22. "O"型圈 23. 弹簧 24. 六角螺母

二级减压器输入中压气体，气压为 0.6～1.0 MPa，中压气体流入时，首先流入阀杆二侧，二侧力几乎相等，阀门关闭采用很小力的弹簧，吸气力小，几乎近似于自然呼吸。

二级减压器的工作原理是：当潜水员吸气时，壳体内气体压力减小，壳体内外压差引起膜片向内弯曲，膜片压向摇杆打开阀门，从阀门流出的空气进入壳体流向咬嘴。壳体内进入气体后，压力增加，膜片及摇杆复原，阀门关闭，供气停止。呼气时，大膜片不动，小膜片弯曲达到排气状态。呼气结束，腔体内外平衡，小膜片自动复原。潜水员正常呼吸时，二级减压器就连续不断地重复上述动作。

4.3 ▸ 配套用品

自携式轻潜装具的配套用品包括必备器材和附属用品。必备器材是指进行一般自携式潜水作业时必需的配套用品，如面罩、脚蹼、潜水服、压铅及简易呼吸管等；附属用品是指根据潜水作业性质和任务的需要，除必备器材外尚可增加佩戴的物品，如潜水刀、水深表、潜水手表、水下指北针、潜水计算机等。

4.3.1 必备器材

1）面罩

面罩由透明面镜、橡胶制颜面密封缘和橡胶头带等组成，如图 4-18 所示。M-48 型 supermask 全面罩如图 4-19 所示。面罩可保护眼睛和面部免受水刺激的作用，还可以使眼睛和水之间保持有一定的气腔，以改善水下视力。

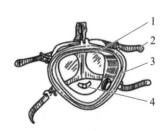

图 4-18　69-Ⅲ型全面罩

1. 面罩玻璃　2. 头箍带　3. 面罩本体　4. 鼓鼻装置

图 4-19　M-48 型 supermask 全面罩

面罩通常分为全面罩和半面罩两类，如图 4-20 所示。

将眼部、鼻部、嘴部全罩住的面罩称为全面罩。有一种用作简易潜水的全面罩还装有简易呼吸管。正式潜水用的全面罩装有连接供气调节器的各种部件和有关装置，全面罩构成一个微小的供气环境，潜水员在其中直接呼吸。有的全面罩还根据需要装有内咬嘴或只罩住口鼻。

半面罩也称眼鼻面罩或简易面罩，它只罩住眼部和鼻部，嘴部露在面罩外，以便嘴可

图 4 - 20　各种类型的潜水面罩

1. 带排水单向阀的半面罩　2. 半罩的一种　3. 半面罩的一种　4. 开放式全面罩　5. 混合式面罩

用来含住供气调节器或简易呼吸管的咬嘴。在潜水过程中,必要时用鼻孔向面罩内呼气,以调节面罩的气体压力与外界平衡,避免产生面罩覆盖部分的面部挤压损伤。

2)脚蹼

潜水员穿上脚蹼,能加快游泳的速度和加强在水中的活动能力。脚蹼的种类很多,按其形状分为蛙掌式、鞋式、鱼尾式及分解式等,如图 4 - 21 所示;按推力原理可分为游泳型和动力型。与动力型相比,游泳型脚蹼比较小,重量较轻,而且质地稍软,但是它们上下打水所用的力几乎相同。游泳型用于长时间水面游泳时不易使人疲劳,腿部肌肉用力较少,而且比较舒适。动力型脚蹼比游泳型长、重,而且比较硬。它们用于缓慢、短促的击水,主要向下打水。按设计,这种脚蹼虽不太舒适,但可在短时间内获得最大推力,因此,作业潜水员喜欢这种型式。一种狭窄的,比较硬的脚蹼可使潜水员用较小的力即可获得很大的推力。脚蹼必须穿着舒适,大小适宜,以防止夹脚或磨脚。脚蹼的选择还必须符合潜水员个人的身体状况和潜水作业的性质。在长有大型海藻的水底、浮草或池塘杂草处潜水前进,应系好脚蹼固定带。配有可调后跟带的脚蹼,可将带子折回,使带子的头朝里。或者系上脚蹼带后,带子的头朝下。如果不这样做,水中植物会缠住带子,并使潜水员不能前进。

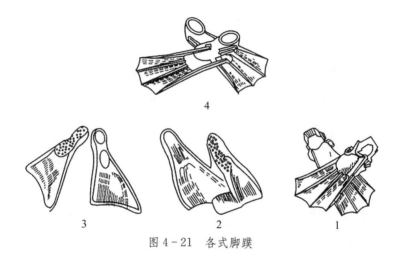

图 4 - 21　各式脚蹼

1. 蛙掌式　2. 鞋式　3. 鱼尾式　4. 分解式

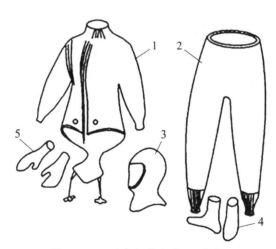

图 4 - 22　湿式轻潜水服(二件式)

1. 衣服　2. 裤子　3. 帽子　4. 袜子　5. 手套

3）潜水服

潜水服用来保暖御寒和防护身体,有湿式、干式和热水式三种。下面主要介绍湿式潜水服。

湿式潜水服是一种贴身的潜水服,通常用泡沫氯丁橡胶制成,从剖面看有无数不相通的独立气泡,起到隔绝与保温的作用。目前湿式潜水服有分体和连体两种,同时还配有帽子、潜水背心、手套、潜水靴、潜水鞋等,潜水员可根据潜水工作需要来选用。

湿式潜水服不水密,但良好的弹性使它紧贴人体,因而它吸收的水不再流动,经人体加温后与潜水服形成一个保温层,起到一定的保暖作用。较紧的潜水服虽然保暖效果较高,但束缚身体,不但不舒适且对血液循环有碍;太宽则大量进水易造成水在潜水服与皮肤间的流动,而失去保温作用。但一般要求以合身无压迫感为佳。

湿式潜水服通常为 3 mm 或 6 mm 厚。但是如果需要,也可买到厚至 8 mm、10 mm 或 12 mm 厚的潜水服。薄型潜水服可使潜水员水下活动自由,而厚型潜水服可使潜水员获得良好的保暖。大多数潜水服在氯丁橡胶的内表面贴有一层尼龙里衬,以防止撕破和便于穿脱。湿式轻潜水服如图 4-22 所示。目前,市场上销售的潜水服,有些内外表面均贴有尼龙布,以减少潜水服被撕破和损坏的可能性。但是,增加的尼龙层进一步限制了潜水员的活动,如在肘和膝部加衬垫时,会使潜水员的活动受限。尽管贴有尼龙里衬的湿式潜水服比较容易穿脱,但是,它们也易于进水。因此,在冷水中潜水时,会感到寒冷。外表面的尼龙层虽可减少潜水服的磨损,但会存留更多的水,结果起到了表面蒸发层的作用,在有风的水面会引起寒冷。表面反射率高的潜水服(橘红色)不宜选用,因为与其他较暗的颜色相比,这些颜色易招引鲨鱼。

当水温接近 16℃时,潜水员的手、脚和头部的散热率很大。如果不使用手套、靴子和头罩,潜水员就不能潜水。即使在热带气候条件下,潜水员也可以选用某种型式的靴子和手套,以防擦伤皮肉。

潜水时,手的保暖特别重要,因为手操作不灵活,会大大降低潜水员的工作效率。大多数潜水员喜欢戴棉织手套,因为这种手套不会严重影响手指的活动和触觉。五指泡沫氯丁橡胶手套的厚度有两种:2 mm 和 3 mm。这两种手套虽限制了潜水员的触觉,但手指的活动程度仍较理想。在极冷的水中,采用二指手套,这种手套很长,接近肘部。选用合适的手套是很重要的,因为手套太紧,会限制血液循环,增加散热率。

在冷水中不戴头帽,不仅会引起面部麻木,而且在入水后很快会感到前额剧痛,直至头部完全适应为止。头帽应有一个适宜的裙罩,至少向下延伸到肩的中部,以防冷水沿脊部进入潜水服内。在极冷的水中,最好采用装有头帽的一件式潜水服。选择头帽时,尺码要合适,这是非常重要的。太紧会引起颚部疲劳、气哽、头痛、眩晕并降低保暖效果。

使用湿式潜水服时,潜水员需要额外的压铅以补偿湿式潜水服的浮动。湿式潜水服浮力的准确值各不相同,这主要取决于如下因素:潜水服厚度、大小、使用时间和水下条件。当潜水服因深度增加而被压缩时,其浮力也随之降低。

4）压铅带

压铅带由许多重 1~2 kg、呈方形或长方形的铅块串在或夹在压铅腰带上组成,其作用是调节浮力和加强潜水员的稳性,如图 4-23 所示。压铅带的一端装有快速解脱扣,便于应急脱身用。

5）简易呼吸管

简易呼吸管是自携式潜水基本功训练的必备器材,也可在简易潜水或水面游泳时用来呼吸水面空气,如图 4-24 所示。呼吸管是一种半干式呼吸管,可让潜水员自信地吸取每一口气,并将注意力放在水下的珊瑚礁上,而无需担心吸气时会有水。顶部的防溅罩设计用于减少进水量。大口径波纹管提供充足的气流,下部吹扫阀可在需要时立即清除海水。咬嘴由柔软的硅胶制成,舒适度极佳。

图 4-23 各种压铅及穿法   图 4-24 简易呼吸管

4.3.2 附属用品

1）潜水刀

潜水刀是潜水员的随身用具,可用在水中进行切、割、锯等工作,也可用来自卫。其形状如图 4-25 所示。潜水刀有单刃和双刃两种,但双刃潜水刀较好。最常用的潜水刀的刀刃是一侧为锋利的刀刃,而另一侧为锯齿形的刀刃。潜水刀必须放在合适的刀鞘里,系在潜水员的大腿或小腿上,便于潜水员取放而又不影响其工作。潜水刀不应系在压铅上,因为在紧急情况下丢掉压铅时,潜水刀也会脱掉。

2）潜水手表

潜水手表可供潜水员掌握现在的时间或潜水活动经过的时间,掌握下潜和上升速度,以便更好地执行减压方案。

潜水手表是防水、耐压和表盘刻度夜光的手表,它的表面外装有一个可旋转的计时圈,如图 4-26 所示。

3）潜水深度表

潜水深度表可使潜水员随时知道所处水深,如图 4-27 所示。

图4-25 潜水救援刀

图4-26 潜水手表

4) 水下指北针

水下指北针供潜水员辨别方向。在潜水过程中,指北针是最重要的潜水工具之一,潜水之前先设定好指北针指向返回的方向,通常都是岸边。潜水结束之后只需要旋转自己的身体,确保指北针尖指向零度,随即就能找到回来的方向,其外形如图4-27所示。

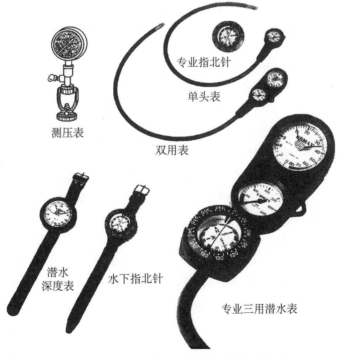

图4-27 潜水深度表、水下指北针和测压表

5）测压表

测压表用来测知气瓶内气体压力,以便为潜水员合理安排潜水时间提供依据。使用时,应装在气瓶阀的出气口上。使用方法是先将排气阀关闭,再打开气瓶阀,这时压力表面便会显示出压力数字。使用完毕,应先关闭气阀,继而打开测压表的排气阀放掉表内气体,再打开固定螺丝取下测压表。

测压表可以与潜水深度表及指北针结合在一起,组成双用表或三用表,如图 4 - 27 所示。

6）潜水记录板

潜水记录板配有记录笔,用于水中做记录和测绘。

7）浮力背心

潜水员穿浮力背心,亦称浮力背心,应急时可用来增加浮力,帮助潜水员上升到水面,并使其在水面漂浮时,头部露出水面。浮力背心有专门管路连通呼吸气源,可随时充气,也可用嘴充气。穿浮力背心时应注意:不要采用快速解脱系结,系带时不要太紧。其外形如图 4 - 28 所示。

8）信号绳、信号旗

信号绳的作用与重潜水相同,信号旗可用在水中互相打旗语。

9）无线潜水电话

无线潜水电话是以水为传播媒介的无线声学通信系统。从原理上看,无线通信系统首先把声音信号转换成超声信号,通过换能器发射到水面,由水面接收器还原成声音信号。它可用于水面照料员与水下多名潜水员之间的通信,也可用于水下潜水员之间的直接联系。它的有效通信范围较大,一般可达到 1 km,大功率无线通信设备的有效传播距离可高达 10 km。

不过,由于声波传送的物理特征,因此在水下遇到斜温层时可能出现通信"隐区";当遇到障碍物时,还会出现"盲区"。

10）潜水计算机

潜水计算机戴在潜水员手腕上,潜水时可计算并显示与潜水有关的各种参数,包括现在深度、最大深度、潜水经过时间、不减压潜水时间、减压深度、减压时间、上升需要时间(包括减压时间)、上升速度过快警告、水面休息时间、重复无减压潜水时间、潜水记录、搭飞机时间限制、体内溶氮时间、电力不足警告等,可免去潜水减压表的烦琐计算和人为计算的疏忽失误,有预警、各种警告及计划的功能。

潜水计算机是根据潜水深度和时程,潜水员各部组织血流量及速度不同,组织大小的不同,氮气溶解于血液的速度的不同,将人体的仿生模式简化,用数学方程式或者电脑语言来表达,通过集成电路的计算,告知潜水员有关减压的资料。这为计算潜水员的个体差异及水下工作量,防止减压病的发生提供了更可靠的数据。其外形如图 4 - 29 所示。

图 4-28 潜水浮力背心

图 4-29 潜水计算机

4.4 潜水前的准备工作 >>>

自携式潜水前,应遵循空气潜水基本程序,根据工作任务、作业区的条件做好潜水计划,并按计划做好潜水前的准备工作。

4.4.1 人员组织分工

使用自携式呼吸器进行潜水作业时,要根据潜水任务的性质合理组织人员,明确分工,这是保证潜水作业人员安全和顺利完成任务的最基本要素。潜水作业通常是以潜水队或潜水小组为单位来组织实施的。一般是根据潜水作业任务的大小,要求完成任务的时间以及作业区的环境条件来确定参加作业人员的数量。由于自携式潜水携带轻便、机动灵活,大大减少了对水面支援的要求,因此水面保障人员可适当减少。自携式潜水人员配备要求如表 4-1 所示。

表 4-1　自携式潜水人员配备

	最适合的人数		最少人数	
潜水员	1	2	1	2
潜水监督	1	1	1	1
潜水长	0	1	0	0
预备潜水员	1	1	1	1
信号员	1	2	1	2
潜水小队人数	4	7	4	6

潜水人员的主要职责分工如下:

（1）潜水员，负责水下作业工作。

（2）潜水监督，负责潜水作业现场的全面工作。

（3）潜水长，负责分工范围内的潜水指挥。

（4）预备潜水员，负责水下救护工作。

（5）信号员，负责掌管信号绳及记录工作。

（6）必要时安排潜水医生，负责潜水作业现场的医务工作、潜水减压及减压病的治疗工作。

表 4-1 是根据一个潜水小组或潜水小队来配备的，其中不包括其他辅助人员在内。在实际工作中，可根据作业现场实际情况调整所需人员。

潜水人员确定以后，潜水监督或潜水长应向全体人员介绍本次潜水任务、作业区条件、潜水计划、安全措施及人员分配等事宜。

4.4.2　装具准备与检查

出发前对设备、器材必须落实和备便，必须仔细检查所要运去作业现场的装具是否处于良好状态，必要时进行性能试验。

潜水前的装具检查必须程序化，最好采用一个准备周密的检查表，每个潜水员必须亲自检查自己的装具，即使已委派了其他人员准备和检查装具，也不能认为所用的装具已处于适用状态。

1）空气气瓶

检查有无铁锈、裂缝、凹痕或其他缺陷或故障的任何迹象，要特别注意阀是否松动或弯曲。核对气瓶标记，证明是否适合使用，核对水压试验日期是否过期，检查 O 型圈是否还在。检查信号阀是否处于工作位置，如是则表明气瓶已充气可供使用。

2）背带和背托

检查有无腐烂或过分磨损的迹象，调节背带以供个人使用，尽量使之在背部中央，当潜水员后仰时，头部应能触到调节器，但气瓶阀顶部不得高过头部。检查快速解脱扣装置是否灵活自如。

3）供气调节器

把供气调节器接到气瓶开关阀上，确保 O 型圈完全密封。把气瓶阀完全打开，然后倒旋 1/4 圈，听听空气流出的声音，以检查调节器是否漏气。通过咬嘴连续呼吸几次，检查二级减压器和单向阀是否功能正常。按压中心接钮，是否正常供气。适当时可浸入水中观察。

4）浮力背心

打开气瓶阀，按进气钮充气，检查有无泄漏，然后将空气压出。应将背心中最后残留的空气吸出，使背心内完全没有空气。

对有加装二氧化碳紧急充气装置的背心，应检查二氧化碳气瓶，确保气瓶未使用过（封口完好），而且气瓶的规格应与使用的背心匹配。撞针应活动自如，无磨损。撞针拉绳子和浮力背心系带应无损坏的痕迹。

当背心检查结束时，应把它放在践踏不到的地方，也不要和可能将其损坏的器材放在一起。绝不可将浮力背心用作其他装置的缓冲材料、托架或垫子。

5）面罩

检查面罩的密封性能和头带状况,检查面罩封口和面窗有无裂纹。

6）脚蹼

检查脚蹼带、脚蹼跟、蹼片有无大的裂纹或损坏、老化。

7）潜水刀

试验潜水刀刃是否锋利,确保潜水刀已固定在刀鞘里,且取放潜水刀毫无困难。

8）压铅带

检查压铅带是否良好,是否放了适量的压铅,是否系牢。快速解脱扣是否好用。

9）手表

检查手表有无损坏,时间是否校准,表带是否牢固、良好。

10）深度表和指南针

检查每个表的表带是否完好。确保深度表已严格地校准。指南针已与另一个指南针校正过。

11）一般检查

检查潜水时将要使用的其他装具,以及可能要用到的备用装具,包括备用供气调节器、气瓶和仪表等。也要检查所有的潜水服、缆绳、工具以及其他任选的器材。最后,把所有的装具放好,以备使用。

4.4.3　作业要求和安全措施

作业潜水员对自己的装具检查和试验后,应向潜水监督报告已准备完毕。

此时,潜水指挥应向潜水员介绍该次潜水的作业要求和安全措施。介绍时,所有直接要潜水的人员均应参加,所有人员必须了解潜水计划中的各项工作。

介绍的内容有:①潜水目的。②潜水的时间限度。③任务分配。④操作技术和工具。⑤潜水的各个阶段。⑥到作业地点的路线。⑦特殊信号。⑧预料的条件。⑨预料的危险。⑩紧急措施,特别是潜水中断和潜水员失踪时应采取的紧急措施。

当所有参加潜水的人员确已了解作业要求,潜水员健康状况良好,且其他一切都已准备就绪时,潜水员可以着装。

4.5　着装

4.5.1　估算气瓶内气体的使用时间

要知道气瓶的气量可供潜水员在水中呼吸的时间,需先用测压表测知气瓶内的储气压力,再根据气瓶的容量、信号阀指示压力、该次潜水深度及潜水员每分钟的耗气量来进行计算。公式如下:

$$T = \frac{(P_1 - P_2)V}{(0.1 + 0.01h)Q}$$

（4-1）

式中：T——潜水时的使用时间(min)；

　　　P_1——气瓶储气压力(MPa)；

　　　P_2——信号阀指示压力(MPa)；

　　　V——气瓶容量(L)；

　　　h——潜水深度(m)；

　　　Q——潜水员每分钟的耗气量(L/min)。

例 4-1　已知某气瓶的容积为 12 L,储气压力为 20 MPa,信号阀指示压力为 3.5 MPa,潜水员作业时的耗气量为 30 L/min,潜水深度为 23 m,求在上述条件下允许的潜水时间是多少?

解: 按上述公式,将已知参数代入,得

$$T = 12 \times \frac{(20-3.5)}{30 \times (0.1 + 0.01 \times 23)} = 20 \text{ min}$$

答: 这瓶气体在 23 m 处供潜水作业,所允许的水下工作时间为 20 min。

在实际潜水中,劳动强度、水温、潜水员的体质、心理活动及技术熟练程度等因素,对耗气量都有影响,在估算潜水时间时要把这些因素考虑进去,并留有余地。同时,按估算的时间,严格控制在水中停留的时间及潜水深度。当感觉供气不畅,吸气阻力增大,即到信号阀阻碍余气排出时,应将信号阀拉杆拉下,使之处于解除位置,并立即按规定上升出水。

4.5.2　着装

每个使用自携式潜水装具的潜水员应能自行着装。但是,由信号员或照料员帮助潜水员着装则更好些。着装程序很重要,因为压铅带必须佩戴在所有的系带和其他部件的外面。这样,在紧急情况下,它们不会妨碍压铅带的快速解脱。

着装程序如下:

(1) 潜水服。穿湿式潜水服之前,应先用清水清洗一下潜水服,这样比较容易穿。

(2) 潜水靴和头帽。

(3) 信号绳。将信号绳一端用单套结系在腰部,以潜水员感觉到腹部有承受力即可。

(4) 潜水刀。按潜水员自己的感觉,绑在小腿的内、外侧均可。

(5) 浮力背心。将充气管放在前面,把撞针拉绳暴露在外面,以方便使用(不宜用快速解脱扣系结)。

(6) 气瓶。将已测瓶压的气瓶放好,把供气调节器装在气瓶阀上,并将气瓶开关阀完全打开后,倒旋 1/4 或 1/2 圈。潜水员自己或在信号员的帮助下背上气瓶(见图 4-30),调节背带使之处于潜水员背部中央,潜水员头部向后仰时刚好触到调节器。拉紧背带至气瓶紧紧贴在身上,最后用快速解脱扣系结好,带子的末端自由垂下(见图 4-31)。

(7) 压铅带。采用适当重量的压铅,用快速解脱扣系结并使之紧贴在潜水员的腰背上。

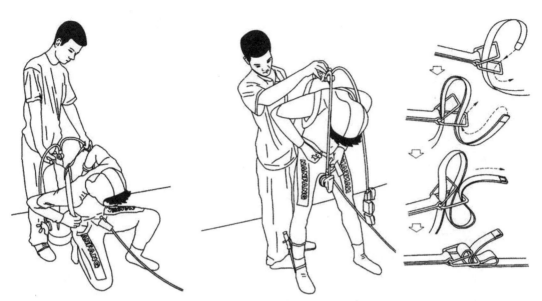

图4-30　信号员托着气瓶　　　图4-31　在信号员帮助下,潜水员系好腰部的快速解脱扣

(8) 附属品。手表、指南针、深度表等戴在手腕上,简单的潜水作业工具用可收口的帆布袋装上,系结在气瓶肩带的下面部位(潜水刀有时亦可在此系结)。

(9) 手套。

(10) 脚蹼。用手提到潜水平台附近,自己或在信号员的帮助下穿好。

(11) 面罩。面罩拿在手里,面罩带绕在腕部,走到潜水平台。为了防止面罩雾化,一般在面罩内镜片上涂些唾液,然后用水冲洗。戴上后调节松紧,使面罩的橡胶侧缘轻贴面部。

这时,潜水员向潜水监督员报告"着装完毕";或做出"OK"手势,表明已着装好了。

自携式潜水装具着装后的全貌如图4-5所示。

4.5.3　核实

潜水员完成着装并报告后,潜水监督对他做全面的检查。检查内容包括:

(1) 核实潜水员已带齐了至少应配备的各种用品。

(2) 核实已测定了气瓶压力,有足够的气量供计划的潜水时间内使用。

(3) 确保所有快速解脱扣均伸手可及,而且扣接适当,便于快速解脱。

(4) 核实压铅带已系在其他所有系带和装具的外面,弯腰时气瓶的底缘不会压住它。

(5) 核实浮力背心未被压住,可以自由膨胀,里面的空气均已排出。

(6) 检查潜水刀的位置,确保不管抛弃什么装具,潜水员可以永远将它带在身上(系结在气瓶肩带下位时除外)。

(7) 确保气瓶阀已完全打开,并倒旋了1/4～1/2圈。

(8) 咬上咬嘴进行30 s的吸气和呼气。观察、询问潜水员,空气是否不纯或有无任何异常的生理反应。

(9) 检查信号阀拉杆,确保拉杆没有被弄弯且活动自如;拉杆处于工作(上位)位置。

(10) 确保潜水员已在身体和精神上做好了下水准备。

（11）最后简单地介绍该次潜水的任务。

（12）核实专用潜水信号；水面配合人员已就位；可能发生的紧急情况的处理措施已全面落实。

4.6　入水和下潜

4.6.1　入水

入水方法分为几种，一般按潜水平台的特征来选择。特别是在不熟悉的水域，应尽可能从潜水梯入水为佳。

所有入水方法采用的几个基本规则如下：

（1）从平台或潜水梯跳入或迈入水中之前，应观察一下入水环境。

（2）低下头，使下颌贴到胸部，一只手抓住气瓶，以免气瓶与后脑相撞。

（3）用手指托好面罩，用手掌托好咬嘴。

入水方法主要有以下几种：

（1）"前跳法"或"迈入法"。

它是最常用的方法。从稳定的平台或不易受潜水员行动影响的平台上，最好采用这种方法。入水时，潜水员不应跳入水中，只需从平台跨出一大步，使双腿分开。潜水员入水时，应使上身向前倾一点，这样，入水的作用力不会使气瓶上升而撞到潜水员的后脑，如图 4-32 所示。但应注意，此方法是在平台离水面距离 2 m 之内，水中无任何障碍物的条件下才可采用。

（2）"后跳法"或"退入法"。

一般在潜水梯伸不到水中时使用。潜水员面对潜水梯，后退几级，然后双脚蹬梯入水，如图 4-33 所示。

图 4-32　"前跳法"或"迈入法"　　　　图 4-33　"后跳法"或"退入法"

（3）"后滚法"。

这是在开放水域从平台入水的一般方法。准备好的潜水员站在平台上,坐或蹲在平台上,背对水面,颏部贴胸,一只手托住面罩和咬嘴(与其他入水方法同),主要通过一个后滚翻后滚入水,如图4-34所示。

（4）"侧滚法"。

信号员帮助潜水员坐下来,信号员站远一点,潜水员抓住面罩、咬嘴和气瓶,侧滚入水,见图4-35所示。

（5）"前滚法"。

潜水员面向水面,稍向前倾地坐在平台边上,以抵消气瓶的重量。两手始终抓住咬嘴、面罩和气瓶,当继续前倾到双腿蜷曲靠近身体时,顺势向前翻滚入水,如图4-36所示。

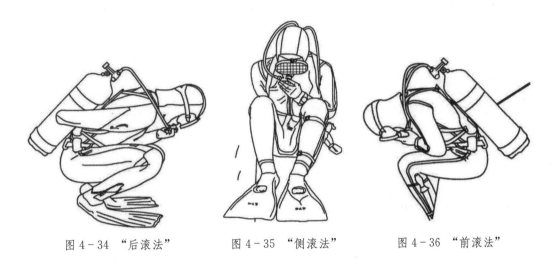

图4-34　"后滚法"　　　图4-35　"侧滚法"　　　图4-36　"前滚法"

4.6.2　下潜

1）下潜前的水面检查

在水面或开始下潜之前,潜水员最后检查一次装具,他必须:

（1）检查呼吸情况是比较容易呼吸的,也没有阻力,水不会有进入呼吸器里的迹象。

（2）检查装具有无漏气(可与水面人员配合观察情况),特别注意气瓶阀上的一级减压器、二级减压器与中压软管的接头部位。

（3）检查所有的系带有无松开或绞缠现象。

（4）检查面罩在入水时是否进入了少量的水,面罩的橡胶底缘是否轻贴面部而没有水渗入;面罩内有水可用面罩排水法排干。面罩带的松紧程度比较适中。

（5）校正浮力,潜水员应尽可能地把浮力调节为中性状态。

此时,潜水员应利用水中任何可见的自然辅助物来确定下潜的方向,然后报告装具已检查合格,或作"OK"手势表示检查完毕,可以下潜了。

2）下潜

做出"OK"手势后，潜水员开始下潜。此时，水面人员准确记录下潜时间，并通过信号绳或无线潜水电话，按着装前所估算的气瓶能提供的水底停留时间，严格控制潜水员的水中工作时间。如果水下能见度良好，而潜水员带上了潜水手表，下潜时潜水员应切记使用定时旋转圈；潜水员不但必须记住潜水开始的准确时间，而且旋转圈的零点应对准潜水手表的分针。这样，随着时间的推移，潜水员可以直接得知实际潜水作业所消耗的时间（用分钟表示）。

潜水员可以游泳下潜，也可以用一条入水绳，拉住入水绳下潜，或者通过预先确定的现场提供的自然参照物的走向来下潜。下潜速率通常以潜水员能够顺利地平衡耳、窦压力为准，但一般不得超过 23 m/min。当潜水员感到难以平衡耳、窦压力时，应停止下潜，稍稍上升到耳、窦压力可以平衡的位置。如果几经上升，仍不能平衡，应停止潜水，发出上升的拉绳信号（成对潜水时，告知同伴且发手势信号），信号员回收信号绳，潜水员返回水面。

到达工作深度时，潜水员必须确定自己对周围景物的方位，核实工作位置，并对水下条件进行一次检查（能见度差时，可通过摸索来检查）。如果检查情况与预料的完全不同、可能发生危险或水下观察（摸索）到的条件需要对潜水计划做重大修改时，都应中断潜水，返回水面，将情况反映出来，由潜水监督主持，讨论、商定修改潜水计划。

4.7 水下操作技术

4.7.1 水面游泳技术

当需要进行水面游泳，方能到达作业点的水面上方时，潜水员应戴好面罩，用简易呼吸管呼吸；注意熟悉周围景物的方向，以免游错方向；同时应尽量保存体力、从容不迫，以便有足够体能，圆满完成潜水任务并防备万一。

短距离游泳时，潜水员只需用他的双腿蹬水或打水来推进。由髋关节发力，大腿带动小腿，小腿带动脚蹼，膝、踝关节稍放松，上上下下、自然地蹬水或打水，而脚蹼不得露出水面。对于较长距离的游泳来说，手臂可采用蛙泳的动作。下颏不时地部分露出水面（但不要使整个下颏露出水面）。仰泳是不提倡的，但潜水员可以利用仰泳仰卧在水面休息，一面仍可打水前进。

假如潜水员穿上的是可用呼吸气源充气的浮力背心，有助于水面游泳，但在下潜之前，仍必须将浮力背心中的气体排出。佩戴单管式供气调节器的潜水员，在水面游泳时，应使调节器放于右肩，由胸前自由下垂；佩戴双管式供气调节器时，潜水员应用一臂挎住软管，游泳的同时，注意防止咬嘴处于可使空气从该系统中自由流出的位置上。

4.7.2 呼吸技术

潜水员使用自携式轻潜装具潜水时，水下停留时间短，气瓶里的空气供给有限，必须力争完成分配的任务。因此，潜水员必须规定自己的工作速度，保存体力，逐一完成各项任务或解决问题。同时,潜水员应机动灵活,当他感到气力难支或水下条件危及安全时,应能随时准备中断潜水,安全返回水面。遇到较难平衡耳压、窦腔疼痛、轻度眩晕、注意力难以集中、呼吸阻力略有增加、呼吸浅促以及周围环境的微小变化等情况,潜水员必须随时警惕这些现象,这些比较微妙的、不很明显的、极可能是发生水下事故的前兆。成对潜水时还应不断地注意对方的情况。

使用自携式轻潜装具,呼吸可能比水面正常呼吸快且深,特别是技术不太熟练的潜水员;而呼吸的气体因湿度降低,潜水员的咽喉会感到特别的干燥,因此,潜水员必须习惯于这种呼吸,尽量保持呼吸节律平缓、速度稳定。潜水员的工作速率应与呼吸周期相适应,而不应改变呼吸去适应工作速率。如果潜水员发现其呼吸过于吃力,应停止工作,直至呼吸恢复正常,如果潜水员一段短时间后仍不能恢复正常呼吸,则必须将此视作即将发生危险的征兆,并立即中断水下工作,返回水面。

有些潜水员认为维持潜水作业用的供气量有限,故采用屏气的方法,或者常在每次呼吸之间插入一个不自然的长时间的间歇,试图通过这种跳跃呼吸的方法来"保存"空气。屏气和跳跃呼吸均十分危险,常常会引起浅水黑视,潜水员不应采用这种方法来增加水底停留时间。

正常潜水时,在气瓶的可用气量未完全用尽之前,即来到信号阀指示压力之前,呼吸阻力不会改变(除非供气调节器突然失灵)。如果呼吸阻力明显增加,则提醒潜水员应利用备用气体立即上升。潜水员做一次急促的深呼吸,可以检查气瓶的储气情况,如果明显地感到空气不够用,则表明气瓶内的空气已快用完,应用备用气了。值得潜水员注意的是,水下工作期间,信号阀拉杆有时比较容易被碰撞至解除(下位)位置,当呼吸阻力明显增加时,已不能用备用气来上升了。因此,为预防出现如此危急情况,作业时应随时警惕,经常检查,保证信号阀拉杆处于工作状态。

4.7.3　面罩的清洗

面罩可以随时排水或注水。面罩内进水是正常现象,常常有助于清洁面窗。当面罩内的水不时地增加并达到一定量时,必须将其排出。

清除面罩中的水,潜水员应侧身或向上看,使水集中在一侧或面罩的下部。潜水员可用任一只手直接按压面罩的对侧或面罩顶部,并用鼻子稳定地吹气,此时,水将从面罩边缘的下面排出。如图 4-37 所示。

对于带排水单向阀的面罩来说,潜水员只需将头倾斜,使积水盖住排水阀,将面罩压向面部,然后用鼻子稳定地吹气,直至将水排除干净为止即可。

4.7.4　咬嘴的清洗

使用单管式供气调节器潜水,当潜水员想缓解嘴部疲劳或清洗咬嘴,用手抓住二级减压器从嘴里松脱出来时,咬嘴已进水。潜水员重新咬好咬嘴,按压中心供气按钮或向咬嘴内吹气,即可迅速将水排出,恢复正常呼吸。

而使用双管式供气调节器,当潜水员想缓解嘴部疲劳或清洗咬嘴,用手抓住阀箱将咬嘴从嘴里松脱出来时,咬嘴和呼气波纹管内会进水。此时,潜水员做平卧位游泳的同时,应向左侧身,然后抓住咬嘴,压挤吸气软管(右侧的管),并向咬嘴内吹气,这样可迫使积水经调节器的排水孔排出。然后,潜水员放松吸气软管,并浅呼吸。这时,如果咬嘴内还有积水,应再次将其吹出,才能开始正常呼吸。如图4-37所示。

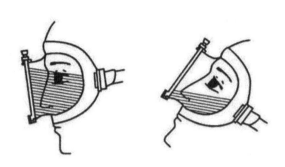

图4-37　为清除面罩的积水,应轻轻按压面罩上部,用鼻子向面罩内吹气。排水时,头向后倾,直至面罩内的水排完

4.7.5　水下游泳技术

对于水下游泳来说,所有的推动力都来自脚蹼的动作变化,手的动作只能起到调节作用。蹬水或打水与水面游泳时相同,但应注意,蹬水或打水的节奏要尽量保持在不至于使腿疲劳与肌肉痉挛的限度。

4.7.6　结伴潜水制度

某些水下作业,往往需要两名潜水员的配合,才能顺利地完成。因此,结伴进行潜水作业的潜水员,除了负责完成规定的任务,还应彼此照料对方的安全。作为一个极为独特的安全因素来考虑,结伴潜水时必须遵守如下的基本原则:

(1)始终保持与成对伙伴的联系。在能见度良好时,结伴潜水员应彼此能够看到;在能见度差的情况下,应使用成对联系绳。

(2)熟悉所有手势和拉绳信号的含义。

(3)得到信号时,应立即做出回答,如果成对伙伴对信号没有反应,则必须将此视作一种紧急情况。

(4)注意成对伙伴的活动和发生的情况。熟悉潜水疾病的症状。在任何时刻,只要成对伙伴发生问题和行动异常,应立即找出原因,并采取适当措施。

(5)除陷住或缠住和未经外人帮助不能脱离困境的情况,不得离开成对伙伴。如果必须离开则应请求水面的援助,并用带绳的浮标标出发生事故的潜水员的位置。

(6)每次潜水,均应制订处理"潜水员"的部署,如果结伴潜水员失去了联系,应按部署进行。

(7)不论何种原因,只要成对潜水员中的一人中断潜水,另一人也必须中断潜水,两人均应返回水面。

（8）熟悉成对呼吸的正确方法。

成对呼吸完全是一种应急措施，必须事先加以训练，尤其是新潜水员，熟练掌握这种方法非常重要。成对呼吸的步骤如下：

（1）保持平静，指着自己的咬嘴，向成对伙伴发出气体用完或呼吸器失灵的手势信号，向其示意做成对呼吸的请求。

（2）不得自行从成对伙伴嘴里取下其正在呼吸的咬嘴，应待对方将咬嘴取下后，再从其手中接过咬嘴，然后放进嘴里呼吸，他们各自分别用一只手彼此互相侧抱或拥抱在一起，或者互相抓住对方的固定带子。他们各自的另一只手用来传递咬嘴。

（3）首先，有气源的潜水员做两次呼吸之后，把咬嘴交给成对伙伴（无气源潜水员），无气源潜水员接到咬嘴后放到嘴里先呼气或用手指按压手动按钮，排出积水后再呼吸两次，然后将咬嘴取下递回给对方。

（4）两名潜水员各自使用咬嘴呼吸时，应规定做两次充分呼吸（如果咬嘴内积水未完全排出，应小心）后再将咬嘴交给对方，然后按前述操作程序交替进行。

（5）两名潜水员应重复上述呼吸周期，并确定一个平稳的呼吸节律。待呼吸平稳和交换相应信号后，方可开始上升出水。

（6）潜水员进行呼吸时，其浮力可能比另一名潜水员大。两名潜水员必须警惕，防止彼此漂离，如果采用双管式呼吸器，咬嘴应稍高于一级减压器，这样，自由流量的气体可保持咬嘴清洁通畅。

（7）到达水面后，准备离水上岸前，双方交换离水上岸信号后方可松手离开对方。但没有气体的潜水员应先出水上岸。

如果成对呼吸时不得不潜游一段较远的水平距离，可采用多种不同的方法。但最常用的两种方法是：

a. 两名潜水员肩并肩，面对面游。

b. 两名潜水员分别上下平衡游。

以上两种方法在实际操作当中，也因人而异，采用不同的训练手段，取决于每位潜水员掌握该技术的能力。但是，从技术的角度来看，肩并肩、面对面游的成对潜水员视觉比较开阔，互相之间可侧抱或拥抱在一起，减少风浪、水流带来的影响。上下平衡游是没有气源的潜水员在有气源的潜水员上方游，采用这种方法，在潜水员之间很容易互相传递咬嘴。但是，由于一名潜水员在上方，另一名潜水员在下方，如果提供气源的潜水员在下方，看不到他的成对潜水员，就可能影响这一方法的顺利实施。

4.7.7 通信及其操作规则

水下的潜水员之间通信的主要方法是采用手势信号，而水面与潜水员之间的通信方法主要是拉绳信号。在能见度很差的条件下作业，一般提倡单个潜水员进行作业。如果必须进行结伴潜水才能完成该作业，那么潜水员之间必须随时用成对联系绳的拉绳信号进行联系。

手势信号（见图 4-38）和拉绳信号应以一种有力而夸张的方式发出，使信号的表达不模棱两可，以便辨明。对每一信号均应回答。

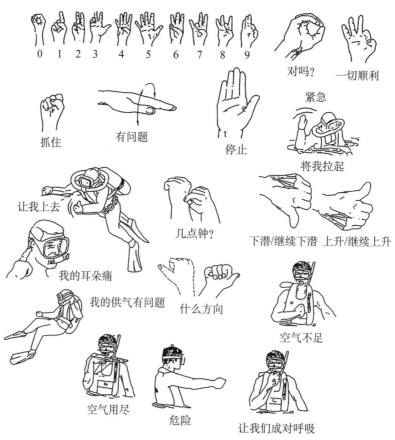

0　1　2　3　4　5　6　7　8　9

对吗?　一切顺利

抓住　有问题　停止　紧急

将我拉起

让我上去　几点钟?　下潜/继续下潜　上升/继续上升

我的耳朵痛

我的供气有问题　什么方向　空气不足

空气用尽　危险　让我们成对呼吸

图4-38　手势信号

　　潜水员与水面信号员之间的联系或结伴潜水员之间用成对联系绳联系时可用拉绳信号来表达。规定的常规拉绳信号及其含义,如表4-2所示。

表4-2　拉绳信号的定义

信号	信号含义
(一)	你感觉如何(我感觉良好) 下潜(继续下潜)
(一)(一)	停止(停止上升、停止下潜、停止行动)
(一)(一)(一)	上升(继续上升)
(一一一一)	(拉四次以上)立即上升(紧急信号)

注:拉绳信号中,(一)表示分拉信号,(一一)表示连拉信号。

　　进行拉绳信号联系时,其操作规则如下:

　　(1) 只要系结了信号绳,应任何时候都保持信号绳拉紧适中。

　　(2) 必需按上表规定的常规拉绳信号进行,如在潜水前另外再约定信号,应避免与上述信号重复。

（3）信号绳应每隔 2～3 min 向潜水员发出一次分拉一下的拉绳信号，以确定潜水员是否一切顺利；潜水员的回答信号是拉一下信号绳，表示一切顺利。

（4）分拉的两个信号之间的间隔时间约为 1 s，拉动幅度为 40～50 cm；连拉是拉一下后，约间歇半秒再拉一下，拉动幅度为 20～30 cm。

（5）除紧急上升信号不用回答外，凡明白或同意对方信号时，均重复一次对方信号作为回答。

（6）收到对方信号后，应间歇 2～3 s 再回答信号。若收到信号不明显，或不明白对方信号，又或难于判断其含意，可不作答。

（7）潜水员必须特别警惕，任何时候都应防止信号绳被绊住或绞缠了。

（8）如果失去信号绳，信号员应根据气泡的痕迹来确定潜水员的大概位置，并立即实施应急措施；而此时要通知潜水员某些信号（如上升），可用金属物（如铁块）在水中互相敲击或用金属物撞打水中可发出较大声响的固态物体的方法。否则，预备潜水员应下水抢救。

4.7.8　使用工具的作业

使用自携式轻潜装具潜水时，应尽量避免进行需带工具才能完成的潜水作业。而需带工具时，在潜水前应准备好即将使用的工具，能少带则尽量少带，并将工具用可收口的帆布袋装好。

因浮力接近于"中性"，潜水员使用工具作业时，实际上可能没有可以依靠的支持点。例如，当他试图用力转动一个扳手时，他自己将被推离扳手，因此施加到工作物上的力极小。此时，潜水员应设法用脚、空闲的手或肩撑住自己，与工作物形成一个可靠的力的体系，使作业时在力体系内产生一个可利用的反作用力，从而将大部分能量传递到工作物上，提高工作效率。具体实践时，还需靠潜水员不断去积累经验，凭借丰富的实践，做到多快好省地顺利完成潜水任务。

4.7.9　水下条件的适应

通过细致周密的计划，潜水员对作业地点的水下条件会有所准备，但是为了克服某些条件的影响，潜水员必须采用特殊的操作技术，例如：

（1）在泥底上方 60～100 cm 处停留时，打水动作要小，防止将水搅浑。潜水员的位置应使水流能够将工作地点的浑水带走。如水下摄影时尤要注意。

（2）通过珊瑚和岩石的水底时，应注意防止割伤和擦伤。

（3）防止深度的突然改变。

（4）不得远离工作地点，去游览"有趣"的地方。

（5）注意光在水下的特性，根据 3：4 的比例来判断实际距离（水下看到的物体在 1.5 m 远，实际应在 2 m 远），而水中所见的物体均比实际要大些。

（6）注意异常强大的海流，特别是靠近海岸线的离岸流。假使潜水员被卷入离岸流中，不要惊慌失措，应随着海流漂移，待海流减弱后可以游开。

（7）一般情况应逆海流方向游至工作点。这是因为工作后处于疲劳状态，顺着海流返回时比较容易。

（8）勿在处于受力状态的缆绳或电缆旁停留，并注意防止发生纠缠。

4.8　上升和出水

4.8.1　上升

出现下面任何一种情况时，潜水员都应整理装具，清理好信号绳，确保没有任何缠绕，发出上升的信号，然后开始上升。

（1）完成了潜水任务。

（2）在使用气瓶的备用气体（信号阀已拉下）。

（3）潜水式声光报警压力表自动发出声光报警。

（4）到了潜水手表所指示的潜水前估算的出水时刻。

（5）收到水面信号员发出的上升信号；成对伙伴发出了结束潜水的信号。

图 4-39　正确的上升出水姿势

在不减压潜水的正常上升过程中，潜水员应平稳且自然地呼吸，以 18 m/min 的速度，即不超过气泡的上升速度，上升出水；也可通过水面信号员回收信号绳的速度来掌握上升速度，又或者通过参考水中的固定避免有形物来判断。上升过程中潜水员不得屏气，避免肺气压伤。

上升时，注意上方的物体，特别是可以浮在水面上的那些物体；为了能够作 360°的观察，可以采用缓慢的螺旋式的方法上升；潜水员的一只手臂应伸过他的头部，防止头部撞到看不见的物体上，如图 4-39 所示。

正常情况下，仅使用自携式潜水装具是不提倡进行减压潜水的。特殊原因，不得不进行水下减压时，应根据相应的减压方案进行减压。潜水监督安排潜水作业时，应确定潜水所需的水底停留时间，根据该次潜水的水底停留时间和深度，来选择减压方案。但是，因潜水员所携带气瓶的储气量有限，进行减压时，可能不能提供足够的气体供潜水员在减压时呼吸用。这时，需预先在标明了各减压停留站的减压架上或入水绳上，放置一套有足够气量、可供潜水员减压用的潜水呼吸器（已打开气瓶阀）。当潜水员完成了分配给他的任务，或者停留时间达到了潜水计划规定的最长的水底停留时间（没到信号阀指示压力），上升到第一减压停留站后，用信号通知水面，水面准确计时，由水面人员控制各减压站间的移行和减压停留时间，完成整个减压过程。

确定减压停留站的深度时，每一减压停留站的深度必须这样计算：潜水员的胸部不高于减压表的各停留站的深度。

如果意外地上升出水或紧急上出水，潜水监督必须决定是否重新在水中减压或者是否需要用加压舱。在安排各阶段潜水作业时,都应考虑到必须进行这一选择的可能性。

4.8.2　出水

潜水员接近水面时,不得到达水面上任何其他物体的下面,在确保不会直接发生危险的时候,才可以上升到水面。到达水面时,潜水员应立即观察周围的情况,确认平台的位置,然后向信号员拉扯信号绳,或者大声呼唤自己的名字,表示已到达水面。潜水员浮在水面时,水面人员必须不断地注视潜水员,特别要警惕有无事故的信号和征兆。只有在所有潜水员安全地上岸后,潜水才告结束。

4.8.3　潜水后的操作

如果潜水员身体状况良好,他在卸装后应马上检查装具有无损坏,并将装具放到甲板上不影响活动的地方。

潜水员应向潜水监督报告他所完成的水下潜水作业情况,以及对下一班潜水的建议或是否有问题发生而影响原计划等。

在潜水后的一段时间内,潜水员必须时刻警惕发生减压病和肺气压伤等问题的可能性。由于休克或冷水的麻痹作用,最初不易察觉潜水时受的伤,如割伤或动物咬伤,为此,潜水后应对潜水员进行较长一段时间的观察。

4.9　装具的维护与检修

4.9.1　潜水后的保养

每个潜水员应对潜水时所用的装具进行潜水后的保养和适当处理,具体操作如下:

(1)关闭气瓶阀,拉下信号阀,即使气瓶内的空气只用了一部分,也应如此。这表明气瓶已被用过,必须检查并重新充气。最好将气瓶放到指定的地方,以免混淆。

(2)通过咬嘴吸气,或者按压中心供气按钮,把供气调节器内的空气放掉,然后取下供气调节器,将调节器浸入淡水中清洗,但不要让水进入供气调节器的一级减压器中。

(3)检查锥形防护罩上无污水或污物,检查O型圈,然后将锥形防护罩固定到供气调节器的入口上,这样可以防止异物进入供气调节器。

(4)如果供气调节器或其他任何装具已被损坏,应贴上"已损坏"的标签,并将它们与其余的装具分开。损坏的装具应尽快地维修、检查和测试。

(5)用干净淡水冲洗整套装具,除去所有的盐渍。盐渍不仅会加速材料的腐蚀,也会堵塞供气调节器和深度表的气孔。装具中所有可以随时取出的部件,如膜片和单向阀、快速解脱扣、刀鞘中的潜水刀以及浮力背心中的二氧化碳气瓶,均须仔细检查是否有腐蚀、盐渍或污点。对于咬嘴,应该用淡水和口腔消毒剂冲洗几次。将双管式供气调节器呼吸软管的卡箍松开,把软管从调节器和咬嘴上取下,将里面洗刷干净。

(6)所有装具经洗刷、冲洗后,放到干燥、通风的地点存放,不得暴晒。供气调节器应单独贮存,不得留在储气瓶上。湿式潜水服吹干后,应喷上滑石粉并仔细叠好或挂起。不得用吊钩或钢丝钩吊挂潜水服,因为这种挂法会使潜水服拉长变形或撕裂。面罩、深度表、浮力背心和其他装具,如果随意堆放,将会损坏或磨损,因此必须单独存放,不得堆在一个箱子或抽匣里。所有缆绳应晒干、理顺并妥善贮存。

4.9.2　日常维护保养

1)气瓶

(1)按国家有关的规定严格进行管理和使用气瓶,定期进行检验(钢瓶每三年检验一次)。

(2)空气瓶禁充空气以外气体。

(3)充满气体的气瓶禁止放在强阳光下长时间暴晒。

(4)防止碰撞。

(5)气瓶外表油漆脱落应及时修补,防止瓶壁生锈。

(6)一般情况下,气瓶内的气体不能完全放光,应留少许,以免其他气体或物质灌入,影响使用。

(7)发现瓶口、瓶阀有漏气现象须及时检查修复。

(8)拆卸瓶阀须解除气瓶压力后方可进行。

(9)发现气瓶有压痕,严重生锈、阀弯曲、信号阀不灵活或气瓶内有大量的水和锈等,均不符合使用要求。

(10)气瓶的背负装置要安全可靠,发现背托、背带有断裂的现象应及时更换。

2)供气调节器

(1)使用时应小心轻放,勿粗暴乱扔,勿随意拧动各调节螺丝。

(2)不使用时应从气瓶上卸下,将防尘盖装上,防止水分、污物等进入供气调节器内。双管式供气调节器的呼吸软管应定期松开,并将软管从调节器和咬嘴上取下清洗干净。清洗调节器时,要防止水进入供气调节器的一级减压器。

(3)如有泥沙、杂物进入二级减压器,应用清水充分洗净后吹干。

(4)长期不用时,应将弹性膜片涂抹滑石粉进行保养。

(5)供气调节器应平放在干燥、通风处,使其不过分弯曲或受力拉长,如图4-40所示。

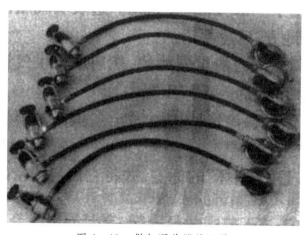

图4-40　供气调节器的贮放

（6）定期对供气调节器的膜片、单向阀、解脱扣等进行检查，重点检查腐蚀、污染及性能状况。

3）面罩

（1）使用后用淡水洗净晾干。

（2）面罩存放时应使玻璃面朝下，避免橡胶部分受挤压，以防止接触颜面部边缘变形，影响水密性能。

4）其他方面

（1）自携式潜水装具使用后，应用淡水冲洗干净，晾干后放在干燥通风的地方，严防暴晒或放在高温处。

（2）潜水服存放时最好用衣架挂起，长时间不使用时，对易老化的橡胶部分抹些滑石粉。

（3）对于无法修复或无修复价值的装具、配件应予销毁或丢弃，严禁好坏混杂堆放。

（4）压铅固定带应定期更换。

（5）气瓶贮存的气体超过一年，应更换。

（6）高压气瓶搬运时，应抓住瓶体或瓶阀，严禁用背托或背带搬运，以防背托或带子断掉而造成事故。

（7）气瓶充气完毕，应关闭信号阀。

（8）气瓶使用后应打开信号阀，以备检查重新充气。

（9）气瓶测压时，测试人员的脸不能靠近测定压力表的刻度盘。

（10）出于其他原因贮存非普通压缩空气，应用专用瓶，并应有明显的标志。严禁气体混杂充气，以免发生爆炸等重大事故。

（11）压力表应定期进行校对，以确保压力显示准确无误。

（12）高压气瓶贮存应悬挂标记，注明充气日期及何种气体等，并做好记录。

4.9.3 主要部件性能的一般检验

1）信号阀指示压力检测

信号阀是潜水时指示气瓶最低储气量（即由水底从容上升所需气体的最低储备量）的警报系统，起着保证潜水员安全的作用，应经常处于性能良好状态。

检查方法如下：

（1）将气瓶充气或使用到 4.9 MPa 左右。

（2）推上信号阀，使其置于工作位置，打开气瓶阀排气，掌握排气速度，不宜过大或过小。

（3）等瓶口停止排气或排气受阻，声音明显改变时，关闭气瓶阀。

（4）拉下信号阀拉杆，使其置于解除位置，测瓶压，即为信号阀指示压力。指示压力在 2.94～3.9 MPa 范围内为合格。超过 3.9 MPa 还可使用，但潜水后应修理调整。低于 2.94 MPa 时不准使用。

2）一级减压器输出压力检测

长时间放置库房未用或怀疑输出压力有问题时，需进行检测，方法如下：

（1）将供气调节器的一级减压器上的安全阀取下，在该螺孔中装上 0～1.57 MPa 刻度的压力表。

（2）与空气瓶接通。开启瓶阀，观察压力表指示压力，同时另一只手准备按二级减压器保护罩上的手动供气按钮或将保护罩取下，直接按阀杆（注意：此手不得离开！）。当如压力表指示不停地上升并超过 2/3 表盘刻度时，应立即按下按钮（或阀杆），排出气体以免发生意外。如升到一定压力不再上升时，说明减压器闷头不漏气，可继续测试。

（3）用开瓶阀那只手，用专用六角内扳手旋转一级减压器调节弹簧螺母，使压力表指针下降或上升。

（4）按阀杆到底时，压力表指针下降值不应少于 0.2 MPa，阀杆抬起恢复至正常位置时，压力表应回到原来指示数值。允许稍有压力缓慢上升现象。

3）供气调节器最大流量检测

供气调节器最大流量是指在单位时间内最大限度通过的空气流量，单位是 L/min（常压值下）。测定方法如下：

（1）在瓶压为 14.7 MPa 时，调好减压器输出压力为 0.49 MPa 的供气调节器（69 - Ⅲ型和 69 - 4 型），将其接在已测过压力的空气瓶上。

（2）将气瓶阀开到最大，取下二级减压器的保护罩。

（3）按二级减压器阀杆到底，排气 30 s。

（4）关闭气瓶阀。取下供气调节器，测瓶压。

（5）最大流量（Q_{max}）计算方法：

$$Q_{max} = (P_1 - P_2)V/(t \times 0.098)$$

式中：Q_{max}——最大空气流量（L/min）；

P_1——第一次所测瓶压数（MPa）；

P_2——第二次所测瓶压数（MPa）；

V——空瓶容积（L）；

t——排气时间（min）。

（6）在瓶压为 11.8～14.7 MPa 时，流量大于 300 L 为合格。

对以上内容进行以下几点说明：

（1）供气调节器流量主要是反映一级减压器的性能，除本身的二级减压器外，还受瓶阀影响。因此测定时需用本套空气瓶，成批比较时则选用固定的一个气瓶。

（2）排气时间一般取 30 s 为宜，测两次。排气时间太短则误差大，太长瓶阀则易结冰，影响流量。

（3）排气时气瓶温度下降，空气体积缩小，第二次测压应等 3～5 min，瓶内温度基本回升后再测（完全回升需数小时后）。此种方法虽然受温度影响，会造成一定误差，但方法简单，不需仪器，适用于潜水人员自己测试。

4.9.4　常见的故障和排除方法

（1）69 - Ⅲ型潜水装具一般的故障原因及排除方法如表 4 - 3 所示。

表4-3　69-Ⅲ型潜水装具的一般故障和排除方法

故障	原因	排除方法
气瓶阀开启后漏气	1. 手轮轴密封圈结合不严或损坏 2. 没开足	1. 拆下重新装配或调换密封圈 2. 开足
气瓶阀关闭后漏气	阀头损坏	阀头换新
二级减压器不断供气	1. 弹性膜变质，下陷压迫阀杆，不能复位 2. 阀位弹簧失灵	1. 弹性膜老化应换新。如因低温和干燥变硬，可放在水中浸泡 2. 弹簧换新 3. 阀头换新
气瓶阀与气瓶连接处漏气	1. 没旋紧 2. 密封圈损坏	1. 检查后旋紧 2. 密封圈换新
供气调节器安全阀过早排气	1. 调节螺丝松动 2. 弹簧失灵或弹力减退 3. 阀头损坏	1. 重新调紧并用固紧螺母固定 2. 弹簧换新或将调节螺丝适当调紧 3. 阀头换新
一级减压器输出压力改变	调节螺母松动	重新调整到规定压力
一级减压器输出压力不断缓慢上升	高压阀损坏	高压阀换新
开放式呼吸器供气不足	1. 气瓶阀没开足 2. 一级减压器输出压力低于规定 3. 一级减压器的部件损坏 4. 气瓶内气体不足	1. 气瓶阀开足 2. 调整到规定压力 3. 损坏部件换新 4. 重新充装
开放式呼吸器呼气阻力大	1. 二级减压器橡胶阀变质 2. 膜阀老化、变质、变形 3. 弹性膜老化、变质	1. 阀座换新 2. 膜阀换新 3. 弹性膜换新
开放式呼吸器吸气阻力大	1. 一级减压器输出压力过高 2. 一级减压器的过滤网阻塞 3. 二级减压器弹性膜失灵	1. 调整到规定压力 2. 拆洗过滤网 3. 弹性膜换新

（2）69-4型潜水装具二级减压器的一般故障和排除方法如表4-4所示。

表4-4　69-4型潜水装具的二级减压器的一般故障和排除方法

故障	原因	排除方法
呼吸阻力大或呼不出气	呼吸阀与弹性膜粘连	分开或换新
自动供气	1. 供气弹簧失灵 2. 一级输出压过高 3. 一级调压部分有关部件损坏	1. 换新 2. 一级输出压调至规定标准 3. 换新后将输出压调至规定标准
吸气时有水	1. 弹性膜破损 2. 呼气阀老化或破损	1. 换新 2. 换新

4.10 自携式潜水紧急情况处理

自携式潜水具有轻便、灵活、易学、水下活动范围广等优点,又不容易产生放漂、挤压伤等潜水事故,因此获得广泛的应用。但是自携式潜水装具也有自身的缺陷,潜水员与水环境之间仅一道极微弱的防线,一旦发生意外,潜水员不可能有从容处理的时间。又因为其装具通常无通信装置,水面人员无法了解水下的动态,只能依靠潜水员本人去处理,所以自携式潜水员在水下较易受到伤害。自携式潜水最常见而又最致使的危险是供气中断和溺水带来的各种紧急情况。

4.10.1 装具脱落或进水

1)面罩进水

面罩进水的可能原因是:①在成对潜水过程中,被另一名潜水员的脚蹼不慎将面罩踢松;②海流急;③头部撞到岩石或其他障碍物。处理办法是清除面罩内积水。

2)面罩脱落

如果面罩脱落,潜水员应保持其位置。如果是成对潜水,可打手势信号,要求成对伙伴向你靠拢,过来帮你寻找,但这一前提是面罩掉在潜水员的旁边。如果你的成对伙伴未做出反应,而你又见不着对方时,应尽快辨清周围区域的情况,可单独上升出水。

3)咬嘴脱落

咬嘴脱落时,其软管一般搭在右肩。如果不是这样,可用下述方法确定软管的位置:右手从右肩上方伸向背后的气瓶阀部位,抓住气瓶阀上的一级减压器。在软管与一级减压器连接处找到软管,然后顺着软管即可摸到咬嘴。咬嘴可能进水,但是用手按压清洗按钮可以将水清除。也可将咬嘴放在嘴里,先用力吹气,将咬嘴内的积水排出后,再做正常的呼吸。

虽然装具脱落或进水的处理较为简单,但是如果不能及时处理或处理不当,就容易引发溺水事故。

4.10.2 水下绞缠

当潜水员在水下发生绞缠时,首先应冷静地分析情况,这是十分重要的,拼命地挣扎可能会造成更严重的绞缠,甚至会损坏或失落潜水装具。与使用其他类型潜水装具相比,使用自携式装具对发生绞缠更令人担心,因为自携式气瓶的气源有限,而且一般与水面无通信联络,只能靠信号绳与水面人员取得一些简单的联络。此时,只要有冷静的头脑,懂得一般的应急常识,平时训练有素,一般是可以摆脱困境的。如果是结伴潜水,可用手势信号通知成对伙伴前来帮助。如果是单人潜水,可利用信号绳向岸上人员求助,派预备潜水员下水帮助。还可根据具体情况使用潜水刀等工具切断绞缠绳索,设法摆脱绞缠。紧急自由上升只能在迫不得已的情况下,作为最后一种逃生手段来使用。

4.10.3　溺水

溺水是自携式潜水常见的紧急情况,也是最常见的死亡原因。有关自携式潜水溺水的原因、处理方法及预防等内容详见 10.4 节。

如果潜水员经过适当的训练,身体状况良好,并使用保养良好的装具,大多数溺水是可以避免的。

4.10.4　供气中断

如果供气逐渐减弱,潜水员的呼吸阻力明显增大,这时只要将信号阀打开,立即上升出水,即可避免事故的发生。如果供气出乎意料地突然中断,若是单人潜水,可进行有控制地自由上升出水面,在进行自由上升的同时,应用拉绳信号通知水面信号员,尽可能得到水面人员的援助。

如果是结伴潜水,发生供气中断后,可用手势信号或拉动联系绳通知成对伙伴,也可尽快游到对方面前,打手势信号要求进行成对呼吸。在进行成对呼吸上升出水面时,最有效的方法是:两名潜水员面对面,上升过程中交替使用同一咬嘴呼吸,如图 4-41 所示。在交换咬嘴的过程中,单管调节器的排气阀必须位于咬嘴的下方,否则,二级减压器内的积水难于排干净;如果两名潜水员肩并肩,没有气体的潜水员位于左侧,头部应稍稍靠前,就很容易获得这一位置,两名潜水员必须在交换咬嘴的间隔时间内呼气。两名潜水员应保持接触,具体方法是两名潜水员互相抓住对方的固定带或压铅带。

进行结伴潜水时,当一名潜水员的气体用完时,另一名潜水员的气体存量一般也很少。此时,由于成对呼吸使得耗气量增加了一倍,可供呼吸用的气体在数分钟或更少时间内即可耗尽,因此结伴潜水员应立即上升出水。

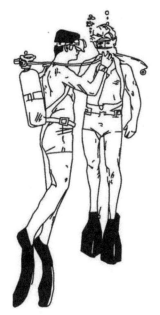

图 4-41　成对呼吸

潜水员单人潜水时,除非呼吸器被纠缠而无法解脱或呼吸器确信已无法再使用了,否则,潜水员一般不能将其抛弃。因为当潜水员在水底处吸不到气后,马上开始上升,随着潜水员的上升,气瓶外界环境压力下降,内外压差开始增加,当潜水员上升到一定的高度时,就会发现气瓶内剩余的气体可供潜水员呼吸。

应将抛弃自携式装具进行自由上升视作可采取的应急措施中的最后一个步骤,当不得不采用这一步骤的时候,在上升至水面的过程中应不断呼气。

4.10.5　紧急上升

紧急漂浮上升只能作为解除紧急情况时所采取的最后一个步骤。在紧急情况下,这种方法是危险的,而且很难保证安全。如果潜水员感觉上升太困难时,根据具体情况,必要时可解脱压铅带,但必须确保下方无潜水员后,方可丢下压铅带。

　　在夜间或能见度差的情况下,潜水员在上升过程中应将手臂伸过头顶,防止在上升出水时头部与某些障碍物体碰撞。

　　紧急上升到达水面时,或者正常上升后在水面遇到困难时(如水面波涛汹涌,潜水员筋疲力尽等),潜水员应充胀浮力背心并发出"将我拉起"的信号。如果潜水员远离支援,可能需用烟火信号以引起岸上人员的注意。遇到困难时,潜水员应游向潜水平台或岸边。如果潜水装具妨碍游泳,而且潜水员又需做长距离游泳时,为安全起见,可能不得不将潜水装具抛弃。

5 水面供气需供式潜水

　　水面供气需供式潜水简称水面需供式潜水,水面需供式潜水装具有两路供气系统:一路是由水面向潜水员提供气体,称为主供气系统;另一路是由潜水员自携的背负式应急供气系统向潜水员提供应急气体。如图5-1所示,其工作原理是:从水面潜水供气系统(详见第6章)输出的压缩空气,通过脐带接至潜水头盔或面罩上的单向阀(在组合阀上),然后经弯管流入需供式呼吸器(即二级减压器),气体压力降至与潜水深度环境压力一致,供潜水员吸用,并通过二级减压器的呼气单向阀将呼出气体排入水中。必要时,也可打开旁通阀让压缩空气沿导管进入头盔或面罩内,向潜水员提供连续流量气体,起到旁通应急供气、消除面窗雾气、清除头盔或面罩意外进水等作用。当水面供气系统发生故障时,打开应急阀(平时处于关阀状态),从背负应急气瓶输出的高压空气经一级减压器调节后降至比潜水深度环境压力高1 MPa,通过中压管接至头盔或面罩上的组合阀,沿弯管进入需供式呼吸器,同时也可打开旁通阀让气体连续流入头盔或面罩内,起到和水面供气系统一样的作用。因此,水面需供式潜水装具兼具自携式和通风式潜水装具的优点,具有安全可靠、供气调节灵敏、呼吸按需供给、佩戴轻便、通信清晰及水下活动灵活等特点,是目前比

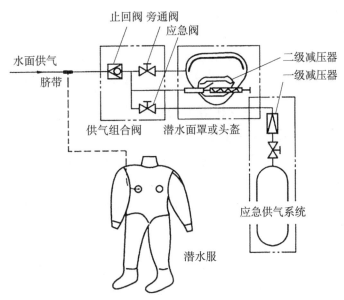

图5-1　水面供气需供式潜水装具供气原理图

较理想的潜水装具,广泛应用于各种潜水作业中。

本章将着重介绍进口 KMB 型面罩、国产 TZ - 300 型头盔、MZ - 300 型面罩式潜水装具的组成、结构、使用方法、维护保养及常见紧急情况处理办法。

5.1 水面需供式潜水装具的选择

水面需供式轻潜装具类型比较多,国外有 Superlite 系列潜水头盔、Miller400 系列潜水面罩、Comex Pro 系列潜水头盔和潜水面罩、Heliox 系列潜水面罩及 KMB 系列潜水面罩等;国内有 TZ - 300 型潜水头盔、MZ - 300 型潜水面罩及 HJ - 801 型潜水面罩等。本节将简要介绍潜水头盔和潜水面罩的选择及各类潜水头盔和面罩的特点。

5.1.1 潜水头盔和潜水面罩的选择

水面需供式潜水装具分为两大类:头盔式和面罩式,其主要区别集中在潜水头盔和潜水面罩上。前者为颈部可保持气密,使潜水员的头部完全不与水接触,并可保护头部,而后者仅为潜水员的面部可保持气密。大多数潜水头盔与潜水面罩,均有两种可交替使用的供气方式:按需供气和连续供气。潜水员通过按需供气调节器呼吸,同时为了使面窗有良好的清晰度,头盔或面罩内保持一股细而稳的气流。

在多数作业现场,这两种装具均可采用。选用头盔式还是面罩式潜水装具,一般取决于潜水作业任务的需要,如潜水深度、游泳量多少、水下作业的种类、水温、水域有无污染、头部是否需要保护或保持干燥等。佩戴头盔时,由于它具有硬质的玻璃外壳和头部保持干燥的优点,可保护潜水员的头部免受撞伤,可减少在污染水域中头部皮肤和耳朵受感染的危险,保暖效果好,头盔内的通信装置也得到较好的保护,因此在水下建筑物内、污染水域、水温较低或较深水等场合潜水作业时应选用头盔式潜水装具。而佩戴面罩时,由于其体积小而且轻便,可使潜水员便于游动,头部活动余地较大,因此作业时如需要大量游泳,如进行管道检查,那么应选用面罩式潜水装具。另外,由于潜水面罩佩戴迅速且无需别人帮助,因此适宜作为预备潜水员的装具,而潜水头盔则不宜作为应急装具。

5.1.2 几种常用潜水头盔和潜水面罩的主要特点

1) Comex Pro 型潜水面罩(见图 5 - 2)

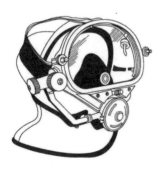

图 5 - 2　Comex Pro 面罩

该潜水面罩为中性浮力,有两种型号可供选择,根据面型特征分为欧洲标准型和美国标准型。

面窗通过两个铰链螺钉固定在面罩上,便于拆卸。因此,当焊接或切割时可以换上保护镜。面罩由双层复合玻璃制成,即使玻璃有裂纹,仍可保持水密。

呼吸气路分为两种,即主供气和应急供气。既可以通过按需供气调节器,也可以通过自由流量供气阀将气体供至面罩内。美国标准型面罩的应急供气阀为手控。在口鼻呼吸面罩和按需供气调节器上各装有一只排气阀。此外,还有一只装在面罩体的侧部。

通信装置包括：2 只水密耳机(受话器)，1 只水密话筒和一个橡胶模压的四脚水密插头(欧洲标准型为两脚插头)。

2) TZ-300 型潜水头盔和 MZ-300 型潜水面罩

TZ-300 型潜水头盔和 MZ-300 型潜水面罩是 20 世纪 80 年代初由上海救助打捞局研制生产的，并进行了 300 m 饱和潜水和大量的空气潜水实验。

TZ-300 型潜水头盔用玻璃钢制成，其外形、结构及使用方法与 Superlite-17B 型潜水头盔相似，MZ-300 型潜水面罩则与 Heliox-18B 潜水面罩相似。目前这两种装具广泛应用于国内各种潜水作业中。

3) HJ-801 型潜水面罩

该潜水面罩是由海军医学研究所和国营四八七厂于 1984 年研制的。面窗玻璃是双层复合制品，在双层玻璃中间采用高强度透明黏合剂压制一体，不易破碎，即使玻璃有裂纹，仍可保持水密。面窗通过连在面罩本体上的两个铰链螺钉固定在面罩上，便于拆卸，其使用方法与 Heliox-18B 潜水面罩相似。

5.2 KMB 型和 MZ-300 型潜水装具的组成与构造

KMB-28 型头盔式潜水装具和 MZ-300 型面罩式潜水装具主要由 4 部分组成：头盔或面罩、潜水服、脐带及背负式应急供气系统，如图 5-1、图 5-22 和图 5-27 所示。这两种潜水装具除了在潜水头盔与面罩的外观结构上有些不同之外，其组成、内部结构、性能及供气系统几乎完全相同，很多构件可通用。它们既可用于空气潜水，也可用于混合气潜水及饱和潜水。呼吸气路为开放式。此外，根据需要，它们可以分别与湿式潜水服、干式潜水服或热水潜水服配套使用。

这两种装具最大的潜水深度为 300 m，供气余压为 0.6~1.4 MPa(推荐使用为 0.9~1.1 MPa)，气体流量可达 500 L/min，头盔在空气中的质量为 12 kg。背负式应急系统的应急气瓶容积为 12 L，工作压力为 20 MPa。

5.2.1 KMB 型潜水面罩

潜水头盔相对于面罩最大的优点是潜水员头部可以保持干燥和得到良好的防护，在寒冷或者污染的水域有效地保护头部和耳朵的干燥。通过游泳池的潜水训练可以让潜水员习惯使用头盔。一般情况下，商业潜水员需花费数月时间学习如何正确地使用重装潜水装具，而彼夫·摩根(Bev Morgan)可以只用几星期的时间训练潜水员使用他们的轻型潜水装具。对于那些相对缺乏经验的潜水员，只用一个小时的训练，就可以学会使用穿戴面罩、穿着湿式或干式潜水服。目前，柯尔比摩根公司(KMCSI)的面罩使用要比头盔广泛。但是将来，随着潜水员的培训和潜水技术的提高，头盔的使用也会逐渐增多。

柯尔比摩根公司非常重视产品的质量，严格按照国际质量标准体系控制生产工艺。设计生产的潜水头盔系列、KMB-18 型和 KMB-28 型面罩系列、EXO BR 全面罩系列和超流自携式水中呼吸器(SuperFlow Scuba)调节器都满足了欧洲标准 EN 250 / 德国标准 E DIN

58 642 的要求,并且得到了欧洲理事会(CE)的认证,可以在所有的欧盟国家中使用。

柯尔比摩根公司的设计工程师把提供安全舒适的潜水头盔作为其设计工作的首要重点,不断地进行研究开发和创新,在这些产品中充满了设计者对水下头盔和面具革新的兴趣。KMB-28 型面罩与 KMB-18 型面罩几乎是相同的产品,如图 5-3 所示。KMB-18 型上的许多部件与 KMB-28 型都是可以互换的,两者之间的主要的区别是面罩框架本身的材料不同。KMB-18 型有一个手置的玻璃纤维框架(黄色),而 KMB-28 型框架是一种非常耐用的注塑塑料(黑色)。

KMB-18 面的框架由人工铺设玻璃纤维制成,头带由强拉抗氯丁橡胶模制成,头罩用焊制不锈钢夹箍固定在面罩框架上,为潜水员提供头部保暖以及耳机填充袋。通信系统的电缆可以通过公制排线水密连接器的堵头或裸线连接柱连接。

图 5-3　采用 SuperFlow 需求调节器的潜水面罩(KMB-18 型和 KMB-28 型)

经过充分测试和认证的 KMB-18 型和 KMB-28 型面罩可用于混合气体潜水和浅水空气潜水。SuperFlow 需求调节器可以提供低吸入阻力和高气体流量,让潜水员呼吸更轻松,水下工作更舒适。KMB-18 面罩标配大管 SuperFlow350 调节器。KMB-18 型和 KMB-28 型的侧块组件在配置中通过肩部接收脐带。它们都标配了三通阀排气系统,三通阀排气系统的呼吸阻力比旧的单阀排气系统小,与重新设计的头罩相结合,不仅可以防止头罩与面框之间的任何分离,而且还可以保障头带无法与头罩分离。KMB 型面罩所使用的头罩,如图 5-4 所示。

图 5-4　KMB 型头罩及头带

KMB 型潜水头盔有一个颈箍,且尺寸必须适合潜水员本人的颈部大小,KMB 型潜水面罩被设计成可调整的,以适合大多数潜水员。除了固定头带(五爪带)使其对潜水员的头部有适当的张力外,不必进行专门的潜水前调整。

头罩和面部密封由泡沫氯丁橡胶和开孔泡沫制作而成。开孔泡沫形成一个舒适的衬垫,将泡沫氯丁橡胶的密封面压在潜水员的脸上。这就是让水进不到潜水员脸部的原因。头罩有内置的口袋,口袋是向着面罩框架的内部开口。这些口袋用于放置耳机。它使得耳机的拆卸和维护变得非常容易。五爪头带或"蜘蛛带"是一个简单和实用的使面罩扣紧在潜水员脸部的方法。每个爪上开有多个孔,通过调整可以适合任何尺寸的头部。如果将头带后下部或颈部区域放在潜水员颈后尽可能低的位置,那将会更加舒服。如果头带下段位置太高,则会使面部密封将下巴向上推,潜水员面部会感觉不舒服。

通信连接可以是防水"插入式"或裸电线杆。KMB-28 框架的相对易生产性可以降低成本和更快地交付该面罩。其他区别包括:①KMB-28 的主排气体是框架本身的一部分,并使用 545-041 主排气盖;②在"KMB-28"上不需要舒适插入件;③KMB-18 和 KMB-28 的表面端口的尺寸略有不同。这两种型号的潜水面罩都采用了 SuperFlow350 的需求调节器,如图 5-5 所示。SuperFlow350 需求调节器广泛应用于多种型号的潜水头盔及面罩,潜水员可以根据潜水深度调节旋钮,从而保证水下呼吸轻松顺畅。455 平衡式呼吸调节器是一种采用不锈钢材料的平衡式设计的呼吸调节器,与非平衡式的 SuperFlow350 呼吸调节器相比,具有更杰出的整体呼吸性能。455 平衡式呼吸调节器兼具 SuperFlow350 的功能,但更经久耐用,易于拆卸,便于简单、快速地清洁和维修。

图 5-5 SuperFlow350 需求调节器及 455 平衡式呼吸调节器

5.2.2 TZ-300 型潜水头盔

TZ-300 型潜水头盔主要由头盔本体、压重、提手、头垫、颈部密封组件、密封圈、面窗、鼓鼻器、排气阀、二级减压器、口鼻罩、通信装置、手动按钮、气量调节器和组合阀(组合阀包括有止回阀、应急阀和旁通阀)等部件组成。TZ-300 型潜水头盔与 KMB-37 型潜水头盔的构造基本相同,如图 5-6 所示。

图 5-6 KMB-37 型潜水头盔

1）头盔本体

头盔本体采用玻璃钢材料制成,具有重量轻、坚固、防裂、耐冲击及不导电等特点。坚硬的头盔本体既是安装各零件的框架,又是一个头部保护罩,使潜水员头部免遭意外损伤。

2）组合阀

组合阀是为了确保潜水员安全潜水而设计制造的。在潜水前,每一个潜水员必须对该阀的功能了如指掌,并运用自如。组合阀装于头盔本体的右侧,它由止回阀、应急阀、旁通阀以及组合阀体组成。

（1）组合阀体。

组合阀体内装有止回阀、应急阀和旁通阀。它有两路进气通道:一路是水面主供气经止回阀进入组合阀体;另一路是背负式应急供气系统的气体经应急阀进入组合阀体。两路进气通道在该阀体内交汇。其输出通道也有两路:一路气体通过弯管组件进入二级减压器,另一路气体通过旁通阀进入头盔内。

（2）止回阀。

在组合阀上与水面主供气软管连接的空心供气接头内装有一个止回阀,当接上主供气软管供气时,可向头盔提供正常的呼吸气体。止回阀的作用是防止水面主供气中断时引起气体逆流,使潜水员免遭挤压伤,因此该阀性能如何对于安全潜水是极其重要的。止回阀的一端与组合阀体连接,另一端与水面主供气软管连接。

（3）应急阀。

应急阀用于一旦水面主供气系统发生功能性障碍或供气中断时,向潜水员提供背负式应急供气系统的气体。此阀通常处于关闭状态。背负式应急供气气瓶是由潜水员携带,气瓶上装有一级减压器,通过中压软管与应急阀连接。潜水时,打开气瓶阀,高压气体经一级减压器流入中压软管,此时应急阀处于关闭状态。当水面主供气发生故障造成供气中断时,潜水员可立即打开应急阀,由应急气瓶供气。此时,潜水员应停止工作上升出水。为了防止一级减压器失灵而使中压软管爆裂,在一级减压器上装有安全阀。

（4）旁通阀。

潜水员在下潜过程中,根据下潜深度的增加而适量地打开旁通阀,输出的气体使头盔内压力与外界平衡,以免脸部受压。旁通阀的输出流量可根据下潜速度来定。当面窗起雾影响观察时,潜水员也可打开旁通阀,气体通过稳流导气管的许多小孔喷射到面窗上迅速除雾,达到清洗的目的。此外,该阀还可作为供气系统另一气路的控制阀,一旦二级减压器的供气发生故障,即可打开该阀,给潜水员提供呼吸气体。头盔在正常情况下不会进水,出于某种原因而发生头盔内进水时,潜水员可处于直立状态,打开旁通阀,即可迅速排除头盔内的水。

3）二级减压器

二级减压器又称按需式调节器,当潜水员吸气时才向潜水员供气,呼出的气体通过底部的排气阀和具有消音功能的排气套排入水中。用手指按上盖中间的手动供气按钮可以提供足够的呼吸气体,也可排除二级减压器或口鼻罩内的积水。二级减压器的左侧装有微量调节阀,潜水员可以根据需要来调节供气量,当供气余压在 $0.6\sim1.4\,\mathrm{MPa}$ 范围时,通过调节使吸气最为舒畅。二级减压器是非常关键的部件,其性能的好坏对潜水安全影响甚大。该二级减压器具有供气流量大、呼吸阻力小等优点。

图5-7所示为潜水员不吸气的状态,此时由于二级减压器的调节弹簧力大于供气软管中气体的压力,从而使阀杆压紧阀座,从组合阀来的中压气体到导气管后还不能马上进入供气室。当潜水员吸气时,气室内气压降低,当气压低于水压时,弹性膜在水压的作用下向内凹陷,从而压迫杠杆,迫使阀杆离开阀座,这样中压气体便进入供气室,供潜水员吸用。当潜水员呼气时,供气室内压逐渐增高,达到内外压平衡,弹性膜恢复原状,杠杆对阀杆失去作用,阀杆在调节弹簧的作用下压紧阀座孔,从而截断气路,使供气室内压力暂处于稳定状态。潜水员正常呼吸时,二级减压器就重复上述动作,其工作原理与自携式潜水呼吸器的二级减压器基本相同。

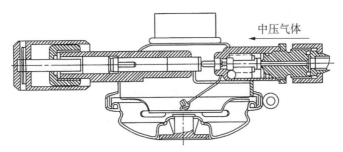

图5-7　二级减压器剖视图

4）口鼻罩

口鼻罩装在二级减压器的固定螺母上。其左右两侧分别装有话筒和进气阀。当打开旁通阀供气时,由旁通阀提供的气体经进气阀进入口鼻罩内。口鼻罩的作用是减小吸气阻力和二氧化碳积聚以及减少面窗起雾的机会。口鼻罩阀和膜片阀必须安装到位,安装时必须确保气流通过膜片阀的方向正确,只可进气不可出气,如图5-8所示。

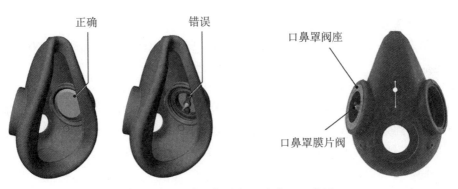

图5-8　口鼻罩阀必须正确装入口鼻罩

5）微量调节阀

微量调节阀安装在二级减压器左侧,它是用于在潜水环境压力变化时,对气体流量进行较精细调节的装置。调节时,可根据潜水环境压力的变化状况,顺时针或逆时针旋动调节阀(顺时针旋动是减少以至关闭气体流量,逆时针旋动是增加气体流量),以改变阀内两个弹簧对进气阀杆的作用力,达到调节和稳定进入二级减压器内的气体需求量,使潜水员呼吸舒畅。

6）排气阀

头盔本体上安装了两个排气阀:一个是主排气阀,另一个是副排气阀。主排气阀位于口鼻罩底部,是潜水员呼出气体排出的主要通道,出口处装有单向阀;罩体外装有须形橡胶排气套,用于潜水员呼出气体的消音及导流。副排气阀位于头盔本体的底部,用于排除头盔内气体和积水,其内面也装有一个单向阀。

7）鼓鼻器

鼓鼻器由手柄、鼻塞本体、填料压盖及 O 型圈等组成。潜水员在下潜的过程中,由于内耳腔同外界之间的压力不平衡会造成耳痛感觉,用鼓鼻器堵塞鼻孔鼓气即可平衡压力,消除痛感。

8）通信系统

头盔的通信设备由左、右耳机和话筒组成,以并联的方式连接在接线柱上,脐带中的通信电缆也连接在接线柱上,这样可以与水面保持通信联络。另外,也可以用四芯电话线水密插头和通信电缆中的水密插座相连接。

9）头垫

头垫由外罩和软垫构成。外罩采用高强度的尼龙布;软垫采用不会随气压升高而压缩的开孔泡沫塑料。头垫固定在头盔里,当戴头盔时,它能舒适地套在潜水员头上,对头部起着保护和保暖的作用。

10）颈部密封组件

颈部密封组件由不锈钢颈箍、橡胶颈圈和玻璃钢颈托等零件构成。由于颈圈具有良好的弹性,因此它的小端容易套在潜水员的颈部对颈部进行密封,颈圈的大端与颈箍连接,通过颈箍和颈托上的锁紧装置,颈部密封组件与头盔本体能快速连接或解脱。旋转螺母可以调节颈箍口的大小。

11）密封圈

密封圈安装在头盔本体下沿的槽中,其作用是使颈部密封组件与头盔本体之间连接后密封更加可靠。

12）面窗

面窗供潜水员观察使用。它由高强度面窗玻璃、O 型圈及压紧圈等组成。面窗玻璃与头盔本体之间采用 O 型圈密封。压紧圈上焊有一只供鼓鼻器滑动的导管。均匀旋紧压紧圈上的 15 只螺钉,使面窗玻璃固定在头盔本体上。螺钉用于安装辅助镜片。

13）压重

压重由后压重、左压重和右压重组成,用螺栓把 3 块压重分别固定于头盔本体的后面和左、右两侧,它们均用黄铜制成,使其本体的重量可以抵消头盔的浮力。使潜水员在水中,头部有良好的平衡作用。

14）提手

提手采用黄铜制造。它的一端固定在头盔本体上,另一端固定在面窗压紧圈上。它除供潜水员携带用外,还可以安装照明灯或其他装置。

5.2.3　MZ‑300型潜水面罩

MZ‑300型潜水面罩主要由头罩、头带、面罩本体、面部衬托、面窗、鼓鼻器、二级减压器、口鼻罩、手动按钮、排气阀、气量调节器、通信设备和组合阀等组成,如图5‑9所示。MZ‑300型潜水面罩与KMB‑28型潜水面罩的构造基本相同。

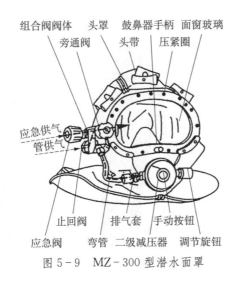

组合阀阀体　头罩　鼓鼻器手柄　面窗玻璃
旁通阀　头带　压紧圈
应急供气
管供气
止回阀　排气套　手动按钮
应急阀　弯管　二级减压器　调节旋钮

图5‑9　MZ‑300型潜水面罩

1）头罩

头罩采用泡沫橡胶制成,不管潜水员脸型如何,头罩内柔软的面部密封垫很容易与其面部贴合,头罩内两侧设有小袋,供存放耳机,头罩顶部打有小孔,使头罩中的气体通过小孔泄放出去。

2）头带

头带又称五爪带。分别有五根支带,每根支带开有五个小孔供调节松紧使用。它的作用是使面罩固定在潜水员的头上,佩戴时应适当调整松紧程度,否则会引起不舒服的感觉。

3）面罩本体与面部衬托

面罩本体与面部衬托均采用玻璃钢材料制成,坚硬的面罩本体是安装各零部件的框架。面部衬托置于头罩的面部密封垫下面,作为面部密封垫的托架。面部衬托与面罩本体用两个螺钉固定。

4）上、下卡箍

采用不锈钢材料制成的上、下卡箍和螺钉能把头罩固定在面罩本体上,上、下卡箍焊有五个柱头供头带收紧面罩用。

其他部件,如面窗、鼓鼻器、组合阀、二级减压器、微量调节阀、口鼻罩、排气阀、通信装置等均与TZ‑300型完全一样。

5.2.4　潜水服

潜水员进行潜水时,由于冷水的影响及在水下停留时间较长,会遭遇到水中热量散失、水中化学污染、海洋生物伤害及水下障碍物等引起的危险,需要采取某种形式的防护,潜水服就是最好的防护品。

　　潜水服种类分为湿式潜水服、干式潜水服和热水潜水服。此外,还配有潜水帽、潜水袜、潜水手套、潜水靴或潜水鞋及脚蹼等防护用品,潜水员可以根据水下条件和水下作业时间等具体情况来选择使用。下面主要介绍热水潜水服和干式潜水服。

图 5-10　不同品牌的干式潜水服

1）热水潜水服

　　热水潜水服简称热水服,热水潜水服(见图 5-11)与标准的湿式潜水服相似,但是按

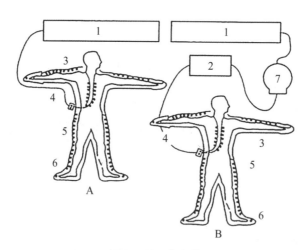

图 5-11　热水服

A. 浅海水加热系统　B. 深海水加热系统
1. 热水加热器　2. 气体加热器　3. 手套　4. 热水软管　5. 水加热服　6. 靴子
7. 潜水钟

照设计它可以接受外接热源提供的热水,因此可以保持体温。这种潜水服由 3 mm 或 6 mm 厚的双面尼龙氯丁橡胶制成,为一件式结构,在前面有一个入口拉链。潜水服外装有导管系统,可使热水通过潜水服内的小孔均匀地分配至潜水服内。控制阀安装在腰侧,使潜水员能够控制热水流量,从而达到控制潜水服内的温度。须注意,供给潜水员的热水不得中断,因为这种潜水服不如标准湿式潜水服那样紧身,因此如果热水供应中断,保暖的热水层会迅速散失,会使潜水员立即受冷。在极冷的条件下,穿上 3 mm 厚的潜水背心有助于保持体温。

热水水源可安放在水面,用泵直接将热水输送给潜水员,为了保持体温,应不间断地以 5.6~7.5 L/min 的流量向潜水员输送热水。当环境温度为 10℃ 时,需用 34~36℃ 的热水;当环境温度为 2℃ 时,需用 38~40℃ 的热水。

2) 变容式干式潜水服

变容式干式潜水服(见图 5-12)为一件干式潜水服,干式潜水服是可以将人体与水完全隔绝,并能极其有效地为潜水员保暖的潜水服。它是由闭孔泡沫氯丁橡胶制成的,可在极冷的水中长时间有效地保持体温。这种潜水服很轻,不需要水面支援,适用于在边远地区作业。它既简便又可靠,因而大大减少了保养与维修要求。

图 5-12 变容式干式潜水服

这种潜水服本身由 3 mm 或 6 mm 厚的闭孔泡沫氯丁橡胶制成,其里衬和表面均有尼龙层。按设计,该潜水服可套在保暖衬衣的外面,为一件式结构。潜水员可通过一个压密水密拉链进入潜水服内。头帽和靴子与潜水服连在一起,但是手套则分开。为防止潜水服裂开,所有接缝均缝合。由于膝部是活动最多的部位,因此可在潜水服的膝部牢牢地贴上膝垫,以减少漏水的可能。

这种潜水服通过一个进气阀充气,该阀与潜水员的空气气源相连,安装在供气调节器的低压接头上,潜水服内的空气可经排气阀排出,排气阀安装在与进气阀相对应的胸部一侧。通过操纵这两个阀,负重合理的潜水员可在任何深度控制浮力。

这种干式潜水服可提供良好的热防护,而且还可起防风外衣的作用;因此,与穿着其他潜水服相比,穿着该潜水服的潜水员在水面时要舒服得多。

在寒冷的天气中潜水时,应特别注意防止潜水服的进气阀和排气阀结冰。向潜水服充气时,如何使气体持续地充入而不分几次,以很短的时间快速充入会导致进气阀在开启位结冰。如果进气阀在开启位结冰,潜水员就会面临潜水服过度充胀和失去浮力控制的危险。

如果潜水服过度充胀,超过了排气阀的排气能力,潜水员可将一臂举起,使过多的气体经潜水服腕部封口泄入手套。应将手握成空心拳,另一只手抓住手套的掌部,这样才能使潜水服内的空气经手套腕封口泄出,而不必脱下手套。

使用这种潜水服之前,要求潜水员熟悉它的特点,了解它的局限性,包括下述内容:

(1) 由于这种潜水服体积庞大,因此水平游泳会引起疲劳。

（2）如果潜水员处于水平状态或头朝下,空气会进入脚部,引起过度充胀,致使脚蹼或潜水鞋脱落并失去浮力控制。

（3）进气阀和排气阀可能失灵。

（4）接缝、拉链裂开或潜水服穿孔会使潜水服突然急剧地失去浮力,同时使潜水员进一步受到寒冷的威胁。

计划使用这种潜水服的潜水员,应充分熟悉制造厂商的使用说明书,并预先进行适应性潜水训练。

5.2.5　脐带

水面需供式潜水装具的脐带包括供气软管、测深管、通信导线和加强缆,如图 5-13 所示。此外,根据潜水要求,还可以包括热水管。目前,最新的脐带还配有 GPS 定位装置。供气软管、测深管和热水管由耐油橡胶内层、二层纤维编织增强层和耐磨耐酸碱耐老化的橡胶外层构成。脐带长度有 30 m 和 60 m 两种规格,当所需长度超过 60 m 时,可用两根连接。它每隔 0.2～0.4 m 左右用胶布或胶带绑扎。脐带的组件均装配在不间断的脐带管中或用帆布包扎起来。

图 5-13　脐带

1）供气软管

供气软管的水面端连接水面供气控制台,水下端连接头盔或面罩的主供气接头。软管的内径为 10 mm,外径为 20 mm,工作压力为 4.4 MPa,最小弯曲半径为 120 mm,工作温度为－20～90℃。加压时因其内径增加,软管的长度可能减少,从而使脐带的其他构件打折。为防止此类问题,购买软管前应确定其缩短的百分率。

为便于记录保存,所有空气供气软管均应标上序号。最好采用在使用时不易损坏、不易脱落的金属标签带。每条软管均应保存购买、测试和使用的记录。

2）通信电缆

通信电缆必须经久耐用，不会因脐带受力而断开；其外部的套管应防水、防油和抗磨。在浅水潜水时，宜使用装有氯丁橡胶外套管的多芯屏蔽线，常用电缆是4芯线。在一般情况下，仅使用其中的两根导线。如果在使用时其中一根导线断开，可用其余导线来进行快速的现场维修。水下端和水面端应多出0.2～0.3 m，以便安装接头、进行维修和连接通信器材。

电缆装有与头盔或面罩电缆相匹配的接头，通常使用4芯线防水插座式快插接头。当彼此连接时，4个电插脚牢牢固定，并能形成水密，使电缆与周围海水隔绝。这些接头应模压在通信电缆上，以便牢牢固定和防水。装配工作应由专业人员进行。在现场安装时，在橡胶绝缘带上再包上一层塑料绝缘带是很有效的，但不如特殊模压法的效果好。电缆的水面端应装有与通信装置匹配的接头，通常为标准式线头接栓型插头。有些潜水员也在水下端采用简单的线头接栓或接线柱与面罩或头盔接通。电缆两端备有焊料，待两端插入接线柱后即可固定。这种方法与上述专用接头相比，使用效果虽较差，但比较经济，因而也普遍使用。

在潜水作业中，目前普遍使用双导线"按压—通话"通信装置。

3）测深管

空气测深软管是一个小型的软管。其开口的一端位于潜水员胸部位置，与水接触，另一端与水面供气控制台的气源和测深表相连，并由测深阀控制。测深表是一个精确的压力表，用以确定潜水员的所在深度，其刻度用MPa表示。只要测深表不被滥用，并能定期校正，它就能准确可靠地测出潜水员的深度。测深管的内径为6 mm，外径为13.5 mm，工作压力为4.4 MPa，最小弯曲半径为7.5 mm，工作温度为−20℃～90℃。测深管有两个作用：一是测深。当需要测水深

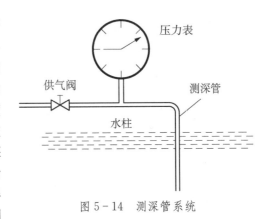

图5-14　测深管系统

时，打开测深阀，此时气压应大于水压。让气体把测深管内的水压出管外去，然后关闭测深阀，当压力表上的指针逐渐回落直至停止不动后，此时，压力表上的读数就是实际的深度，如图5-14所示。二是应急供气，当潜水员的供气软管中断供气（如爆裂等）而又不能立即上升出水时，潜水员可用测深管插到头盔或面罩内，由测深管供气，供气的余压在0.2～0.3 MPa范围内较舒畅。

4）加强缆

加强缆通常采用直径为12 mm聚丙烯缆索，其作用是作为支承供气软管、测深管、热水管及通信电缆的依附物，水下端用潜水快速锁紧扣固定于潜水背带上。

5）热水软管

脐带热水软管的水面端连接加热装置，水下端连接热水服接口处的接头，用于向潜水员提供热水保护。其规格：内径为13 mm，外径为24 mm，工作压力为4.5 MPa，最小弯

曲半径为 16 mm,工作温度为－20℃～＋90℃。

热水软管的绝热层可减少向周围水中散热,软管装有能快速解脱的凹形接头,以便与安装在潜水服上的供水歧管相匹配。为了方便起见,热水软管与潜水员的供气与通信软管并在一起。

6) 脐带组件的装配

脐带的各个组件应该用压力敏感带裹牢。裹带通常用 40～60 mm 宽的聚乙烯层压布带或粘布带。装配之前,应将各个部件展开,彼此靠近,检查有无破损或异常。所有配件和接头应预先安装好。装配脐带组件应遵循下述规定:

(1) 加强缆的终端能钩住位于潜水员左手一侧的安全背带上的半圆环。这样,从水面将脐带拉紧时,拉力会作用于安全带,而不会作用于头盔、面罩或接头。

(2) 如果在头盔和脐带主供气软管之间采用一条轻的,比较柔软的鞭状管(很短的一段软管),也应相应地调整通信电缆和供气软管长度。

(3) 潜水员安全背带连接点和面罩或头盔之间的软管和电缆应保持足够的长度,使头部和身体活动既不受限制,又不会对软管接头造成过大的拉力;但是,留出的软管长度不宜过长,不得在安全背带接头和面罩之间形成大环。

(4) 加强缆和其余组件水下一端还应装有 D 型圈或弹簧扣,以便系到安全背带上。其位于水面的一端也应固定到一个大的 D 型圈上,这样才可以将脐带的水面端固定在潜水站。

7) 脐带的盘绕和贮存

将脐带软管装配完毕后,应将软管和通信接头保护起来,再进行贮放和运输。软管两端应盖上塑料保护罩或者用带子裹住,以防止异物进入和保护螺纹接头。脐带软管可以以 8 字形缠绕到卷筒上,也可以一圈压一圈地盘绕在甲板上。如果盘绕不正确,均朝着一个方向,会引起扭绞,进而给使用带来困难。每次潜水结束后,应检查脐带,以确保不会发生扭绞。盘绕好的脐带应该用绳索系牢,以防搬运时散开。为防止脐带在运输过程中损坏,可将脐带放入一个大的帆布袋中或者用防水油布包起来。

5.2.6　背负式应急供气系统

图 5-15　应急气瓶

背负式应急供气系统主要由潜水员自携的气瓶、一级减压器及一根中压软管等组成。

1) 自携式应急气瓶

自携式应急气瓶由钢瓶、气瓶阀、气瓶背架等构成,如图 5-15 所示。配套的标准气瓶容积为(12±0.5)L,工作压力为 19.6 MPa。如果在潜水钟内进行出潜时,潜水员为了出入较方便,也可另外选配 7 L 或 5 L 的小气瓶。水面需供式潜水装具的应急气瓶瓶阀一般不选用带信号阀的。

该系统应随时处于工作的临界状态。潜水员着装时,将减压器及中压软管分别连接应急气瓶和头盔或面罩的应急阀接头。并将气瓶阀打开。该系统即始终以高于潜水深度的静水压0.88～1.08 MPa的余压供给潜水员备用应急气体。

在绝大多数情况下,应急阀处于关闭状态。只有当水面主供气系统发生故障时,才打开应急阀,此时气体即被引入组合阀内,起到与主供气系统同样的作用。在任何情况下,潜水员一旦启用应急供气系统进行呼吸时,都必须立即停止水下工作,上升出水。

2）一级减压器及中压软管

一级减压器采用活塞式结构,如图5-16所示,具有动作可靠、工作稳定、外形美观、易于维修和保养等优点,其输出不受气源压力的影响。当气瓶输入压力为3～19.6 MPa时,输出的工作压力调节为(1.0±0.1)MPa,实际潜水时减压器输出压力随水深增加而自动跟踪。减压器输出口有4个接头孔,分别安装中压软管、安全阀和干式保暖服充气接头(或备用),另一个为高压输出(HP)。中压软管的工作压力为1.5 MPa,其作用是把应急气瓶的气体通过调节后引入组合阀体。

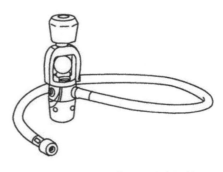

图5-16　一级减压器及中压管

一级减压器工作原理和自携式潜水装具的一级减压器相似。

5.2.7　通信设备

通信设备是潜水员在潜水作业中所用通信工具的总称。该设备用于保障水面潜水指挥人员与潜水员、潜水员与潜水员或其他从事潜水活动的人员之间的通信,包括信号绳、有线电话、便携式水声通信机和水下无线电话。信号绳是一种最简单的传统通信工具,将麻绳或尼龙绳一端拴于潜水员的腰上,另一端握于水面人员手中,以牵动绳的次数表示不同的信号,使用简单、可靠,当潜水员使用口衔式呼吸器时,这是唯一可选用的通信工具,还兼有抢救失事潜水员的功能,赋予潜水员以安全感。有线电话是将话机安装在潜水服的头盔或潜水钟内,通过电缆,使潜水员与水面人员之间方便可靠地通话。图5-17为Amcom Ⅰ型单潜水员电话和Ⅱ型双潜水员电话。

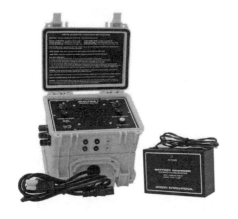
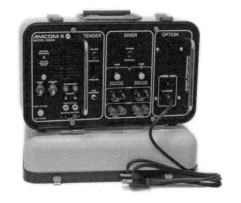

图5-17　Amcon Ⅰ型单潜水员电话和Ⅱ型双潜水员电话

潜水员水下通信设备因其使用环境特殊,在制造技术和工艺上要求较高,如耐压、水密、耐腐蚀、易操作;当下潜深度较大时,潜水员声带发音会产生失真现象,在这种条件下,要求设备具有保持语音可懂的功能。潜水员水下通信设备的发展方向是无线化,增大下潜深度和通信距离,提高音质和可靠性,用于军事活动的设备还要求通信隐蔽、保密。

氦语音矫正器如图 5-18 所示,用于潜水员通信、饱和潜水控制通信和高压逃生舱通信,以及潜水钟通信。潜水员在呼吸含氦混合气时会发出异常语音。其特征为语音的基频和共振频率升高、音品改变、呈鼻音,可懂度降低。

潜水控制面板如图 5-19 所示,是指连接呼吸气源与潜水员之间的、用于控制潜水作业的操作面板,包括供气阀、排气阀、测深表、气源压力表、通信装置等。气体控制系统是专门为水面供气控制设计的。其特点是重量轻,可移动,可以测量潜水员潜水深度,并且可以实现两线的呼叫通话或者四线的及时通话。气体的供应可以从低压压缩机或者高压气瓶获得。一级调节器控制压力,通过脐带输送给潜水员。高压气瓶和低压空气压缩机均有适合的标准连接口。潜水员可以通过双重读表,美国标准和公制标准,确认数值,并且可以自由切换供气来源,而不会影响潜水员。通信系统可以提供高质量的信号,实现多方通话。外箱采用高强度塑料,使用寿命很长。箱子关闭时,采用 O 型圈密封,可以很好防止潮气。

图 5-18　Amcom 数字型氦语音通话器

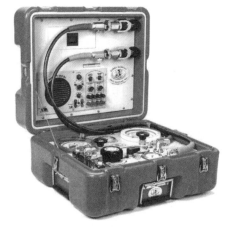

图 5-19　潜水控制面板

5.2.8　附属器材

水面需供式潜水装具的附属器材有潜水背带、脚蹼、压铅、气瓶测压表、潜水对讲电话、潜水刀、潜水手表、深度表、指北针、入水绳、行动绳、减压架、潜水钟、潜水梯、工具袋、水下电筒及水下灯等,使用时可以根据需要选择符合要求的器材。除潜水安全背带外,其他附属器材均已在有关章节中做了介绍。

潜水安全背带用高强度尼龙纤维编织,并镶有三只不锈钢半圆环,潜水员穿戴时,在腰部左、右两侧各有一只半圆环,供潜水员固定脐带或工具。背部上方的圆环是供在紧急情况下提升潜水员使用的,如图5-20所示。

图5-20 潜水背带

5.3 潜水前的准备工作

5.3.1 人员组织与分工

由于水面需供式潜水装具机动灵活,携带轻便,可减少对水面支援的要求,因此其人员配备可比通风式潜水略为减少。水面供气需供式空气潜水作业基本人员配备如表5-1所示。

潜水监督应向全体潜水人员特别是作业潜水员讲述潜水任务、作业步骤、安全应急措施及人员配备等事宜,使所有人员了解潜水计划中的各项工作。

表5-1 水面供气需供式空气潜水人员配备表

	最少人数	
	不需要减压的水面供气需供式空气潜水	计划减压的水面供气需供式空气潜水
潜水员	1	1
潜水监督	1	1
预备潜水员	0	1
照料员(潜水员)	1	2
潜水小队人数	3	5

5.3.2 装备检查

潜水站的组织安排应有条不紊,所有潜水装具和保障设备应按规定摆放在指定位置。甲板上不得随意堆放装具,尤其是那些易遭损坏、易被踢落水中或者可能伤人的物件。应确定并遵守装具的放置标准,这样潜水队的所有人员都知道各类装具的存放位置。

每次潜水之前,必须仔细检查所有的装具是否有变质、破损或腐蚀的迹象,并进行所需的性能试验。装具的检查包括个人装具和应急装具。为了防止漏掉任何一个项目,应采用一个周密的检查表。该表包括潜水站必须具备的所有物品和器材,包括潜水服、附件、工具、急救物品、减压表、缆绳、锁扣、软管和缆绳的备件及接头,以及在安排潜水中通常需要的或可能需要的任何器材。

1)TZ‐300 型头盔和 MZ‐300 型面罩的检查

(1)目视检查。

a. 所有的连接必须可靠。

b. 所有的橡胶、塑料零件不应出现老化或裂缝。

c. 鼓鼻器来回活动要灵活。

d. 整套头盔或面罩不缺少任何零部件,损坏的零部件必须予以修理或更换。

(2)TZ‐300 型头盔与其颈部密封组件连接时,颈部密封组件上的锁紧装置能快速地锁紧或解脱。检查 MZ‐300 型面罩密封性时,先关闭旁通阀和应急阀,然后潜水员面部贴紧面罩中的面部密封垫进行吸气,如感到憋气,说明面罩密封性能良好。

(3)二级减压器检查。

将供气软管与止回阀连接,其供气压力调至 $0.9\sim1.1$ MPa 之间,气量调节装置调节到自供而未供状态,按手动供气按钮,其空行程应在 $0.5\sim2$ mm 之间,当按到底时应大量供气。

(4)组合阀检查。

a. 一级减压器的中压软管与应急阀连接,关闭旁通阀,打开应急阀,由应急气瓶供气,检查止回阀和旁通阀是否漏气。

b. 关闭应急阀和应急气瓶阀,卸下中压软管后,将脐带中的供气软管与止回阀连接。并将供气压力调至 1.4 MPa,检查应急阀应不漏气,然后打开旁通阀应大量供气。

2)潜水服的检查

(1)湿式潜水服。

湿式潜水服不应有损坏或橡胶变质老化等现象。拉链来回滑动要灵活。

(2)干式潜水服。

干式潜水服不应有损裂或橡胶变质老化等现象;水密拉链来回滑动要灵活。穿上干式潜水服,向服内充气,观察 $5\sim10$ min,检查其气密性,以及手动供气阀和手动排气阀要灵活。

(3)热水潜水服。

热水潜水服不应有损裂或橡胶变质老化等现象,热水管接头应没有锈蚀、撞损、漏水等现象。

3)脐带

脐带的检查:把脐带的水下供气接头与头盔或面罩上的止回阀接头连接,关闭旁通阀;脐带的水面端接头与水面供气控制台的气体输出接头连接,然后向脐带充气,待压力平衡时关闭进气阀门,观察 30～60 min 或更长时间,并用肥皂水检查脐带和供气控制台上的接头、阀门是否漏气,也可观察控制板上压力表的读数,是否有明显下降的现象。检查加强绳是否有老化、损坏等现象。热水管和测深管接头应良好,无老化、堵塞、破损漏气等现象。

4）背负式应急供气系统的检查

（1）应急气瓶的检查。

应急气瓶压力足够,气瓶阀开、关灵活。

（2）一级减压器的检查。

如果长时间放置库房未用,须进行如下检查:

a. 目视检查,一级减压器外部是否生锈,各部件是否齐全。

b. 将一级减压器上的安全阀取下,并在螺孔上装上一个 0～2.5 MPa 范围的压力表,检查其输出压力是否符合要求。操作方法与自携式潜水装具的一级减压器相同。

（3）潜水安全背带。

安全背带的尼龙带不应有损伤现象,半圆环不应有严重锈蚀现象。

5）检查通信系统

将脐带通信电缆的水下端与头盔或面罩上的受话器连接,水面端与潜水对讲机连接。并用对答数字(如 1, 2, 3, …)的方式来测试对讲,检查通信情况。

6）全面检查潜水作业所需的附属器材和作业工具是否齐备完好,检查入水绳、减压架、减压架缆绳和连接装置,保证各减压停留站已严格标出。

7）检查潜水供气系统是否满足现场要求,并确保处于良好的工作状态。

5.4　水面需供式潜水程序

与其他潜水一样,水面需供式潜水应按照潜水基本程序,在潜水前制订潜水计划,做好各项准备工作和应急部署。潜水实施时,应遵循下列水面需供式潜水程序。

5.4.1　着装

着装程序视所用的潜水服和头盔或面罩的类型而定,由潜水服生产单位提供具体着装说明书。

开始着装前,应开动供气系统,头盔或面罩应完全处于备用状态。水面需供式潜水装具的一般着装程序如下:

1）TZ-300 型潜水装具的着装

（1）穿潜水服、佩戴潜水刀、潜水手表等。

（2）系好安全背带。

（3）颈托从颈后插入颈部,如图 5-21 所示。

（4）两手拉开颈圈,使头伸入颈圈中,然后整理颈圈,使之舒适地裹紧颈部,如图 5-22 和图 5-23 所示。

（5）佩戴适量压铅，并整理好快速解脱扣。

（6）背上气瓶并系结牢固。

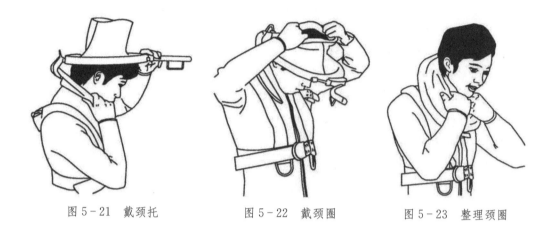

图5-21　戴颈托　　　　　　图5-22　戴颈圈　　　　　　图5-23　整理颈圈

（7）脐带扣固定在安全背带上左边半圆环里，使头盔不受脐带的牵制。测深管盘成小圆圈后插放在安全带上的胸部位置。此时一名照料员或潜水员自己提着头盔，如图5-24。

（8）把一级减压器装在气瓶阀上并打开气瓶阀，关闭应急阀，然后戴上头盔，如图5-25所示。

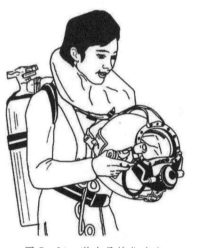

图5-24　潜水员捧住头盔

图5-25　戴头盔

（9）带附属品并穿上脚蹼。

（10）调节手动供气旋钮至接近自供气状态。

（11）把头盔后的挂桩伸进挂攀中。

（12）推上锁紧装置，并确认连接紧密，不松脱，如图5-26所示。

（13）检查通信系统。

（14）咨询有关事宜，确认呼吸良好后，即着装完毕（见图5-27），可请示潜水监督要求准备入水。

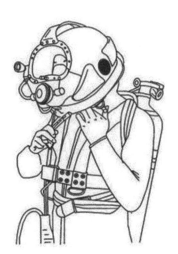

图5-26　推上锁紧装置　　　　　　　图5-27　着装完毕

2）MZ-300型潜水装具的着装

（1）穿潜水服、系安全背带。

（2）测量气瓶压力（总储气量能满足返回），背上气瓶并系结牢固。

（3）佩戴适量压铅，并用快速解脱扣系结好。

（4）脐带扣固定在安全背带上左边半圆环里，使面罩不受脐带的牵制。测深管盘成小圆圈后插放在安全背带上的胸部位置，如图5-28所示。此时，可由一名照料员或潜水员自己托住面罩，如图5-29所示。

图5-28　潜水员捧住面罩　　　　　图5-29　戴上面罩并拉上拉链

（5）将一级减压器装于气瓶阀上，并打开气瓶阀，关闭应急阀，然后戴上面罩并拉上拉链，如图5-30所示。

（6）带附属品并穿好脚蹼。

（7）固定头带至潜水员最舒适，如图5-30所示，头带佩戴的方法是先将右下一根预固定，再把左下一根固定，然后再扣中间一根，最后固定余下两根支带，以口鼻罩能与面部密封为度。

（8）调节供气旋钮至接近自动供气状态，如图5-31所示。

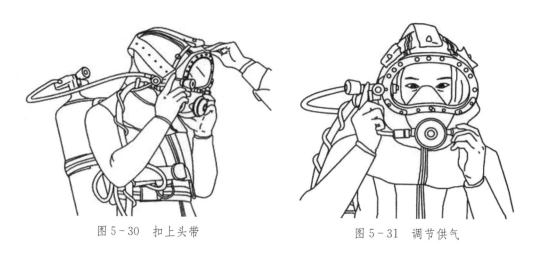

图5-30　扣上头带　　　　　　　　　　　　图5-31　调节供气

（9）检查通信，询问有关事宜，确认呼吸良好后，即着装完毕（见图5-32），可请示潜水监督要求准备入水。

图5-32　着装完毕

3）注意事项

（1）压铅带佩戴在所有装具最外面，并用快速解脱扣系结。

（2）询问确认气瓶阀已打开，应急阀已关闭。

（3）装具穿戴要求至少有两名合格潜水员做照料员，来协助潜水员的整个着装。

（4）脐带扣固定在安全背带半圆环时，应托好头盔（或面罩），避免中压软管受过大的扭力。

（5）头盔或面罩应最后才戴上。

（6）所有穿戴细节，都应以满足潜水员的最舒适感觉为准则（如头带的固定）。

5.4.2　潜水监督做最后检查工作

在入水之前，潜水监督应对完全着装好的潜水员做如下项目的最后检查：

（1）检查潜水现场是否可以开始潜水作业。

（2）检查潜水员是否正确着装。

（3）检查气量调节装置的调节是否适当。

（4）试验对讲系统。

（5）检查潜水员所有必需的辅助器材和工具是否佩戴齐全。

（6）核实压铅带已系在其他所有系带和装具的外面，气瓶的底缘不会压住它。

（7）检查潜水刀的位置，确保不管抛弃什么装具，潜水员都可以将它带在身上。

（8）确保应急气瓶阀已完全打开，并倒旋 1/4～1/2 圈，应急阀关闭。

5.4.3　入水和下潜

开展潜水时，待潜水员着装、检查装具和最后下达简令等工作程序全部完毕后，潜水监督应通知现场最高负责人"潜水员准备入水"。经现场最高负责人允许后，潜水作业方可开始。入水方法应视所用的潜水平台而定，顺潜水梯入水时，潜水员需由信绳员帮忙。动作要缓慢，要小心。接近水面时尤其应如此，谨防潜水员被波浪推离潜水梯。如果用减压架入水，潜水员应站在减压架平台或座位的中央，并紧紧抓住减压架绳索。潜水监督一发信号，绞车操作员和缆绳管理员应绷紧减压架绳索，然后按照发出的相应信号，用减压架吊索和稳定索起吊、引导并把减压架放入水中。如果采取跳跃入水，他必须按住面罩，此时信绳员一定要充分放松潜水员的脐带。入水方法与自携式潜水相同，可参考第 4 章自携式潜水的入水方法。入水后要做好最后一次水面检查。当潜水员确信自己已完全做好开始潜水的准备时，应向潜水监督报告。此时，信绳员将潜水员拉至入水绳旁。

潜水员接到"下潜"口令以后方可下潜，下潜速度不宜过快；一般不得超过 15 m/min。到达水底后应及时发出信号，水面供气减压阀应根据下潜速度随时调节供气压力，保证供气余压为 1 MPa 左右，下潜过程中如遇下列情况要冷静处理。

（1）下潜过程中面罩上如出现雾气时，可打开旁通阀吹除面罩雾气，同时平衡面罩内外压力。

（2）当感到耳痛等症状时，必须停止下潜或稍稍上升，用塞鼻装置堵塞鼻孔，鼓气调压消除耳痛。

（3）着干式潜水服下潜时应分别在 15 m、30 m、45 m 左右按动一下潜水服上的供气按钮，使内外压力保持平衡。

（4）按动二级减压器的手动按钮，可排除口鼻罩内的积水。

（5）如果水面主供系统发生故障，潜水员应打开应急供气阀，由背负式应急系统供气。此时潜水员应立即返回水面。

（6）一旦二级减压器发生故障，可打开旁通阀，由第二供气系统向头盔或面罩内做通风式供气。

（7）到达工作深度时，应将自己的水下状况向水面报告。

5.4.4 水底停留

（1）到达作业点后，潜水员应调节供气流量至呼吸最顺畅状态，检查自己的身体状况。当站立休息时，应感到舒适且呼吸正常。如果感到呼吸急促、呼吸困难或浅促、不正常地出汗或感到太热、眩晕、视物模糊，或者头盔（面罩）的面窗上出现雾气，都可调大手动供气旋钮让供气量增大，或打开旁通阀，短暂通风、休息，确认感觉良好后再进入下一阶段的工作。

（2）接着，潜水员必须根据一些线索，如脐带的引导、电话联系、海底的自然特征、海流的方向或太阳的位置，来确定自己在水底作业点的方向。

（3）将脐带在臂上缠绕一圈，当缆绳突然放松或拉紧时，可起缓冲作用；缓慢而谨慎地行进，注意安全，保存体力。

（4）如果遇到障碍物，应保证既能从原路返回，又能尽量避免脐带被绞缠。

（5）如果在布满礁石或珊瑚的海底游动，应注意不使脐带绞缠在露头岩石上，防止陷入裂缝之中。注意那些可能划破脐带、潜水服或潜水员手脚的锐利凸出物。此时，信绳员必须特别仔细地适当收紧脐带，降低绞缠的可能。

（6）进入任何狭窄的场所时，可先用脚进去试探一下，不要用力挤入刚好能进入的进出口。

总之，应依据水下具体情况做出具体的应对措施，在保证潜水员安全的前提下潜水作业。凡遇有异常、危及潜水员安全的情况，应随时能中断该次潜水，报告水面，并能顺利、安全返回水面。

至于具体的有关潜水作业方面的内容，不同的环境有不同的实施方法和不同的作业技巧，这里不做介绍。

5.4.5 上升出水

（1）完成了该次潜水作业，或到了规定的上升时刻，或者接到水面的上升通知，应着手准备上升出水。

（2）潜水员正常上升之前（非紧急情况下的上升），首先应整理自己水下所用工具、器材，清理好脐带并拉至身旁，然后报告水面"离底"。

（3）水面电话员听到潜水员"离底"报告后，准确记录好离底时间，信绳员缓慢回收脐带，回收不要太紧也不要太松，按潜水员上升速度，可适当用力缓慢地向上拉紧脐带帮助潜水员上升，以减轻潜水员打脚蹼所消耗的体力。

（4）上升过程中，潜水员应平稳、自然地呼吸；不要屏气，以免肺气压伤。

（5）上升速度不宜过快，一般在 18 m/min 之内为宜（如采用吸氧水面减压表，速度为 7.5 m/min）。

（6）按深度和时间来考虑是否需减压。如需水下减压，应通知潜水员，并严格按照减压表的规定进行。严禁快速上升出水（紧急上升除外，此时应考虑进加压舱，进行水面减压、治疗）。

（7）沿入水绳上升时，应注意避免上升时脐带与入水绳绞缠。当采用减压架、潜水吊笼或潜水钟上升时，应注意脐带发生绞缠。

（8）潜水员到达水面后，电话员或信绳员记录潜水员的出水时间。

5.4.6　潜水后的操作

1）卸装

（1）TZ－300 型潜水装具的卸装程序。

a. 脱下脚蹼、上平台（特殊情况除外）。

b. 打开颈部密封组件的锁紧装置，取下头盔，由一名信号员或潜水员自己用手提住，首先满足潜水员呼吸自然空气的欲望。

c. 关闭气瓶阀，卸下一级减压器。

d. 打开安全背带上的脐带扣，解下安全背带上的测深管。

e. 卸下压铅。

f. 卸脱应急气瓶。

g. 解脱所有附属品，脱下安全背带、潜水服。

h. 旋松手动供气调节旋钮。

（2）MZ－300 型潜水装具的卸装程序。

a. 脱下脚蹼上平台（具体情况可具体处理）。

b. 解脱五爪带并拉开头罩上的拉链，取下面罩，由一名信绳员或潜水员自己托住，首先满足潜水员呼吸自然空气的欲望。

c. 关闭气瓶阀，卸下一级减压器。

d. 打开安全背带上的脐带扣，解下测深管。

e. 卸脱压铅、气瓶、所有附属品。

f. 解下安全背带、脱潜水服。

g. 旋松手动供气调节旋钮。

2）检查装具

潜水后，应检查装具有无损坏，潜水服和装具的各个部件需用淡水冲洗，并进行必要的维护和适当的润滑保养。

3）询问情况

潜水员要如实回答潜水监督的询问，报告水下工作完成情况、遇到的问题。

4）观察

潜水后，潜水监督应尽可能长地对潜水员进行观察，警惕发生减压病和肺气压伤等问题的可能性。

5.5   装具的维护保养

5.5.1   常规维护保养

（1）每次潜水后用清水冲洗装具的各个部件和附属器材，晾干后才入库贮存。

（2）本装具在存放期间应避免受压，避免曝晒，避免接触油类、酸碱类物质。

（3）存放装具的仓库应通风良好、干燥，温度保持在 10～30℃，空气湿度保持在 40%～60%左右。

（4）钢瓶应严格按国家压力容器有关规定进行管理和使用，定期检验。检修瓶阀时，须先解除压力。

（5）脐带应盘成"∞"形状，两端的所有接头，都应用胶布包好，以保护螺纹。

（6）对于湿式潜水服、干式潜水服或热水潜水服，在冲洗干净晾干后，应喷上滑石粉并用大衣架挂起。

（7）装具在贮存期间应定期保养。

（8）零部件的检查保养方法：

a. 检查所有阀件的阀座和阀头上的填块橡胶件和工程塑料件的损坏情况及压痕深度。

b. 检查 O 型圈、橡胶垫圈、工程塑料垫圈是否变形。

c. 检查弹性膜片橡胶是否与金属片分离，单向阀片是否变形。

d. 拆卸后的橡胶件和金属件应在热肥皂水中洗涤，然后用淡水冲洗干净。

e. 弹性膜片和单向阀片，以及闷头上的橡胶填块和垫圈，应涂一层硅油后，再重新安装。

f. 所有 O 型圈和活动的金属零部件应涂硅脂润滑再重新安装。

g. 面罩或头盔内的受、送话器在每次潜水完毕后，应将其防护水套拆开，取出晾干后再存放。

h. 面罩组的头罩和潜水服拉链应涂上硅脂，并拉上拉链。

5.5.2   主要部件的日常维护保养

1）二级减压器的气量调节阀维护保养

（1）拧开填料盖，卸下填料压盖以及带有调节螺杆、垫圈和 O 型圈的调节旋钮。

（2）倒出弹簧座、组合弹簧和柱塞。

（3）用螺丝刀拧出调节旋钮上的固紧螺钉，使调节旋钮与调节螺杆分离，取下垫圈和 O 型圈。

（4）分别清洗气量调节阀的所有零件。

（5）检查各零部件的损坏情况，发现损坏给予维修或更换。

（6）用硅脂润滑活动的零部件和 O 型圈。

（7）维修保养完毕后重新按顺序装配。

（8）调节旋钮检查是否旋转灵活，最后拧松气量调节阀旋钮。

图 5-33 气量调节阀的维护与保养

2）二级减压器维护保养

（1）拆下二级减压器夹箍，取下上盖和弹性膜片。

（2）清洁二级减压器内腔。

（3）检查弹性膜片和呼气阀片是否老化或损坏，必要时应更换。

（4）在弹性膜片和呼气阀片上涂上一层硅脂。

（5）维修保养完毕后，再按顺序重新装配。

图 5-34 二级减压器的维护与保养

3）二级减压器手动调节器维护保养

（1）将水面供气软管或背负式应急供气系统与止回阀接头连接。

（2）供气压力调至 0.9～1.1 MPa 之间，气量调节阀调节到临近自供状态。

（3）按动手动供气按钮，其空行程应在 0.3～2 mm 之间，当按到底时，应能大量供气。

（4）如果二级减压器需要调节，仍应维持 0.9～1.1 MPa 的压力，可用专用扳手调节进气阀杆上的螺母，直到符合要求为止。

图 5-35　二级减压器手动调节器维护与保养

4）止回阀（单向阀）维护保养

（1）卸下止回阀。

（2）取出并清洗阀头和弹簧，必要时更换磨损的 O 型圈。

（3）用硅脂润滑活动零件和 O 型圈。

（4）按顺序将止回阀装配后打开应急阀，并从应急阀接头处向内吹烟气，观察止回阀是否漏气。如果漏气，必须再次拆卸进行检查，直至气密为止。

（5）检查止回阀符合气密要求后，再用嘴在止回阀接头处用力吸气和吹气，检查其是否开启和关闭灵活。

5）干式潜水服维护保养

（1）每次使用后，用淡水冲洗外部，拉上拉链并涂上润滑油，用大衣架挂起晾干。

（2）干式潜水服用过 5 次以后，应给拉链上防水润滑油。

（3）进气阀和排气阀用后须彻底清洗，潜水前和潜水后都要涂上润滑油。

（4）袖箍、颈圈和面部封口在每次潜水前和潜水后也需用纯硅酮喷雾剂加以润滑。

有关气瓶、一级减压器等器材的维护保养与自携式潜水装具相同，详见第 4 章。

5.6　紧急情况应急处理　》》》

虽然水面需供式潜水装具兼具通风式和自携式潜水装具的优点，可靠性极高。但这只是装具本身的不断完善，水下环境的复杂性及潜水涉及的各种因素，仍有可能导致出现种种紧急情况。

5.6.1　主供气中断

在水面需供式潜水中，出于某种原因导致压缩空气无法通过供气软管供给潜水员呼吸，这种紧急情况称为主供气中断。

主供气中断的原因：脐带破断或被重物卡压住不能供气，供气控制台发生故障，空气压缩机或储气瓶组发生故障等。

发生主供气中断后，潜水员应立刻打开应急阀，启用应急供气系统供给呼吸气体，然后根据下列不同情况采取相应的处理办法：

（1）潜水员没有被缠住。此时潜水员应立即上升出水，同时报告水面。水面信绳员慢慢回收脐带，并做好水面减压的一切准备。

（2）主供气中断而潜水员被缠住。此时，水面信绳员应打开测深管（此时是供气软管破断）的供气阀，而潜水员把测深管从下颚处插进头盔或面罩内，并关闭应急阀，用测深管呼吸，并着手解除纠缠。

（3）潜水员被缠住，测深管也破损，不能提供呼吸气体，此时，脐带可能被重物完全卡压住，而潜水员自身无法解除。潜水员请求水面派预备潜水员协助解决。预备潜水员立即下水抢救，帮助潜水员脱险。

预备潜水员顺着潜水员的脐带下潜至潜水员的工作地点找到遇险潜水员，把自身的测深管（此时已打开测深管供气阀）从潜水员的下颚处插进潜水员头盔或面罩内（也可由潜水员自己把测深管插进），潜水员关闭自己的应急阀。然后，帮助潜水员解除纠缠，必要时可用锋利的潜水刀割断缠绕处。处理完毕后通知水面，并与潜水员一同上升出水。

（4）水面供气控制台故障或空压机发生故障。应立即启动备用供气系统。

潜水员背负的应急气瓶的供气量有限，如果潜水员失去主供气并被缠住时，不应长时间连续使用应急气瓶，应使用测深管进行呼吸，尽量保留应急气瓶的气体。不到万不得已，不能像丢卸自携式潜水装具那样，做紧急自由漂浮上升。

5.6.2　通信中断

发生通信中断原因：通信系统损坏；潜水员失去知觉。

通信联系中断的应急处理办法有：

（1）没有收听到潜水员有节奏的呼吸声，呼叫又没有得到潜水员回答。此时，信绳员拉脐带"一长拉"（你感觉如何？），如果潜水员正常（原因是电话机或线路通信损坏，而不是其他原因时），潜水员也拉挤带"一长拉"（我正常）。信绳员拉脐带"三长拉"（上升出水）。潜水员拉脐带"三长拉"（我上升）后，中断潜水作业，上升出水。

（2）没有听到潜水员的呼吸声，呼叫没有回答。扯管员应拉脐带"一长拉"，没有收到潜水员的回答信号，此时信绳员应慢慢地回收脐带，按 18 m/min 的上升速度把潜水员拉出水面，立即在现场实施急救，如现场备有加压舱，应迅速送进加压舱内急救或治疗。

（3）没有听到潜水员的呼吸声，呼叫没有回答。信绳员拉脐带"一长拉"后潜水员没有回答信号，信绳员回收脐带也收不动，这证明潜水员已失去知觉并被缠住。这时应派预备潜水员尽快下潜到潜水员的工作地点，到达时首先打开潜水员旁通阀，赶快解除其纠缠,然后信绳员可以比正常上升快一些的速度回收潜水员和预备潜水员的脐带。上升过程,预备潜水员应保护潜水员的头部,不停地、间断性地压迫潜水员的胸部,使其胸内多余的气体迫出体外(因上升过程气体体积会膨胀),以防止肺撕裂伤。到达水面时,预备潜水员应立即除去受伤潜水员的压铅,以减轻受伤潜水员的重量,以便水面人员容易把遇险潜水员拉到潜水工作平台上,立即展开急救。

5.6.3 脐带绞缠

潜水员只要发现自己的脐带绞缠,就必须停止工作,判断绞缠的原因。盲目地拖曳或挣扎,只会增加问题的复杂性,也可能导致脐带破裂。如果脐带绞缠在某个障碍物上,按原路返回,一般可以解脱。同时,在任何时候,都应及时和水面联系,得到信绳员的帮助,随时能收回或放松脐带,保证脐带松紧程度不影响工作而又不易发生纠缠。

如果潜水员绞缠在入水绳上,又不能顺利地自行解脱,则必须将潜水员和入水绳一起拉出水面;或者将入水绳靠近水底压重物(砣)的一端割断,从水面将入水绳拉出。因此,潜水时一般不采用潜水刀割不断的缆绳作入水绳下潜。如果工作条件要求采用钢缆或链索等作为入水绳时,就必须有相应的预防措施。

5.6.4 头盔、面罩的脱落

发生头盔、面罩脱落的原因有以下3种情况:①颈部密封组件松脱;②五爪带断裂掉,头罩拉链开启;③上、下卡箍未压实头罩,造成头罩与面罩本体脱落。

若有中压软管与应急阀连接,应能较容易找到头盔、面罩,重新戴回头上,一手按压住(尽量使嘴鼻伸进口鼻罩内),另一手调节手动供气旋钮的进气量,然后锁好头盔的快速锁紧装置或拉好面罩的头罩拉链并固定好五爪带。潜水员也可以按压住面罩本体,使自己能呼吸到口鼻罩内气体,然后报告水面,上升出水,水面信绳员回收潜水员脐带。出水后重新检查,装配好装具。

5.6.5 放漂

潜水时,潜水员失去控制能力,从水底快速地漂浮出水面,称为放漂。采用水面需供式潜水装具进行潜水时,也有可能发生放漂。发生放漂的原因:干式潜水服过度充胀;信绳员拉绳过猛、过速;水流的推力使潜水员脱离水底或入水绳,并被带至水面;潜水员因意外体位倒置,造成干式潜水服裤腿部充满大量气体,亦可使体位失控而发生放漂;压铅意外脱落;浮力背心充气过度或失控等。

潜水员发现潜水服内气体过多,有向上漂浮的感觉时,可用手打开潜水服的安全排气阀排气或举起任意一只手,伸至高于头部,并用另一手拉开袖口,把潜水服内的气体排出。让身体恢复正常状态。如果来不及处理而造成放漂,潜水员已漂浮在水面,应尽快设法使双脚下沉,然后翻身成正常漂浮状态。同时,按照前面的方法处理,调整好浮力和稳性。此时要注意,不能排气过多,这会造成负浮力,致使潜水员迅速下沉而产生不良后果。与此同时,潜水员应将发生放漂情况告诉水面人员。

潜水放漂后本身无法排除,需水面人员进行协助时,可利用脐带立即将潜水员拉向潜水梯。若遇到潜水员已漂浮在水面而脐带却在水下纠缠住拉不动时,水面人员应根据具体情况,派预备潜水员下潜协助解脱绞缠。

有关放漂的危害及处理方法详见 9.3 节。

5.6.6　看不见入水绳或行动绳

有时,潜水员会看不见入水绳或摸不到行动绳。如果找不到行动绳,潜水员应在手臂所能及的范围内或在每侧距离几步的范围内仔细搜索。如果潜水深度在 12 m 以浅,应通知信绳员,并请求拉紧脐带。此后,信绳员应设法引导潜水员找到入水绳。潜水员可被拉离水底一小段距离。重新找到入水绳后,潜水员应通知信绳员将其放下。在 12 m 以深,信绳员应有步骤地引导潜水员找到入水绳。

5.6.7　面窗破损

使用水面需供式潜水装具时,面窗发生破损的可能性不太大。万一发生破损,面窗应朝下,略增加气量,以防漏水。

5.6.8　潜水服撕破

若变容式干式潜水服被撕破,应立即终止潜水。在该情况下,潜水员虽不会溺水,但机体受寒会使体质减弱。如配有头盔的闭合式潜水服被撕破,潜水员应保持直立位置并上升出水。

6 通风式潜水

　　通风式潜水装具主要由硬质金属头盔、排水量较大的潜水服、压重物及潜水鞋等组成,如图6-1所示。因其总重量较大,故又称为重潜水装具。使用这种装具时,新鲜的压缩空气从水面不断地通过潜水软管送入头盔,并定时地从头盔排气阀排出头盔和潜水服内多余的气体,以达到呼吸气体更新的目的,故将使用这种装具的潜水称为通风式潜水。

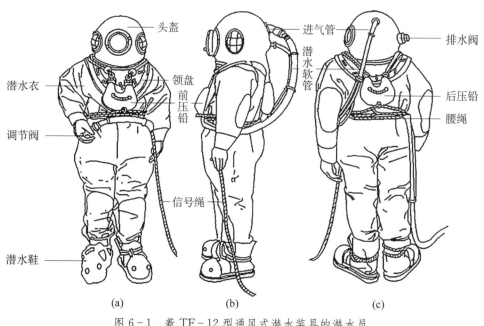

图6-1　着TF-12型通风式潜水装具的潜水员

（a）前面　（b）侧面　（c）后面

　　通风式潜水时,头盔、领盘和潜水衣连接在一起形成一个与水隔绝的干燥环境,它可以防护潜水员肌体免受水域环境和障碍物损伤,特别是头盔可保护头部免受碰伤;潜水员可以穿毛衣、毛裤等保暖用品,潜水员与潜水服之间又有"气垫",因此保暖性能良好;重潜水服可以充气,浮力可以控制,因此在泥泞的底质作业、在工具反作用力很大的喷射作业、挖掘隧道及其他作业中,它是最理想的工具;因为潜水员的负浮力很容易控制,所以穿着重潜水装具在水流较急的水域潜水时稳定性较好。此外,它还具有呼吸阻力小、通信效果好、时间不限、结构简单等优点。

但是,使用通风式潜水装具时,也存在有笨重、穿着时间长、气体耗量大、气体更新不彻底及操作不当易引起放漂事故等缺点。

目前,国产的通风式潜水装具主要有 TF-12 型、TF-3 型及 TF-88 型等。其中 TF-12 型和 TF-3 型是较早期的两种常用装具,供气方式单一且不具备应急供气系统;而 TF-88 型是前两种装具的升级产品,它的最突出特点是自携应急气源,头盔上有自动排气阀,因此更安全可靠。

本章将介绍通风式潜水装具的结构、使用方法、维护及常见紧急情况处理方法等。

6.1　TF-12 型和 TF-3 型通风式潜水装具　>>>

TF-12 型和 TF-3 型通风式潜水装具主要潜水深度为 45 m 以浅,最大潜水深度为 60 m,在水流速度不超过 2 m/s 的情况下使用。这两种装具的基本原理相同,结构大同小异,主要由头盔、领盘、潜水服、潜水软管、压铅、潜水鞋、腰节阀、信号绳、腰绳、潜水电话等组成(见图 6-2),总质量约为 68.5 kg。下面主要介绍 TF-12 型通风式潜水装具的构造,对 TF-3 型只从结构特点上做一简要说明。

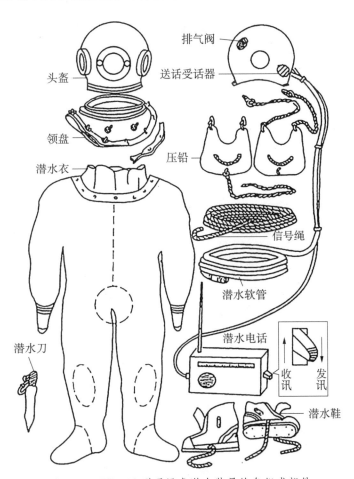

图 6-2　TF-12 型通风式潜水装具的各组成部件

6.1.1 TF-12型通风式潜水装具

1）头盔

头盔由 1.2 mm 铜板压制而成,头盔顶部加厚到 1.5 mm。头盔内、外壁都镀有一层锡,防止氧化。头盔的前、左、右壁上各有一个由 6 mm 厚透明的钢化玻璃制成的观察窗,观察窗外装有安全防护罩,如图 6-3~图 6-5 所示。

图 6-3　TF-12型潜水装具

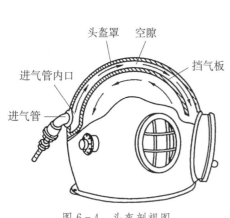

图 6-4　头盔剖视图

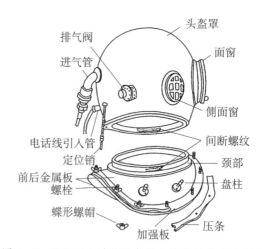

图 6-5　TF-12型通风式潜水装具的头盔和领盘

头盔的后部有进气管和电话线引入管各 1 个。进气管与短潜水软管相连接,压缩空气由此进入头盔,进气管内有一个弹簧式单向阀,其功能是在供气软管万一破损或供气中断时阻止头盔内气体倒流。进气管的内口焊于头盔内壁,在其接口处设置三路分气挡板,分气挡板延伸到三个观察窗上缘,使输入气体不断吹到前面窗和侧面窗的玻璃上,这样既使输入头盔内的压缩空气不直接吹着潜水员头部而引起不适,同时又使水气不易凝结在观察窗玻璃上妨碍潜水员视线。电话线则通过电话线引入管进入头盔,与送受话器连接。

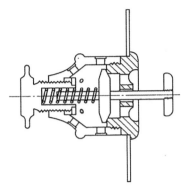

图 6-6 头盔排气阀结构示意图

头盔的下缘立壁上有四排等距离的间断螺纹,可与领盘上相对应的四排螺纹相连接。头盔的右后部位装有排气阀(见图 6-6),排气阀里有一个顶压弹簧,潜水员用头部顶压排气弹簧的圆顶片时,就可将潜水服内的多余气体和潜水员呼出的气体排入水中,达到通风、更新呼吸气体、调节潜水员的正负浮力的作用。

头盔后部还设有一个安全定位销,当头盔与领盘连接后,此销插于领盘定位孔内,防止头盔与领盘连接后螺纹松动。有时还缚保险绳加固。

头盔质量约为 9.5 kg(不包括附件)。

2) 领盘

领盘由 1.5 mm 铜板制成,表面镀锡,以防止氧化。领盘颈部上缘有四排等距离的间断螺纹,可与头盔下缘四排间断螺纹相连接。领盘上槽内有皮革垫圈,用于确保头盔与领盘连接后水密和气密,如图 6-4。

领盘的正前部位有挂桩两个,供前、后两块压铅悬挂用。领盘边缘一周焊有加强板,加强板上焊有 12 个柱式螺栓,用于潜水衣凸缘上 12 个螺孔套在这 12 个柱式螺栓上,然后用 4 块领圈压板套压在潜水衣凸缘上,再用 12 个蝶式螺帽旋紧,便将领盘与潜水服连在一起。

领盘重量约为 9.25 kg(不包括附件)。

领盘的作用是上连接头盔,下连接潜水服,承上启下组成了一个密闭空间,将潜水员与水隔绝,并有悬挂前后压铅的功能,增加了潜水员的负浮力,以保持潜水员在水下的稳性。

3) 潜水服

TF-12 型重潜潜水服由三层不透水橡胶布制成。外层是特制涂胶布料,中层是纯橡胶片,内层为涂胶细帆布。潜水服上端用橡胶凸缘围成一个领圈,领圈上有 12 个与领盘上相适应的螺孔。凸缘上端还有个衣领口,供潜水员穿、脱潜水服用。潜水服上袖口由橡胶制成,潜水员根据自己手腕的粗细,再套上合适的橡胶手箍于袖口上,以保持手腕处水密和气密。潜水服在衬、膝、档、脚底等易磨损处,都加有护垫以抗磨损,如图 3-2 所示。

潜水服一般分大、中、小号,供不同身高的潜永员选择使用。大号长为 1.9 m,重量约为 7 kg;中号长为 1.83 m,重量约为 6.5 kg;小号长为 1.7 m,重量约为 6 kg。此外,潜水服还有特大号。

4) 潜水软管

潜水软管的常用规格为 30 m 和 60 m 两种。潜水软管内、外两层是橡胶,中间夹有数层尼龙线网橡胶层。潜水软管的外径为 34 mm,内径为 14 mm,工作压力为 1.5 MPa。

一套标准 TF-12 型通风式潜水装具,潜水软管应为 120 m。潜水软管外表应用细帆布包缠，以防使用过程中磨损严重。潜水软管与潜水软管连接处用收紧箍加以保险，潜水软管与腰节阀连接处也要加以保险。从腰节阀连接处向上每隔 3 m 间距做一个标记，以示软管入水深度。

潜水软管一端连接水面供气阀，一端连接腰节阀，再通过短潜水软管（俗称小辫子）向头盔内输入压缩空气供潜水员呼吸。

5）压铅

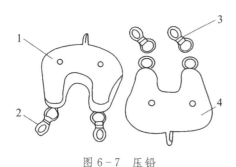

图 6-7　压铅

1. 前压铅　2. 前压铅挂攀　3. 后压铅挂攀　4. 后压铅

压铅由铅铸成，如图 6-7 所示。通风式潜水装具的压铅共两块，前、后两块挂在潜水员前胸、后背，挂在前胸的称为前压铅。挂在后背的称为后压铅，压铅悬挂点即是领盘上的挂桩。

压铅又分为轻、重两种。轻型总质量约为 25 kg，前压铅质量约为 13 kg，后压铅质量约为 12 kg；重型压铅总质量约为 30 kg，前压铅质量约为 15.5 kg，后压铅质量约为 14.5 kg。通常使用轻型压铅，重型压铅大多是在水深超过 45 m、冬季穿着较多、水流较快、潜水员浮力较大等情况下采用。

压铅的主要作用是增加潜水员在水下负浮力，以保持潜水员稳性。

6）潜水鞋

潜水鞋头部由铜包头，鞋底是带有网格花纹的铅鞋底，鞋底由木衬板用螺丝固定在铅鞋底上，鞋帮由两层胶布黏合而成，每只鞋左右各有一根鞋带，供穿着时系扣用，如图 6-8 所示。

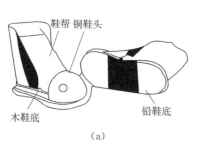

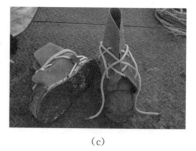

（a）　　　　　　　　　（b）　　　　　　　　　（c）

图 6-8　潜水鞋

潜水鞋质量约为 16 kg。

潜水鞋用来增加潜水员下肢在水下的负浮力，以保持潜水员在水下的稳性。

7）腰节阀

腰节阀又称为空气调节阀，用铜制成的角式单向供气节流阀。腰节阀一头连接水面供气软管,另一头连接通向头盔的那根短潜水软管,如图 6-9 所示。腰节阀在水面供气压力为 0.4~1.4 MPa 范围内调节供气流量的大小。

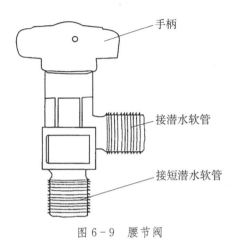

图 6-9 腰节阀

腰节阀在潜水员着装时系在腰部右侧腰绳上。

8) 信号绳

信号绳宜选用直径为 8~10 mm 的纤维绳,其长度应达到使用水域处水深的两倍以上。现使用尼龙绳很多,其优点是重量轻、强度大。信号绳应每 3 m 做一标记,供潜水员水下减压用。

信号绳用于传递信号、传递工具,必要时用于救援。信号联系方法已在第 4 章介绍,这里不做详细介绍。

9) 腰绳

腰绳通常用直径为 10~12 mm,长为 2~3 m 的白棕绳或尼龙绳制成。腰绳系于潜水员腰部,它可以使穿着紧凑贴身,保护潜水员上体气垫的形成。绳的两端镶成大小适宜的眼环,用于连接信号绳和固定腰节阀、潜水软管。另外,还可在腰绳上佩挂一些器材(如潜水刀)。

10) 潜水电话

潜水电话由导线、电话机和头盔内送受话器等组成,供潜水员与水面工作人员通信联络用,如图 6-2 所示。

潜水电话导线原则上应穿在潜水软管管腔内,并从电话线引入管进入头盔,连接送受话器。如将导线绑扎在潜水软管表面,在使用过程中容易损坏,降低通信质量。

6.1.2 TF-3 型通风式潜水装具

因为 TF-3 型潜水装具没有腰节阀,水下的供气量由水面控制掌握,其重量又大于 TF-12 型装具的重量,所以在我国应用的广泛程度不如 TF-12 型。

TF-3 型通风式潜水装具在结构上有以下几个特点:

1) 头盔

头盔和领盘连接的方式与 TF-12 型不同,头盔下缘没有间断内螺纹,却有 3 个可供

图 6-10 TF-3 型潜水头盔

领盘螺栓穿越的螺孔,可与领盘颈部的三个螺孔连接,使头盔、领盘、潜水衣连接在一起,如图 6-10 所示。

头盔不包括附件质量约为 11.5 kg。

2）领盘

领盘上有 3 个螺栓和一个橡皮垫圈如图 6-10 所示,可将潜水衣领口的凸缘夹在头盔与领盘之间,在螺栓上旋紧螺帽使之牢固严密地连在一起,以保持气密和水密。为防止压铅脱落,两侧有两个防滑钩,前面有两个盘柱为系挂压铅用。

领盘不包括附件的质量约为 5 kg。

3）潜水服

TF-3 型重潜潜水服上端为 3 mm 弹性橡胶制成的领口,领口凸缘上有 3 个螺孔,用于套在领盘的 3 个螺栓上,如图 6-11 所示。

这种潜水服分为大、中、小号 3 种。大号长度为 1.86 m,质量约为 6 kg;中号长度为 1.79 m,质量约为 5.6 kg;小号长度为 1.71 m,质量约为 5.2 kg。

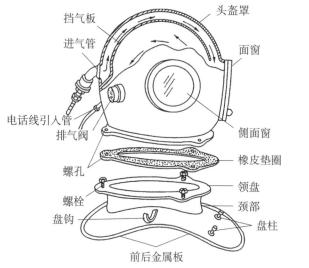

图 6-11 TF-3 型通风式潜水装具的头盔和领盘

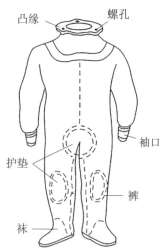

图 6-12 TF-3 型通风式潜水装具的潜水服

4）压铅

这种装具的压铅比 TF-12 型潜水装具的压铅稍重些,前压铅质量约为 15.5 kg,后压铅质量约为 14.7 kg。

6.2　TF－88 型通风式潜水装具 ▶▶▶

TF－88 型通风式潜水装具是 TF－12 型、TF－3 型的升级产品,是在成熟的产品、技术的基础上研制、生产的。它保留了原有的合理部分,增配了应急供气装置和自动排气阀,因此它的性能更优越、更安全可靠。它适用于 60 m 以浅的各类潜水作业,如沉船打捞、舰船维修、港湾码头、桥涵水库等水下工程。

6.2.1　构造特点

TF－88 型通风式潜水装具主要由头盔、领盘、潜水服、潜水软管、前压铅、潜水鞋、组合腰节阀、应急供气装置及潜水电话等组成,如图 6－13 所示。它是在 TF－12 型和 TF－3 型的基础上作了以下优化:

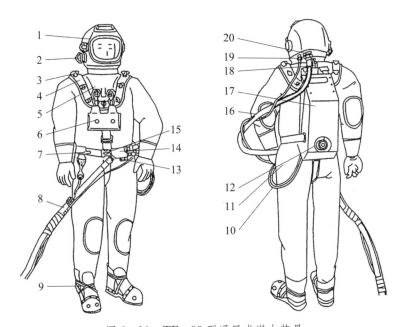

图 6－13　TF－88 型通风式潜水装具

　　1. 潜水头盔　2. 可调节排气阀　3. 蝶形螺母　4. 压板　5. 领盘　6. 前压重　7. 腰带、裆带　8. 脐带　9. 潜水鞋　10. 一级减压器及中压软管　11. 潜水衣　12. 应急气瓶阀　13. 应急阀扳手　14. 组合腰节阀　15. 流量控制阀　16. 短供气胶管　17. 应急气瓶组(代后压重)　18. 定位锁件　19. 通信接头　20. 供气接头

　　(1) TF－88 型配备了应急气瓶供气系统(见图 6－14),实现了两路供气,一旦水面供气发生故障,潜水员能迅速切换成应急供气状态,返回水面。有关应急供气系统的原理、结构与 TZ－300 型和 MZ－300 型水面需供式轻潜装具的相应部件基本相似,参见第 5 章。

　　(2) TF－88 型头盔上设置了自动排气阀,除靠头部和用手有规律地排气外,当头盔

图 6-14　应急气瓶

内压力上升到一定值时,自动排气阀便自动排气,减少了"放漂"的可能。

（3）TF-88型采用耐冲击的高强度聚碳酸酯材料制成了大面积的面窗、顶窗和耳窗,使潜水员水下作业的视野开阔。

（4）TF-88型头盔进气管装有降噪音过滤杯,既过滤净化呼吸气体,又可使进气噪声减少,改善工作环境。

（5）TF-88型供气管、通信电缆和加强缆捆扎在一起组合成脐带,并通过加强缆端部的旗钩置挂在腰带上,使作用力转移到加强缆上,防止发生意外的供气管切断事故。

（6）TF-88型潜水鞋采用玻璃钢材料为本体,将铜鞋底尖、铅鞋底和鞋帮有机组合成一体,避免铅鞋底晃动、脱落。

（7）TF-88型潜水衣外层采用橘红色的柔软、耐磨的救生衣用布,在牢固的基础上更为柔软、轻巧,而且鲜艳醒目,尺寸更符合水中的浮态。

（8）TF-88型组合腰节阀中高灵敏度的止回阀可防止气体从主供气管处泄出,它和头盔上的止回阀起双重保险作用,防止意外造成潜水员的挤压伤。

（9）TF-88型头盔内送、受话机采用的涤纶振膜的小型扬声器,灵敏度高、声音清晰,比纸盆式扬声器防潮性能更好,采用新颖的水密接头连接,使用时更加方便。

（10）TF-88型橙色、流畅型的玻璃钢头盔、领盘,配上黑色的领圈、橘红色衣服及草绿色的腰档带,使整套装具显得美观、醒目。

2）技术参数

（1）基本参数。

最大使用深度　　　60 m

使用允许水流速度　<2 m/s

最大供、排气量　　190 L/min

供气压力　　　　　0.4~1.4 MPa

自动排气压力　　　1.5~3 kPa

（2）规格。

a. 质量

潜水装具总质量　　(66.5±1.0)kg/套

其中：潜水头盔、领盘　(20.0±0.25)kg/顶

　　　潜水鞋　　　　(16.0±0.25)kg/双

潜水服参数

型号	特大号	大号	中号	小号
适用身高	1.80 m 以上	1.75～1.80 m	1.70～1.75 m	1.70 m 以下
重量(kg/件)	5.4	5.2	5.0	4.8

应急气瓶组(起后压重作用)　　(10±0.10) kg/组
其中：前压重　　　　　　　　(12.5±0.15) kg/只
组合腰节阀、腰档带　　　　　(3.0±0.10) kg/付

b. 供气胶管参数

60 m　　一根(每根中间允许有一个连接点)

1.5 m　　一根

内径/(mm)	外径/(mm)	工作压力/(MPa)	最小弯曲半径/(mm)	工作温度/(℃)	工作介质
Φ13	Φ25	2	160	−20～90	空气

c. 应急气瓶参数

容量/(L)	工作压力/(MPa)	安全膜爆破压力/(MPa)	工作介质	外径×长度/(mm×mm)	数量
2.2	19.6	26±2	空气	Φ105×320	2

d. 一级减压及中压软管参数

型号	输入压力/(MPa)	输出压力/(MPa)	最大输出流量/(L/min)	安全阀开启压力/(MPa)	中压管工作压力/(MPa)	质量/(kg)	工作介质
HJ-10	2～20	0.7～1.0	≥500	1.15～1.50	1.5	0.75	空气

3) 通风式潜水装具的生理学特点

通风式潜水装具的头盔、领盘和潜水衣连接在一起形成一个密闭空间,潜水员就在这个空间里呼吸压缩空气,它可容纳 80～100 L 的气量,称为气垫,其下缘约在胸廓下缘水平上。通过潜水软管,从水面不断地将新鲜的压缩空气送入头盔,并定时地从头盔排气阀排除头盔和潜水衣内过多的空气,以此来实现呼吸气的更新,故称为通风换气。由于头盔—潜水衣内的空间不大,输入的新鲜空气与潜水员的呼出气互相混合,当供气不足时,空间里的二氧化碳含量会很快增高,当达到相当于常压下的 3%(0.003 MPa)时,潜水员就会出现呼吸困难。因此,在使用通风式潜水装具潜水时,气垫里的二氧化碳浓度不应超过常压下的 1.5%。增加头盔内的通风换气量可以有效地降低二氧化碳浓度。在中等劳动时,头盔的供气量不应少于 80 L/min(常压下)。

潜水员必须经常注意调节头盔和潜水服内的空气量。如果水面供气较多,潜水服内积蓄大量气体,正浮力增加,会使潜水员不由自主地快速浮出水面,这种现象称为放漂。

如潜水员排气过多,潜水服内留下的气体过少,就会使潜水员的躯体四肢受压,这种现象称为挤压。两种结果对潜水员都是很危险的。

当潜水员在水下时,仅在潜水服的上半部有空气(气垫),潜水服的下半部没有气体,因此,潜水服受水压作用紧贴在潜水员体表。直立时,气垫以下不同距离所受的静水压力也不相同,足部、小腿受压最大。因此,下肢体表血液循环不如上肢好,容易感到麻木、发冷。另外,紧箍手腕的橡胶袖口不利于手部的静脉血回流;加上两手直接与水接触,受到寒冷的刺激,感觉迟钝,一旦发生外伤出血,潜水员不易觉察,所以在寒冷季节潜水时,潜水员应戴上手套或穿有手套的潜水衣。

通风式潜水装具比较笨重,作业时,潜水员体力消耗较大。当压铅佩挂不当或急流作业时,潜水员为了保持体位,体力消耗就更大。

6.3　潜水附属器材

6.3.1　潜水梯

供通风式重装潜水员出入水的潜水梯目前尚无统一标准规格,但通常由木材或金属制成,长度根据所在平台高度而定,梯档上下距离约为 25~30 cm,宽度约为 45 cm,潜水梯上端固定在平台上,下端应入水 1.5 m,以利于潜水员出水登梯时方便省力,潜水梯置放成与垂线成 15°角,以利于潜水员手抓扶梯登梯时身体角度适宜省力。潜水梯应能承受大于 1 800 N 的重量。

6.3.2　入水绳与入水铊

入水绳又称为导索、老牵。入水绳应选用截面积小、拉力大的优质白棕绳或尼龙绳。入水绳的长短以潜水作业处水深而定,入水绳用来供潜水员上升、下潜用,它的一端系在水下物件上,另一端系在水面平台上。要求能承受 3 000 N 以上的拉力。

入水铊用铅或铁铸成,铊上有一个固定环,供连接入水绳用,水铊质量为 50~100 kg。

6.3.3　减压架

减压架有坐式、立式两种,供潜水员在减压时用,以减轻潜水员在导索上吊着减压的劳累。减压架通常用金属制成,坐式减压架坐板长约为 50 cm,两端略为上翘,坐板中间焊有直径为 12 mm、高为 40 cm 的圆铁杆,顶端有个环,供系绳索用(简易式的仅有坐板供潜水员坐着减压),减压架绳承受力应大于 1 800 N,绳索长度视水深而定,每 3 m 做一标记,以指示减压深度。减压架因受水流、潮汐及使用过程中种种因素的影响,故使用率不高。

6.3.4　行动绳

行动绳又称为走脚绳,一端系在水铊上,另一端由潜水员在水下控制,用来水下寻找实物。行动绳的长短视工作需要而定,通常约为 10 m。

6.3.5　水下照明灯

水下照明灯可增强水下光线,它由灯罩、电缆及控制开关组成,电源应符合国家有关水下用电安全规范。使用时,应先置于水中,然后才合上开关。

现有水下手电筒,如图 6-15 所示,电源一般是 4 节 1.5 V 大号电池,用于水下一般照

图 6-15　潜水电筒

明。还有一种 WS-91L 型携带式全密封水下照明灯,电压为 12 V,由可充电式蓄电池供给电源。

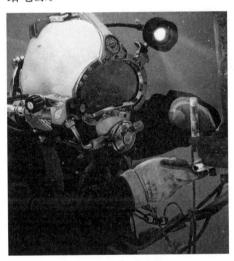

图 6-16　头盔灯

此外,水下照明系列包括：减压舱灯、头盔灯、水下电视灯、水下机器人灯以及 20 000 流明的泛光灯。图 6-16 所示为安装在 KMB-37 型头盔上的照明灯。

6.3.6　潜水刀

潜水刀为钢制刀,长约为 20 cm,一边为刀刃,并带有锯齿,配有刀鞘,供潜水员自卫和切割物品用。

6.3.7　潜水软管三角或五角架

潜水软管三角或五角架由木或金属制成。三角或五角架用以置放潜水软管,并有一个帆布套,可以把三角或五角架罩住,以防潜水软管日晒雨淋。

6.3.8　保暖服

保暖服是指潜水员着装时,贴身所穿的衣服,如绒衣、毛线衣、毛线袜、棉袜等。

6.4　潜水基本程序

潜水作业是在高压环境下进行,劳动强度大,独立性强,具有一定危险性的特殊工种。因此,为保证潜水作业任务的顺利完成、保障潜水员的生命安全,必须根据潜水规则拟定潜水基本程序,并在实施时认真遵循。潜水基本程序通常可分为制订潜水计划、准备工作、潜水时的程序、撤离等几部分。

6.4.1　制订潜水计划

潜水计划的制订应包括下列程序和内容：

（1）认真调查，掌握作业水域的气象、水文、底质及其他现场情况。

（2）根据潜水深度，决定潜水方式。

（3）根据潜水作业部门本身的能力、任务的性质及潜水作业量，合理配备相应的人力、装备及器材。

（4）制订潜水方案和潜水作业实施方案。

（5）全面分析潜水作业中各种可能遇到的情况，研究行之有效的安全措施。

（6）对医务保证和其他有关部门提出相应的要求，确保潜水顺利进行。

6.4.2　准备工作

（1）向各有关人员讲述潜水计划的内容，强调潜水安全有关事项。

（2）布置工作现场，即潜水装备系统就位，并出示或发出各种有关信号。

（3）检查供气系统和潜水装具，配套器材和作业工具的检查。

（4）做好潜水现场水下可能造成伤害的预防措施及落实水下救援人员、装具。

（5）做好作业潜水员和预备潜水员的体检工作，并得到潜医的认可。

6.4.3　潜水时程序

（1）工作人员就位，潜水监督、潜水员和水面支持人员各自履行岗位职责。

（2）潜水监督在潜水站或作业现场指挥，指挥作业潜水员着装下潜并监视水下动态。

（3）作业潜水员按规则进行下潜、工作深度停留、上升或减压停留、出水（或进水面加压舱减压出舱）。

（4）合理安排作业潜水员的轮换。

（5）潜水监督可根据当时的气象、流速等情况变化，有权中止潜水。

（6）做好记录，包括潜水作业记录、潜水记录、潜水减压或治疗记录等。

6.4.4　应急程序

（1）当潜水员在水下发出紧急情况的信号时，应尽快判明事故的性质，并迅速通知有关人员。

（2）由潜水监督指挥水下和水面的应急救援。

（3）应急救援措施：

a. 在预备潜水员的协助下，将遇险潜水员护送出水面。

b. 医学处理或同时做加压治疗、急救。

c. 医疗部门的应急救援或向应急服务机构呼救（应预先与这些机构取得联系）。

6.4.5　撤离

（1）出于海况恶劣或其他原因导致的短暂撤离，重新就位时，仍按前述程序循进。

（2）潜水任务完成后的完全撤离，需收拾和清理作业现场。撤离后应通知有关单位。

（3）进行潜水设备系统和潜水装具的清洁、整理和例行养护。

（4）如潜水深度较大，潜次较多或工程持续时间较长，可考虑安排对潜水员进行保护性的加压治疗。

6.5 潜水前的准备工作

潜水前的准备工作对水下潜水员的安全及潜水任务的完成都有非常重要的意义,准备愈周到、细致、全面,潜水员的安全就愈有保障,潜水作业的进行也愈顺利。因此,在潜水作业前,除了要根据潜水现场水域的环境条件、任务性质及作业量等因素制订周密的潜水计划外,还要认真做好人员组织与分工、设备器材准备与检查等准备工作,以确保潜水作业顺利进行。

6.5.1 人员组织与分工

使用通风式潜水装具进行潜水作业时,根据任务的性质合理地组织人员,并明确分工,是保证潜水作业人员安全和顺利完成任务的最基本要素。潜水作业通常以潜水小队或潜水组为单位组织实施。一般是根据潜水工作任务的大小、要求完成任务的时间及作业区的环境条件来确定参加作业人员的数量。潜水工作量大、时间要求紧、作业区允许几个潜水小组同时开展作业时,可组成潜水队进场作业(潜水队可由多个潜水小组所组成)。如果潜水工作量小,可组成潜水组进场作业。通风式重潜水作业基本人员配备如表 6-1 所示。

表 6-1 通风式重潜水作业基本人员配备表

潜水员	最适合的人数		最少人数	
	1 名潜水员	2 名潜水员	1 名潜水员	2 名潜水员
潜水监督	1	1	1	1
潜水长	0	1	0	1
预备潜水员	1	1	1	1
信绳员	1	2	1	2
扯管员	1	2	1	2
电话员	0	1	0	0
照料员	1	1	0	0
潜水小队人数	6	11	5	9

在实际工作中,可根据参加潜水作业现场实际情况调整所需人员。必要时,可派一名潜水医生负责潜水作业现场的潜水医学保障工作。只有一个潜水组进行潜水作业时,潜水长和潜水监督可由一人兼任。

潜水监督直接对项目主管负责,通过各值班潜水长全权指挥潜水队进行潜水作业。潜水监督要贯彻执行潜水条例、潜水规则和潜水方案,设法完成潜水作业任务计划,保证潜水作业人员的安全与健康。

潜水长除负责现场指挥全组人员进行潜水作业外,还应对潜水员的安全负责,督促本组人员严格遵守安全操作规程,包括从装具准备、检查、穿戴、下潜到整个工作过程中的每一个步骤。在装备的检查阶段,特别强调应督促本组人员仔细、认真、一丝不苟地进行;当潜水员在水下时,应随时注意供气设备的工作情况;定时询问潜水员的主观感觉,了解其工作进展情况;随时注意观察潜水地点周围环境的变化,并采取必要的安全措施,使潜水员安全潜水。同时负责将潜水作业情况记载在潜水日记上。当潜水长必须进行潜水作业时,应征得潜水监督许可,并指定有潜水长资格的潜水员代理指挥,方可进行潜水。

信绳员是潜水员的主要辅助人员,负责照管潜水装具的穿戴和脱卸,妥善而正确地协助潜水员下潜和上升,迅速无误地用信号绳传递潜水员所需工具和传达信号。信绳员应特别注意与下潜潜水员的安全有关的一切情况。信号绳握在手中要松紧适度,过松容易在水中绞缠,太紧影响潜水员在水下的行动,操作受到牵制。信号绳无论松放或收紧,速度均不宜太快。要从信号绳中始终能感觉出潜水员的水下动态。在潜水员浮出水面,没有登上潜水梯脱下头盔以前,信绳员不能擅自松脱手中的信号绳。

电话员以电话与潜水员直接取得联系。在保证潜水员的安全和工作协调配合上,电话联络比信号绳联络有更大的优越性。电话员要求由熟悉水下作业情况的人员担任。电话员首先要做好记录工作,准确记录下潜时间、深度、水下停留时间,监督减压程序,且不能擅离职守,应随时传达对潜水员的指令并监督其执行情况;其次要注意倾听水下潜水员的答话和报告,并有针对性地询问他的主观感觉,可根据水下潜水员的呼吸节律判断他的状况。注意力集中的电话员,常可根据潜水员在水下自言自语的习惯了解他的工作情况,给予适当的提醒或劝告。譬如潜水员过度疲劳时,应提醒他适当休息。但询问不宜过多,以免使潜水员分散注意力,干扰他的工作。如果电话发生故障,应通知信绳员让潜水员上升出水。在无法用潜水电话的情况下,只能利用信号绳传递信号。有时,也由信绳员或其他人员兼任电话员的工作。

扯管员要和信绳员动作协调地松放或收拉潜水软管。收拉软管的速度要均匀,并与放出的信号绳长度略相等。在任何场合下绝不可将潜水软管一圈圈地抛入水中。潜水软管要握在手中慢慢松出,并根据潜水员的工作情况放出或收拉潜水软管。要从潜水软管的力量上感觉出潜水员在水下的动态。要积极配合信绳员做好潜水员的下潜和上升工作。当工作中发现潜水软管有不正常情况时,应立即通知信绳员,以便及时采取必要的措施。在潜水员攀上潜水梯但未脱下头盔以前,潜水软管不能随便离手任意搁置一旁。

总之,每次潜水员下水作业,每个岗位上的人员都应坚守岗位,尽职尽责,全力为潜水员安全顺利工作创造条件。

6.5.2　装备器材的落实

出发前对装备器材必须落实和备齐,其配备应根据任务性质、作业区的条件及作业过程中可能损坏等因素,并应按装备器材的使用要求进行认真的准备,一切符合要求后才能获得许可出发。

6.5.3 装备检查

在展开潜水作业前,潜水长应组织人员清点设备器材,检查在运输环节中有无遗失、损坏;应与委托方或有关部门联系,确定设备器材的摆放位置。然后,组织人员对潜水设备、潜水装具、水下工具及附属器材进行准备和检查。

1) **潜水头盔、领盘和潜水软管**

潜水头盔、领盘和潜水软管由潜水员准备和检查。重点检查头盔、领盘外形是否良好,有无变形现象,排气阀是否灵活气密,潜水电话通信音量、音质是否良好,供气软管有无变形或裂变,腰节阀是否灵活和气密。详细的检查项目如下:

(1) 检查所有头盔面窗上的橡胶垫圈,应确认无磨损。

(2) 检查头盔内部,以保证排气阀、扬声器及其他部件干燥,无铜锈,特别要注意潜水员通信系统的接线处是否牢固。

(3) 检查头盔后面鹅颈式接头上的螺纹,应无破损、无松动、无铜锈、无磨损。

(4) 检查头盔上的安全插销和安全绳,应活动自如。

(5) 检查领盘上的所有螺栓,应无变形、螺纹未损坏。

(6) 核实领盘与潜水服接合处的压条、铜制垫片及蝶形螺母是否齐全。

(7) 检查领盘压条上的序号,以保证压条能按序号装配到领盘的相应位置上。

(8) 检查头盔单向阀的性能(吹烟试验)。

(9) 检查供气腰节阀的填衬,核实其是否灵活好用。

(10) 检查排气旋塞,应活动自如。

2) **潜水服**

潜水服由一名潜水员和一名辅助人员准备和检查。检查潜水服有无破裂、严重磨损或其他质变现象,特别要注意橡皮领圈衬垫、颈围和袖口是否完好。

3) **信号绳、腰绳、压铅、潜水鞋、潜水电话等**

信号绳、腰绳、压铅、潜水鞋、潜水电话等由一名潜水员和一名辅助人员准备和检查。检查信号绳的长度、强度、质量、标志;检查腰绳质量;检查压铅的眼环、肩绳、下档绳是否齐全牢固;检查鞋帮、绑扎绳有无损坏;检查潜水刀是否锋利;检查潜水电话的通话性能是否良好等。

4) **供气设备**

空压机、水面供气控制台由一名辅助人员(最佳人选是机工)负责准备和检查,重点检查空压机及水面供气控制台的所有阀门是否灵活、接头连接处是否气密及仪表准确性状况等。空压机在使用前应进行试运转。

5) **甲板减压舱**

在使用前,应检查甲板减压舱的密封部件、管路、阀门及接头等密封性能是否良好,检查仪表是否准确,电话装置、照明设备是否正常,舱门开关是否灵活,舱内所需的器材如吸氧装置、医疗器材、被褥、污物桶等是否齐全备好。

6) **水下专用工具**

检查水下专用工具是否齐全、完好,并准备妥当。

7）潜水附属器材

潜水前,潜水长应安排人员准备好潜水梯、入水绳、减压架、行动绳、保暖服等器材,医护人员准备好医疗救护用品。固定好潜水梯,安放好入水绳和减压架,入水绳的水底一端通常系一根适当长度的绳子,以供潜水员行动用。

6.6 着装

6.6.1 潜水员着装时应注意的事宜

潜水员着装时,潜水员应穿着的防护用品必须柔软合身,在水温低水域或冬季潜水穿着的保暖衣必须柔、薄、软以及保暖性能好,避免穿着硬质的、会摩擦肌体或增加正浮力的衣着。

潜水员着装时,应选择适宜自己的潜水服,袖口处应戴适合自己手腕粗细的手箍(卡)、防止过紧、过松,以免带来疼痛麻木或渗漏。

潜水员着装时,绑扎潜水鞋的鞋绳要求松紧适当,要求系扣部位准确舒适,新绳不宜过紧,以免入水后收缩引起疼痛。

潜水员着装时,操作人员在领盘上置放压板(条)和拧螺帽时要防止掉落,以免损坏(冬季,压板落地易断裂)或落地后弹入水下。蝶帽的旋拧务必既要拧紧防止渗水,又要松紧均匀规则整齐,以免影响压铅的悬挂。

潜水员着装时,当腰绳系好后,务必先扣上信号绳,在辅助人员扶助下登梯,登梯时用手抓牢梯子,脚要站稳,再次试潜水电话是否良好,确认良好后再挂压铅,以免过早挂压铅有损潜水员体力。潜水员着装时,应先开启腰节阀通气,并由辅助人员将潜水头盔内壁和观察窗擦拭干净。

潜水员装戴头盔时,务必集中注意力,站稳在潜水梯上,抓牢潜水梯,与辅助人员配合好,防止碰痛发生意外,戴好头盔后,再次校对电话通信,确认正常后才可按程序实施下步程序。

给潜水员戴领盘或戴头盔时,操作人员应沿着潜水员后脑勺套下,这样就可避免沿额头套下不慎碰着潜水员鼻、唇部位。

6.6.2 TF-12型潜水装具着装方法与步骤

TF-12型潜水装具方法与步骤具体如图6-17所示。

1）穿潜水服

着装开始前,潜水员先穿好毛衣、毛裤、毛袜等,然后站到潜水方凳上,两名辅助人员提起潜水服衣领分别站在潜水方凳略前面左右两侧,这时,潜水员用左右两手分别支撑在辅助人员肩上,并顺势离开方凳,使身体通过衣领口进入潜水服内,然后穿上衣袖坐下,戴好手箍。如图6-17(a)所示。

另一种穿潜水服的方法是潜水员先坐在潜水方凳上,将潜水服拉套到大腿上,然后站立,两手下垂于小腹部,由辅助人员将潜水服衣领向上拉,此时潜水员进入潜水服内。两手伸出衣袖后,再坐到潜水方凳上,配合辅助人员戴好手箍(卡)。如图6-17(b)所示。

2）穿潜水鞋

潜水员穿好潜水服坐下时,辅助人员应将潜水鞋置放在潜水员脚前,并拉挺鞋帮,用一手轻拍潜水员小腿部,示意穿潜水鞋,潜水员应动手把潜水服裤腿部分向上拉紧弄挺,以防有皱褶影响舒适度。再顺势抬脚,将脚伸入潜水鞋内,然后由辅助人员根据潜水员要求,或根据自己经验准确无误地扎紧潜水鞋鞋绳。如图6-17(c)所示。

3）戴领盘、加压条、上蝶形螺帽

潜水员坐在潜水方凳上,由辅助人员站在左右两旁,将潜水服领口折合成双层、垫上毛巾,然后将垫好毛巾的衣领向后方向,沿着潜水员左、右颈部折压,并由一人压住已折压的衣领(此时潜水员额头以下已蒙入潜水服衣领内),另一人即拿着领盘沿着潜水员后脑勺套下,此刻潜水员的头部已从潜水服内伸出领盘颈部圆口。随后,辅助人员将垫在潜水服衣领上的毛巾整理,并贴紧前领盘口,辅助人员各自用一手抓住领盘口与毛巾,并轻微下压(下压目的一是便于操作,二是防止操作时领盘弹着潜水员下巴和鼻子)。另一手则将潜水衣橡胶凸缘往上提,将凸缘上螺孔对准领盘上相对应的螺栓套去,让领盘上螺栓从潜水服橡胶凸缘螺孔中伸出。此时,两名辅助人员应从领盘正前方各自向左、向右延伸操作,直至领盘后部操作结束。最后,把压板按编号顺序对号入座置放在潜水服凸缘上,将蝶形螺帽在领盘螺栓上用手旋紧,再用专用扳手按规定的顺序拧紧。用专用扳手拧紧蝶形螺帽的顺序是:先拧潜水员的前手4根压条上的中间8个,再拧潜水员正面和背面压条接口上的两个,最后拧潜水员两肩上的两个。如不按上述顺序拧紧蝶形螺帽,就可能会使压条变形,从而影响潜水衣与领盘连接处的水密和气密性能。必须注意各蝶形螺帽的松紧程度要一致,上好蝶形螺帽后,从整个领盘的情况看,是一个以潜水员正背面和正胸前两蝶形螺帽引线为对称轴的对称图形。如图6-17(d)和图6-17(e)所示。

4）扎腰绳

领盘戴好后,潜水员起立,由辅助人员将腰绳扎在潜水员腰部,扎腰绳时潜水员应主动配合将腰绳放在自己认为最适宜的部位,然后由辅助人员收紧腰绳。扣腰节阀时,潜水员应主动配合,拿好潜水软管与腰节阀连接处一段,有利于辅助人员的系扣动作。最后再用双索花结扎好信号绳。如图6-17(f)和图6-17(g)所示。

5）挂压铅

信号绳连接好后,潜水员戴好工作手套,辅助人员手拿供气软管、信号绳将潜水员引到潜水梯上站好,潜水员打开腰节阀通气,并用手试压排气阀,辅助人员用布拭头盔内壁,并试通电话,这一切完成后,先将前压铅挂在领盘柱桩上,再将后压铅挂在领盘柱桩上。挂妥后,用后压铅上的档绳绕过潜水员腋下到前胸,穿过前压铅下端环孔,再从另一侧腋下绕至后压铅上系扣扎紧。如图6-17(h)所示。

6）戴头盔

上述五项程序完成后,辅助人员应对潜水电话再次检验,确认良好状态后,将头盔拿起,慢慢轻轻地将头盔从潜水员头部戴下,对准领盘上间断螺纹,按顺时针方向转动旋紧,辅助人员旋紧头盔时应用膝部抵住潜水员后压铅,潜水员应用手牢牢抓住扶梯,以防潜水头盔旋转过程中,潜水员处于整个身体被迫扭动状态,甚至把腰扭坏。如图6-17(i)所示。

潜水头盔旋紧后,辅助人员应插好头盔上安全销,扣好保险绳,请示下潜,经潜水长同意后,用手轻拍头盔,示意潜水员可以下潜。

6.6.3 TF‑3 型潜水装具的着装方法与步骤

1) 穿潜水服

潜水员坐在木凳上,将潜水服穿至膝盖部,两手下垂于小腹部,由 4 名辅助人员在潜水员左、右、前、后四方握住潜水衣领,同时用力向外又向上拉起潜水衣,潜水员则乘势下蹲,使整个身体进入潜水服内,然后由辅助人员协助穿上衣袖,戴好手箍(卡)和手套。

2) 穿潜水鞋、戴领盘、系腰绳

潜水员穿好潜水服后,辅助人员拉起鞋帮,潜水员将脚伸入潜水鞋内,辅助人员根据潜水员要求,牢固地扎好鞋带绳。然后潜水员坐在凳上,由辅助人员拿起领盘,在其他人

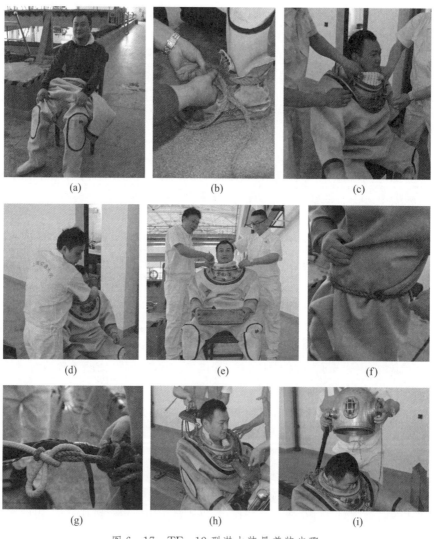

图 6‑17 TF‑12 型潜水装具着装步骤

员协助下,小心翼翼地将领盘戴上,再将潜水服上的螺栓孔套在领盘螺栓上,接着潜水员站立,举起手臂,让辅助人员将腰绳扎在腰部后再坐到凳上。

3）戴压铅、系信号绳

辅助人员抬起压铅平稳放在潜水员肩上,潜水员用腰绳首端从前压铅上方穿过,辅助人员将档带由潜水员下档穿过,与前压铅的眼环连接扎好,然后把信号绳与腰绳系扣扎牢。

4）戴头盔

辅助人员搬起头盔,发出供气指令,然后将头盔螺孔对准领盘螺栓慢慢戴在领盘上,再将螺帽拧紧,即全部着装完毕,由信号员向潜水长报告"着装完毕"。

6.7   潜水基本要领

6.7.1   下潜

1）下梯入水

潜水员着装完毕,调整好气量,在接到下潜指令后,双手抓住潜水梯逐格下梯,如图 6-18 所示。潜水员在下梯过程中,辅助人员应将信号绳、潜水软管徐徐松下,同时又要密切注意潜水员下梯动作,以防潜水员坠落时可随时收紧信号绳、潜水软管。潜水员下梯入水取得浮力后,不应立即大量排气下潜,应调节浮力,在水面做气密检查,确认无异常后,用手拉一下信号绳,或电话通知辅助人员。辅助人员如果也未发现漏气现象,应回拉信号绳一下(或电话通知),示意可以下潜。

2）沿导索下潜

潜水员下潜时,应沿导索下潜,如图 6-19 所示。沿导索下潜可用两个办法:一是在潜水员下潜前,辅助人员将导索引至潜水梯处,潜水员下梯时或下梯接触水面后,即可用手抓住导索;另一种方法是如果引导索至潜水梯不方便的话,潜水员下梯接触水面后,辅助人员即拉信号绳、潜水软管把潜水员拉至导索处,并拉信号绳一下,示意潜水员已到导

图 6-18   入水

图 6-19   沿导索下潜

索处。

沿导索下潜时潜水员手抓导索，将信号绳、潜水软管置放胸前，用脚交叉缠住导索，通过排气阀排气，取得负浮力，开始下潜。

潜水员在水面被辅助人员拉动时，为减少阻力，应侧身向前，同时应一手握住信号绳、潜水软管，并有意识地使排气阀朝上，以防排气时进水。同时应让信号绳多受力，以减轻潜水软管受力，这样也避免了信号绳、潜水软管最终受力点集中在腰节阀处，既保护了装具作用，又保护了自己腰部不受损伤。

3）下潜注意事项

潜水员下潜时，应根据自己身体的适应情况掌握好下潜速度，并根据水深调节好供气量及控制好排气。新潜水员一般每分钟下潜速度不超过 15 m。下潜过程中如果有耳膜疼痛时，应停止下潜，做口液吞咽或鼓鼻动作，以适应环境。疼痛消失后即可继续下潜，如无效果则上升 2～3 m，重复口液吞咽或鼓鼻动作，感觉无疼痛后，再继续下潜。如无效则必须返回水面，出现这种情况，多数是潜水员带有感冒潜水，造成咽鼓管不通。

下潜过程中，辅助人员应根据潜水员下潜速度将信号绳、供气软管徐徐松放入水，并要注意潜水员的下潜速度，防止潜水员失控堕落发生挤压伤。如发现潜水员突然加速下潜的异常情况时，应立即拉住信号绳、潜水软管不松动，并立即与潜水员通过电话或信号绳取得联系，问明情况后，再视情况处理。

潜水员快着底时，应放慢下潜速度，双脚徐徐平稳着底，以免下潜速度过快，造成水下不明障碍物戳痛臀部。下潜到底后，用信号绳拉一下或电话通知"到底了"，辅助人员接到通知后回拉信号绳一下或电话予以答复回话"到底了"。

潜水员着底后，应根据水深调整气垫，观察或探摸周围情况，确认信号绳、潜水软管无纠缠后开始行动。

6.7.2　水底行动

潜水员在水底行动前，应理清信号绳、潜水软管、导索及其他绳索，然后根据水流方向或水下物件来判断自己该如何到达目的地。潜水员水下行动一般应向前顶流（见图 6 - 20）或侧流行进，如确需顺流而动，应根据水流情况选择最慢时候潜水，并应抓住水下物件或导向绳（行动绳）慢慢行动。

水底行动中发现与作业无关的障碍物、深坑（洞）时应绕行，或从障碍物上层通过，行动中要防止信号绳、供气软管纠缠或兜搭，并随时予以清理。对妨碍或危及潜水作业安全的障碍物，应先行拆除、移位或系固稳定。潜水员如工作需要需进洞进坑时，必须倒退行动，先脚后身，并通知水面辅助人员抓紧信号绳及供气软管，以防跌入低凹处发生"倒立"。如要从高处到低

图 6 - 20　潜水员在水底顶流前进

处,必须先告诉水面辅助人员将信号绳、供气软管拉紧配合好,然后潜水员掌握好运气技术从高处降落至低处,这对有经验的潜水员来说是可行的。如果潜水员对从高处降落至低处深度和运气技术都感到把握不大,可以叫辅助人员通过信号绳传递一根若干米长的绳索,将此绳索一端系扣在高处某部位,另一端松向低处,潜水员则抓住此绳索逐步下潜到目的地。探明情况后再返回系扣信号绳处,解开系扣点,请辅助人员将多余信号绳收紧,然后根据探明的情况再做处理。

潜水员在潜水作业过程中,出于种种原因发生信号绳、供气软管纠缠、兜搭或穿档等情况,不必惊慌失措,一般都可以自行解脱,如确有困难,请求水面派员援助。

潜水员在水下发现空气有异味时,或感到身体不适,应与水面人员取得联系,必要时应立即上升出水。水下不明生物,不要去碰动,以策安全。

潜水员在水下调节腰节阀时,应徐徐启闭,切勿急躁,以免弄错启闭,造成自我紧张或失控。潜水员应熟练掌握和控制供气量,注意预防放漂。

潜水员在水下作业时,任何时候头部必须高于脚部,以免发生头朝下、脚朝上的"倒栽葱"事故。

潜水员在潜水梯上休息或出水上梯、开启头盔前,务必站稳,辅助人员应将信号绳系固在牢固之处,防止潜水员因疏忽而从梯子上落入水中发生意外。

6.7.3　上升

(1) 潜水员接到上升指令时,不必问为什么,应按照指令迅速上升出水。

(2) 潜水员接到准备出水通知后,应立即停止作业,将水下正在使用的工具放妥,并清理好信号绳和供气软管,然后通知辅助人员收紧信号绳、潜水软管准备上升,并按原路线返回导索处。与下潜时一样,控制好气垫,调整成适当正浮力逐渐上升。上升过程中要控制速度,以免放漂,上升速度一般以每分钟不超过 8 m 为宜。上升过程中如需减压,必须听从水面指挥,按规定实施减压,如图 6-21 所示。上升过程中,潜水员应随时做好停止上升的思想准备,出水时应有一手高举头部,以免出水时头盔碰撞水面漂浮物。

图 6-21　潜水员出水及减压

(3) 潜水员登木梯时,辅助人员应将因流急而造成漂浮的梯子压下去(人可站梯上),

以方便潜水员登梯。潜水员逐格登梯时,辅助人员可根据潜水员登梯脚步用信号绳有节奏地稍用力提拉,以减轻潜水员的登梯负荷力。潜水员从水面抓住潜水梯登梯一瞬间,应迅速将潜水衣内气体大量排出,以保证登梯时裤脚管内无余气,弯曲方便,并一鼓作气登上舷梯或甲板面处,等候开帽卸装。

6.7.4　潜水后的操作

1）卸装

潜水员出水后的卸装,按着装的反顺序进行。卸装后应检查装具有无损坏,每天潜水结束后应用淡水把各个部件冲洗干净,并做必要的保养。

2）潜水员的安全

由于冷水的麻痹作用,最初不易察觉潜水时受伤,如割伤、动物咬伤、冻伤、擦伤等对诸如以上的伤应给予必要的治疗。在证实未发生减压病、肺气压伤等问题之前,应尽可能长时间对潜水员的一般情况进行观察。潜水后,潜水员至少在 6 h 之内不得离开有减压舱的潜水单位,也不能单独留下;至少在 12 h 之内,不得远离有减压舱的潜水单位。假若需乘飞机飞行(如需治疗某种损伤,但潜水现场又不具备这种医疗能力时),那么应该用直升机或飞机在低空(不得超过相当于 240 m 的高度)运送潜水员。如飞机运送患减压病的潜水员,飞机应尽可能在最低的安全高度(低于 240 m 的高度)飞行,同时,在进入加压舱之前,患者应呼吸纯氧。

3）记录和报告

一些情况必须在潜水工作刚刚结束时记录下来,而另一些记录可在方便时加以填写。电话员负责潜水日志、潜水登记本,并将它们保存起来。潜水员有责任适当地填写他的个人潜水记录。此外,还应指定专人负责保管器材使用记录。

潜水员还应向潜水监督报告水下完成工作情况和问题。

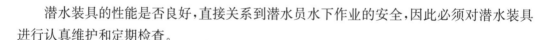

6.8　装具的维护保养

潜水装具的性能是否良好,直接关系到潜水员水下作业的安全,因此必须对潜水装具进行认真维护和定期检查。

6.8.1　潜水后的保养

(1) 装具使用完毕后应用清洁淡水冲洗干净,然后用压缩空气吹干或用干布擦干。注意防止潜水头盔内送受话器进水受潮。

(2) 潜水服应在通风阴凉处挂在衣架上晾干,然后在橡胶部分涂滑石粉,防止互相粘连。

(3) 潜水头盔颈部密封 O 型圈应涂上硅脂。

(4) 如 TF-88 型潜水装具长期不再使用,应泄放掉应急气瓶内的气体,使瓶内压力降至 2 MPa 左右。

6.8.2 日常维护保养

1）头盔

头盔必须经常注意擦拭,搞好内壁清洁工作,特别是容易引发感冒、咳嗽、流鼻涕的冬季。

头盔消毒清洗时,应先取出头盔内送受话器用酒精纱布擦拭,然后用肥皂水清洗头盔内部,再用湿干净棉布擦拭干净,最后用酒精纱布擦拭。

头盔外壳铜质部分,为防止氧化,应用擦铜油擦拭。排气阀和排气阀中拆开的部件,要用擦铜油擦拭后,再涂上甘油或植物油后装妥,以防生锈。擦头盔、排气阀时应避免使用棉纱,以免棉纱头夹在排气阀内。

2）潜水软管

潜水软管使用后应立即用淡水冲洗干净,在污染区或油污区进行过施工的潜水软管应用清洁剂进行清洗,然后用清水冲洗干净。对潜水软管应经常实施检查,看有否裂缝或质变现象。

潜水软管应定时消毒清洗:先用清洁的温水冲洗管内,并用压缩空气吹干管内,然后用约 1 000～1 200 mL 的 75％的酒精液对整套软管管内进行消毒,最后再次用清洁温水冲洗,并用压缩空气吹干。

潜水软管应堆放在通风好、温度适宜的室内,避免暴晒或淋雨,以防质变老化。盘卷直径不宜太小,防止硬弯折裂,潜水软管上严禁堆压重物,并切勿沾上油渍。

3）领盘

领盘养护主要应对铜质部分擦拭擦铜油,防止氧化;对牛皮垫圈拭抹高级机油,防止萎缩老化,影响气密;对间断螺纹、螺栓涂抹高级植物油,使其保持润滑。

4）潜水服

潜水服最好用衣架悬挂,尽量避免折叠存放。存放的室内环境以温度为 15～35℃、相对湿度为 50％～80％为宜,橡胶部分撒些滑石粉。

5）信号绳

信号绳平时不应放在潮湿处,并严禁作其他用途。

6.8.3 安全检查和检验

1）头盔

对头盔的安全检查首先应看外形是否完好,然后认真检查排气阀、挡风板及送受话器等是否正常。

对头盔进行内压试验时,充气压力为 0.05 MPa,时间为 5 min,检查各部分焊、铆处的气密情况;对头盔连接短潜水软管的弯头做 1 500 N 的拉力试验,看有无变形或裂痕。

2）潜水软管

安全检查时,应察看软管表面有无裂纹、划伤、脱胶等缺陷,此外,还应检查软管内电话线有无断线、接触不良等现象。试验时,将供气软管一端封闭,另一端供气 1.5 MPa,保压 2 min,检查软管各处有无泄漏及局部鼓起等现象。

3）领盘

领盘的安全检查主要检查间断螺纹、螺柱上的螺纹是否良好。悬挂试验时，挂桩悬挂50 kg 负荷，检查历时 5 min 有无变形。

4）潜水服

对潜水服进行安全检查时，主要检查有否发硬或发黏，有无裂纹，橡胶部分袖口衣领有无老化现象，以及护垫部分的磨损程度。试验时，采用 0.01 MPa 气体内压试验 5～10 min，用肥皂水试抹接缝处有无漏气和局部有无凸胀现象。

三螺栓潜水服领口，4 人拉开其领口直径的两倍时，不破裂，并能复原，视为合格。

5）信号绳

安全检查时，主要看看是否有霉烂、断股、松股、硬伤、破损、污染等现象，并做 1 800 N 拉力试验。

对于检验不合格的或勉强够格的，应视具体情况报废或降级使用，决不能勉强使用，以杜绝事故的发生。

6.9　紧急情况应急处理

紧急情况是指各种各样的意外情况，以及由此而产生的需要立即采取措施的状态。尽管潜水作业前，已经做了周密的计划和充分的准备，但水下环境较为复杂，受大自然影响因素很多，一些人为因素难以完全控制，难免也会出现一些潜水紧急情况。特别是通风式重潜水装具由于自身构造的特点，操作不当会引起放漂，一旦发生供气中断就无法依赖应急供气（指 TF‑12 型和 TF‑3 型）来争取更多时间处理危机等。因此通风式潜水时要认真准备，规范操作，而一旦发生紧急情况时，应组织有力，处理果断。在绝大多数的紧急情况下，只要识别得早、处理得当，是可以转危为安的。

6.9.1　放漂

已经下潜的潜水员，失去控制能力，在正浮力的作用下，身不由己地迅速漂浮出水面的整个过程称为放漂。放漂后处理不当会产生一定的危险，因此要求潜水员能熟练控制气垫，尽量避免放漂。一旦放漂，潜水员不要惊慌，应镇静处理。其操作方法是：潜水员可用双手用力扯住领盘，使头部接触排气阀，排除潜水服内多余的气体，使双脚下沉，然后翻身成正常漂浮状态，调整好浮力与稳性。此时要注意不能排气过多，以免造成重力大于浮力，致使潜水员迅速下沉，产生不良后果。如潜水员放漂后本身无法排除，则水面应进行协助，利用信号绳、软管立即将潜水员拉到潜水梯，以便水面人员根据情况迅速处理。在潜水员放漂时，信号绳、软管要快速拉紧，同时电话员（或配气员）要掌握好供气量，严禁将供气阀（腰节阀）完全关死。

有关放漂的原因、危害以及处理原则详见 10.1 节。

6.9.2　绞缠

潜水员的信号绳、软管被水下障碍物缠绕、钩挂、阻挡而不能上升出水，以致被迫在水中长时间暴露,这种情况称为水下绞缠。有关绞缠原因、危害以及处理原则详见10.3节。

6.9.3　潜水服破损

潜水服破损常见于潜水服袖口破裂,如破口裂缝较小,少量进水或渗水,影响不大,夏季可继续作业。如破口裂缝较大,进水较多,应停止工作,开大腰节阀增加供气量,同时将袖口损坏的那只胳膊垂直向下,通知水面准备上升出水。

如果潜水服破裂较大,特别是在上半身,水会很快灌满潜水服,这很危险,会造成潜水员窒息。遇此情况,人应保持站立姿势,发出上升信号并急速上升出水。在此之前,应开大腰节阀增加进气量,用手把压铅往下拉,以防头盔升高使进入潜水服内的水淹没头部。出水后迅速脱下保暖服,采取防寒保暖措施,如需减压则迅速进舱加压。

6.9.4　潜水鞋脱落

潜水鞋的脱落大多是潜水鞋绳未能扎紧扎牢所致。

发现潜水鞋鞋绳有松动,自己设法扎紧。如已脱落,人应保持直立,把鞋脱落的这只脚的小腿交叉在另一只腿的小腿肚处,要保持稳性,适当将供气量减小,以免空气进入无鞋的裤脚产生倒立。设法找到失落的鞋并穿上扎紧。如难以找到或把握不大,则通知水面准备上升,控制好气量,顺着导索并用脚夹紧导索上升出水。

如离导索距离远或其他因素,无法采取上述措施,应请求水面派员救援。救援方法很多,如水面带鞋或索链类重物替他扎上,或寻找到失落的鞋替他穿上,或派两名潜水员左右夹带出水等。

6.9.5　潜水压铅脱落或后压铅被钩住

潜水压铅脱落常见于压铅绳索断裂,造成压铅偏向单面下垂,身体重心倾向一边。潜水员应将腰节阀关小些,控制气量,尽量保持身体平衡,把自己信号绳一端拉长些用以系扣下垂的压铅,尽可能拉到原来位置上扎住,然后立即上升出水检查。

预防的办法是定期更换压铅绳,发现问题及时处理,潜水作业前严格检查。

后压铅被物体钩住时,潜水员要保持镇静,自行轻轻转动身体,稍上升或下沉就有可能脱钩。做此项解脱时,严禁转身动作过大、过猛,否则不慎易将潜水帽与头盔连接处松动,造成更大的事故。无法自行解脱时,应请求水面派员救助。

6.9.6　供气中断

潜水过程中,出于某种原因突然中断对潜水员供气,这种潜水事故称为供气中断。有关供气中断的原因、危害以及处理原则详见10.2节。

6.9.7　通信中断

通信中断通常由潜水电话送受话器损坏,电话线在腰节阀处、引入管处发生断线等引起。

发生通信中断后,水面人员与潜水员之间可以利用信号绳进行联系,此时潜水员应立即上升出水进行修复。如潜水作业较为简单,作业现场环境较安全,可暂时利用信号绳作通信工具继续工作。

6.9.8 头盔被撞破

头盔被撞破多见于水下行动过快不慎被尖锐物体触破,头盔损坏比潜水衣损坏更为严重。由于空气比水轻,故空气能迅速从破损处溢出,水会从上而下直灌入潜水服内,这是非常危险的。事故发生后,首先要镇静,急速用手捂住破损处,开大腰节阀提高供气量,然后通知水面人员准备立即上升出水。

预防办法是在水下行进时,不得盲目快速前进,用手在前缓缓向前,从蹲下到起立过程中要缓慢,防止头顶上方有异物碰撞。

6.9.9 排气阀被撞坏

排气阀被撞坏是在行动中过猛过快撞到障碍物所致;或检查不严,排气阀顶部阀门的连接盖脱落,失去阻水作用而造成的,从而使水无阻拦地涌入头盔内,这是很危险的。对此情况应镇静勿慌,立即把头盔侧向阀门一方,用手急捂住孔洞漏气处,开大腰节阀供气,并通知水面人员准备立即上升出水。

预防的办法是:水下行动前进不能过猛过快;蹲下站立起来时,要缓,禁止猛地一下站立;加强对潜水装具的维护保养,潜水前必须仔细检查。

6.9.10 观察窗被碰破

观察窗被碰破是行动过猛、过速、撞击所致。对此情况,应保持镇静把头俯下,用手遮盖破损处,开大腰节阀供气,并通知水面人员准备立即上升出水。

预防观察窗破损,首先应加强观察窗防护罩的牢度,水下行进时不可低头快速猛进,应用手向前缓缓爬行或逐步探摸向前。

6.9.11 螺栓被撞断

领盘螺栓被撞断会造成潜水头盔与潜水服脱离产生裂缝。事故发生后,应通知水面人员准备紧急上升出水。在此之前应设法把潜水头盔固定在颈上,用手压住,站立身体,增加供气流量,保持气垫,阻止进水。

预防办法与上述几项相同。

6.9.12 倒栽葱

潜水事故中倒栽葱是极少发生的,但这是最危险的事故之一。倒栽葱事故的发生大多是由于操作不慎造成的,头部低于脚部,使空气进入裤腿发生倒立,或上升过程中,在外力作用下发生头朝下脚朝上。其预防的根本办法是:任何时候,潜水员务必始终保持头部高于脚部,以防空气进入裤腿,形成倒栽葱。

如果发生此类事故,潜水员应避免排气,以防水进入头盔,发生溺水。如发生倒栽葱上升到水面,水面人员应立即采取措施,将潜水员拉到潜水梯边,使其体位恢复正常。如中途上升中遇到障碍物被吊在半途水中,应立即派预备潜水员援救。

潜水员水下行进时,严禁快速前进,以免跌入洞内、坑内或舱内,造成头朝下。如果必须进入这些场所,应采用系扣导索方法,从高处顺导索而下。

6.9.13　潜水员在水下被吸泥管吸住

在水下除泥时,如果潜水员的脚被吸泥管吸住,一般情况下,在通知水面人员停止向吸泥管供气后,即可自行脱离。

潜水员在水下除泥时,如果一只手被吸泥管吸住,切勿强拉,以免袖口损坏。同时为防止袖口被吸破,导致潜水服内大量气体溢跑,除立即通知水面人员关闭吸泥管供气阀外,另一只手则开大腰节阀供气,待吸泥管失去吸力后,将手退出管口。

潜水员如两只手被吸泥管吸住,应立即通知水面关闭吸泥管供气阀,停止向吸泥管供气,并视情况决定是否派员下潜救护。

被吸泥管吸住,多数是某一只手,这种情况往往发生在用手探摸吸泥管管头是否有垃圾塞住,或用手往吸泥管里面塞(吸泥管口径能承受的)垃圾时发生的;脚被吸住的情况多数发生在吸泥管吸泥时,由于泥被大量吸去,泥层与管口空间距离拉大,潜水员去探摸吸泥管时,脚正好伸到管口与泥层之间,造成被吸。

潜水员被吸泥管吸住事故往往发生在使用直径为 $250\sim300\ mm$ 的气升式吸泥管中。因为这种吸泥管直径较大,所配空压机排气量较大,吸力较足。水越深,吸力也越大。

吸泥管水下端口都设有防护罩,这样既可防止较大垃圾进入管内造成堵塞,又可对潜水员水下操作起到一定的安全保护作用。用吸泥管进行水下除泥时,如有两名潜水员同时操作,特别是对吸泥管的移位过程中不关闭吸泥管供气阀时,应通知另一名潜水员避让,同时应注意吸泥管不要绞得太高,以免操作不当造成自己被吸。

6.9.14　潜水员被泥塌方压住

潜水员被泥塌方压住造成的后果很严重,轻则伤,重则危及生命。潜水员被塌方压住多见于冲淤泥埋电缆等。发生这种事故后,潜水员应立即通知水面派员救助,同时,自己潜水服内应保持一定气量,形成一定的气垫防止挤压伤,并尽可能不松掉自己手中的水枪,用水枪冲去自己身边泥沙。

预防方法主要是:水下除泥时,应一层层地往下除,潜水员应从上方往下方冲泥,坡度不能太陡,以免塌方。而且,人不能离开吸泥管过远冲泥,因为这样会造成两个不良结果:一是冲泥效果差,二是也不利于自身安全。如果有轻微塌方现象应提高警惕,如发现自己身体有漂浮感产生,很可能是塌方预兆,应先行出水回避。在易塌方地区,尽量采用"自动除泥"方法,减少潜水员下潜冲泥的频率。

 **市政工程潜水作业技术**

7.1 **市政给水管道工程**

7.1.1 市政给水系统概述

市政给水系统的任务就是经济合理和安全可靠地供应人们生活和生产活动中所需要的水以及用以保障人民生命财产安全的消防用水,并满足各用户对水质、水量和水压的需求。

该系统主要由以下 6 部分组成:取水构筑物,水处理构筑物,输水管渠,配水管网,泵站和调节构筑物。按照水源的不同,主要有地表水源(江河、湖泊、蓄水库、海洋等)给水系统和地下水源(浅层地下水、深层地下水、泉水等)给水系统。

(1)取水构筑物是指从水源(地表水和地下水)取水的设施,包括地下水取水构筑物(如管井、大口井、渗渠等)和地表水取水构筑物(如浮船、缆车、堤坝、取水头部、岸边式取水构筑物等)。

(2)水处理构筑物将取水构筑物的来水进行处理,以满足用户对水质的要求。包括絮凝池、沉淀池、滤池等。

(3)输水管渠是指在较长距离内输送水量的管道或渠道,输水管(渠)一般不沿线向两侧供水。如从水源到净水厂的管渠,从水厂将清水输送至供水区域的管渠,从供水管网向某大用户供水的专线管道,区域给水系统中连接各区域管网的管道等。

给水系统中对输水管的安全可靠性要求很严格。由于输水管发生事故将对供水产生较大影响,因此较长距离输水管一般敷设成两条平行管线,并在中间的一些适当地点分段连通和安装切换阀门,以便其中一条管道局部发生故障时由另一条并行管道替代,保证安全供水,其保证率为 70%。多水源给水如果具备应急水源、安全水池等条件,可采用单管输水。

(4)配水管网是指分布在整个供水区域内的配水管道网络。其功能是将来自较集中点(如输水管渠的末端或储水设施等)的水量分配输送到整个供水区域,使用户就近接管用水。配水管网由主干管、干管、支管、连接管、分配管等构成。配水管网中还需要安装消火栓(闸阀、排气阀、泄水阀等)和检测仪表(压力、流量、水质检测等)等附属设施,以保证消防供水和满足生产调度、故障处理、维护保养等管理需要。

(5)泵站是输配水系统中的加压设施,其作用主要是提水和输水,给水提供机械能量。当水不能靠重力流动时，必须使用水泵给水流增加压力，以使水流有足够的能量克服管道内壁的摩擦阻力及水流层之间的内摩擦阻力，满足各用户或用水点对水压和水量的要求，城市配水管网的供水水压宜满足用户接管点处服务水头 28 m 的要求。

市政给水泵站按照其设置情况，可分为一级泵站、二级泵站和中途泵站。一级泵站的作用是将取水构筑物取用的水源送至净水厂，可通过经济技术比较，靠近取水构筑物设置，或靠近净水厂设置；二级泵站的作用是将净水厂处理后的成品水送至管网中，一般设置于净水厂内；中途泵站设置于市政给水管网中，其作用是对二级泵站的来水进行后续加压并送至后续管网。

泵站内部以水泵机组（水泵与电机的组合）为主体，可以并联或串联运行，由内部管道将其并联或串联起来。管道上设置阀门，以控制多台泵灵活地组合运行，便于水泵机组的拆装与检修。泵站内还应设有水流止回阀（逆止阀），必要时安装水锤消除器、多功能阀（具有截止阀、止回阀和水锤消除作用）等，以保证水泵机组安全运行。

图 7-1 泵站实景图

（6）调节构筑物包括各种类型的储水构筑物，如清水池、水塔或高地水池等。设在水厂内的清水池（清水库）是水处理系统与给水管道系统的衔接点，其主要作用是调节净水厂制水量与供水泵站供水量的流量差额并保证滤后水有一定的消毒时间。

高低水池（水塔）根据实际情况可设置于市政给水管网前、管网中或管网末端，主要是用于调节供水量与用水量的流量差额，同时起到保证供水压力的作用。

这些水量调节设施也可用于储备安全用水量，以保证消防、检修、停电和事故等情况下的用水,提高系统供水的安全性和可靠性。

7.2　市政排水管道工程

7.2.1　市政排水管道工程概述

在城镇,从住宅、工厂及各种公共建筑中不断地排出污水,同时还可能伴随着城市雨水及冰雪融化水等,按照来源的不同,污水分为生活污水、工业废水和降水。生活污水主要是指居民在日常生活中排出的废水,主要来自住宅、学校、医院、公共建筑和工业企业的生活空间等部分,脂肪、氨氮、洗涤剂和尿素等,这类污水中含有大量有机和无机污染物,如蛋白质、碳水化合物,还有常在粪便中出现的病原微生物(寄生虫卵、传染性病菌和病毒等)。这类污水受污染程度比较严重,是废水处理的重点对象。

工业废水是指工业企业在生产过程中所排出的废水,主要来自各车间或矿场。由于工业企业的生产类别、工艺过程、使用的原材料以及用水的成分不同,工业废水的水质和水量变化较大。一类工业废水被用作冷却水和洗涤水后排出,受到较轻微的水质污染或温度变化,这类水往往经过简单处理后就可重复使用或排入水体;另一类工业废水在生产过程中受到严重污染,例如许多化工生产废水,含有很高浓度的污染物质,甚至含有大量有毒有害物质,必须给予严格的处理。工业废水和生活污水合称城市污水,简称污水。

降水即大气降水,包括液态降水(如雨、露)和固态降水(雪、冰雹、霜等)。前者通常主要是降雨,后者主要是融化水,这类水径流量大而急,若不及时排除,往往会积水成灾,阻塞交通、淹没房屋,造成生命和财产的损失,尤其是山洪水危害更甚。雨水较清洁,但初降的雨水却携带大量污染物质。特别是流经制革厂、炼油厂和化工厂等地区的雨水,可能会含有这些部门的污染物质。因此,流经这些地区的雨水应经适当处理后才能排入水体,有些国家已经对初降雨水进行了处理。在水资源缺乏的地区,降水尽可能被收集和利用。

7.2.2　市政排水系统的任务

城市排水系统是指收集、处理、排放(或综合利用)污水和雨水的设施系统。通常由排水管道系统、污水处理系统和污水排放系统组成。污水如果不及时处理,必将对环境造成污染,对人体健康构成威胁,甚至形成灾害。

市政排水系统的基本任务是及时地收集城市污水和雨水,并输送至指定的地点;合理地处理城市污水,排放并逐渐加以综合利用或者重复利用,以实现水资源的可持续利用。排水管道系统的作用是收集、输送污水,由管(渠)及其附属构筑物(检查井、跌水井、倒虹管、溢流井等)、泵站等设施组成。污水处理系统的作用是将管(梁)系统中收集的污水处理达标后排放至水体或加以综合利用,由各种处理构筑物组成。

7.3 管道养护技术

排水管道及其构筑物在使用过程中会不断损坏,如污水中的污泥沉积淤塞排水管道、水流冲刷破坏排水构筑物、污水与气体腐蚀管道及其构筑物、外荷载损坏结构强度等,为了使排水系统构筑物设施处于完好状态,保持排水通畅,必须对排水系统进行养护。排水管道日常养护工作内容包括管道设施检查、清洗、疏通、维修等。

7.3.1 设施检查

排水管道的设施检查一般采用现场检查(井上检查与井下检查)、水力检测及排水管道检测仪检查等方法。

井上检查包括进出水口、雨水口、沟渠等地面排水设施完好程度、排水系统中地面雨水状况、生活污水与工业废水的水质水量变化等情况。井下检查包括地下排水设施状态、地下管道及各种构筑物是否处于正常使用状态等。

如需要井下检查作业,必须将检查的井段相邻的井盖打开,自然通风换气 30 min。遇有死井、死水地段需用送风机以人工送风的方式对管道进行通风换气。

开启窨井,必须用工具,不可用手拉。开启窨井后,操作人员不得离开,否则将盖子盖好或者做好隔离维护(防跌落装置)。

长期密封的污水管道,由于污水中的有机物质在一定温度、湿度、酸度和缺氧条件下,经厌氧微生物发酵、有机物质腐烂分解而产生的沼气(甲烷),同时也可能产生一氧化碳、硫化氢等有毒气体,容易造成人体中毒或缺氧窒息,因此下井前必须用有关气体检测仪或排水管道气体检测车进行有毒有害气体检测,下井时必须有相应的安全措施,如佩戴防护设备和防护绳,不得带有任何明火下井。井下采用手电筒照明或用平面镜子反射阳光方法进行照明,地面上有专门监督执行保护安全操作的人员。

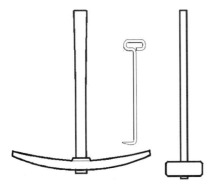

图 7-2 传统三大件:榔头、钩子、洋镐

图 7-3 施工现场窨井维护

对于管道内结构的损坏,尤其是一些管径小、井距长的管道,人工检查难度较大,就需要引进新的监测设备,如闭路电视检测车(CCTV)、排水管道检测仪等,对管线是否直顺、

有无渗漏、接口是否完好、管道腐蚀程度等均能提供确切的证据。

表 7-1　排水管道检查的内容

设施种类	检查方法	检查内容
管道	井上检查	违章骑压、地面塌陷、水位水流、淤积情况
	井下检查	变形、腐蚀、渗漏、接口、树根、结构等
雨水口及检查井	井上检查	违章骑压、违章接入、井盖井座、雨水箅子、踏步及井墙腐蚀、井底沉泥、井底结构等
明渠	地面检查	违章骑压、违章接入、边坡稳定、渠边植被、水位水流、淤积、挡墙结构等
倒虹吸	井上检查	两端水位差、检查井、闸门或挡板等
	井下检查	淤积腐蚀、接口渗漏等

7.3.2　管道疏通

1）水力冲洗

水力冲洗的原理就是通过提高管道中的水头差、增加水流压力、加大流速和流量来清洗管道的沉积物。

（1）污水自冲。

污水自冲过程如图 7-4 所示。在某一管段，根据淤积泥的情况，选择合适的检查井作为临时集水井，用管塞子或橡胶气堵塞下游管道口，当管塞内充气后，将输气胶管和绳子拴在踏步上。当上游管道水位涨到要求高度后，突然拔掉管塞或气堵，让大量污水利用水头压加快流速来冲洗中下游管道。这种冲洗方法，由于切断了水流，可能使上游管道产生新的沉积物。但在打开管塞子放水时，由于积水而增加了上游管道的水力坡度，也使上游管道的流速增大，从而带走一些上游管道中的沉积物。

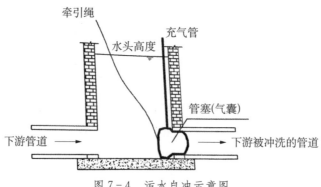

图 7-4　污水自冲示意图

（2）冲洗井冲洗。

所谓冲洗井冲洗如图7-5所示,在被冲洗的管道上游,兴建冲洗井,依靠地形高差使冲洗井高程高于管道高程管道,以制造水头差来冲洗下游。一般把冲洗井修建在管道上游段,管径较小、坡度小不能保证自净流速的管段,通过连接管把冲洗井与被冲洗的管段相互连接起来。冲洗井的水可利用自来水、雨污水、河湖水等作为水源,以定期冲洗管道。

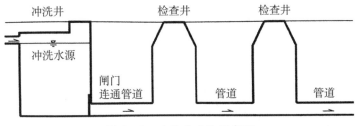

图7-5　冲洗井冲洗示意图

（3）机械冲洗。

机械冲洗是采用高压射流冲洗管道,将上游管道淤泥冲到下游管道上修建的沉泥井中,最后利用真空吸泥车将沉泥井的积泥吸入车内运走,如图7-6和图7-7所示。

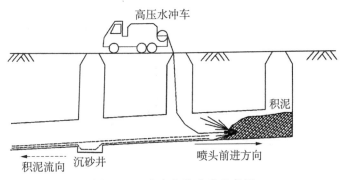

图7-6　喷头前进冲洗示意图

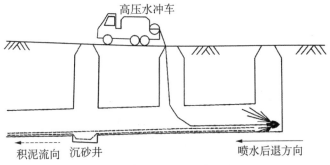

图7-7　喷头前进冲洗示意图

2) 掏挖疏通

当管道积泥过多甚至造成堵塞时,一般的冲洗方法解决不了,可采用绞车疏通法(见图7-8)对管道进行掏挖来清理积泥堵塞物。

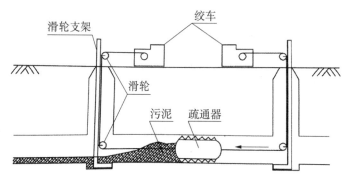

图7-8　绞车疏通法

一般不能用绞车疏通掏挖的管段,需要采用人工掏挖的作业方式。人工掏挖时的井下作业,必须遵守井下作业安全守则。

7.3.3　管道封堵

通常采用砖砌封堵,施工步骤如下:

1) 封头子

(1) 辅助工在施工区域内进行围护,利用专业工具打开窨井盖;专业人员利用四合一气体检测仪(型号为M40)对窨井内有毒有害气体进行测试,硫化氢最大允许浓度为10×10^{-6},由安全员进行监护。检测完毕后,辅助工在井内放好扶梯,协助潜水员做好穿潜水衣、戴潜水面镜、系安全绳等下井前的工作。待辅助工检测设备无误后,潜水员下井封管堵。

(2) 水中清障:为保证封堵质量,必须在封堵之前彻底清除井内垃圾,使管道与黏土混凝土严密搭接,以防漏水。本工程清障的方法主要是潜水员下水铲装垃圾,地面辅助人员用桶吊除。清障工作必须彻底,清除垃圾后,以保证封堵与管道有足够大的黏着力,从而更好地保证工程质量,清除上来的垃圾及污泥要运至指定地点,保持下一个工序的正常进行。

(3) 材料的运输:在管道正式封堵前,将设计所需材料运至工程地点,其中材料包括道板、黄泥、水泥以及木梢等。

(4) 材料整理。

a. 拌制黏土混凝土:黏土混凝土由黄泥与普通硅酸盐水泥拌制而成,黄泥与水泥的配比为3∶1。

b. 整理道板:用作封堵管道的道板必须清理干净,在道板上不能粘着泥块等杂物,并切割好工程所需大小零碎道块。

(5) 铺筑基础:清障及材料准备好后,潜水员着装下水铺筑基础。铺筑基础时先在管底面抹一层黏土混凝土,再在其上砌筑道板,道板与道板之间或道板与管壁面之间必须有2~3 cm的黏土混凝土。基础底面的宽度根据管径的大小和水位决定,保证封堵墙有足够的抗压性。

（6）墙体砌筑：在打好的基础上继续砌筑墙体,使黏土混凝土均匀铺设,保证砌筑墙体坚硬牢靠。

（7）预留孔洞：为缓解水流对封堵墙的冲击,在封堵头子时必须预留响应孔径大小的孔洞,封堵管道需要预留一只孔洞,根据水的流量来预留管子的大小。放置预置管子时,管壁与墙体之间一定要用粘混剂抹好。

（8）封堵管道：在铺筑基础和预留孔洞的基础上,砌筑道板封堵管道。

（9）收口：收口的好坏直接影响到封堵管道的成败,当道板砌筑到管道顶部时,在道板与管道顶部之间钉筑一排倒耙梢,间隔反复钉筑,直至钉紧为止,再在倒耙梢之间或其上抹、塞粘混土。

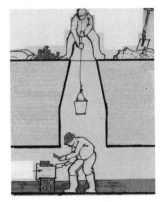

图 7-9 砌砖封堵

2）拆头子

（1）辅助工在施工区域进行围护,利用专业工具打开窨井盖,而后由专业人员利用气体检测仪进行测毒,检测完毕后,辅助工在井内放好扶梯,协助潜水员做好穿潜水衣、戴潜水面镜、系安全绳等下井前的工作。待辅助工检测设备无误后,潜水员下井拆头子。

（2）拆头子：先检查两边水位高低,先上游后下游。两井位水位落差比较大的情况下,要先开一个小洞。拆头子的时候人不要靠近洞口;禁止用手去摸洞口。小洞开好以后,潜水员上岸等水位落差平衡后再下水拆头子。拆完头子后,由上面辅助人员和潜水员协作把拆除的垃圾捞上来。

7.3.4 管道内降水

1）施工步骤

（1）水袋沿着路边铺放至下游出水口,水袋接口扣牢固。

（2）施工人员把泥浆泵从运输车内缓慢抬下,把铺好的水袋与泥浆泵连接完毕。

（3）在检查井正上方架设好三脚架,3个支撑点尽量与地面充分接触,或者用石块等重物压牢3个支撑点,手拉葫芦挂在三脚架上把泥浆泵放至水下合适位置。

（4）接上电源启动水泵抽水。

（5）注意事项：

a. 注意用电安全。

b. 如遇水位突涨淹没电机,应及时断电,并提升水泵电机,烘干电机后再投入使用。

c. 严禁进水后再上电使用。

图 7-10　抽水泥浆泵

图 7-11　水泵三脚架

7.3.5　管道强制通风

通风措施可采用自然通风和机械通风。井下作业前,应开启作业井盖和其上下游井盖进行自然通风,且通风时间不应小于 30 min。当排水管道经过自然通风后,井下气体浓度仍不符合规定时,应进行机械通风。管道内机械通风的平均风速不应小于 0.8 m/s。有毒有害、易燃易爆气体浓度变化较大的作业场所应连续进行机械通风。通风后,井下的含氧量及有毒有害、易燃易爆气体浓度必须符合有关规定。

图 7-12　常用鼓风机

1）气体检测

气体检测的相关规定如下所述:

（1）气体检测应测定井下的空气含氧量和常见有毒有害、易燃易爆气体的浓度和爆炸范围。

（2）井下的空气含氧量不得低于 19.5%。

（3）气体检测人员必须经专项技术培训,具备检测设备操作能力。

（4）应采用专用气体检测设备检测井下气体,气体检测设备必须按相关规定定期进行检定,检定合格后方可使用。

（5）气体检测时，应先搅动作业井内泥水，使气体充分释放，保证测定井内气体实际浓度。

（6）井下有毒有害气体的浓度除应符合国家现行有关标准的规定外，常见有毒有害、易燃易爆气体的浓度和爆炸范围还应符合下表的规定。

表7－2　常见有毒有害、易燃易爆气体的浓度和爆炸范围

气体名称	相对密度（取空气相对密度为1）	最高容许浓度/(mg/m³)	时间加权平均容许浓度/(mg/m³)	短时间接触容许浓度/(mg/m³)	爆炸范围/(容积百分比%)	说明
硫化氢	1.19	10	—	—	4.3～45.5	—
一氧化碳	0.97	—	20	30	12.5～74.2	非高原
		20	—	—		海拔 2 000～3 000 m
		15	—	—		海拔高于 3 000 m
氰化氢	0.94	1	—	—	5.6～12.8	—
溶剂汽油	3.00～4.00	—	300	—	1.4～7.6	
一氧化氮	1.03	—	15	—	不燃	—
甲烷	0.55	—	—	—	5.0～15.0	—
苯	2.71	—	6	10	1.45～8.0	

注：最高容许浓度指工作地点、在一个工作日内、任何时间有毒化学物质均不应超过的浓度。时间加权平均容许浓度指以时间为权数规定的8 h工作日、40 h工作周的平均容许接触浓度。短时间接触容许浓度是指在遵守时间加权平均容许浓度前提下容许短时间(15 min)接触的浓度。

气体检测操作步骤如下所述：

a. 开启气体测毒仪，仪器发出一次短蜂鸣声后启动，同时进入 20 s 的倒计时，倒计时后仪器进入正常工作模式。

b. 探针放在水面上方约 20 cm 高度左右晃动，并用铁杆子来回搅动水体，使得气体充分地释放出来。

c. 记录仪器内显示的数据，如果不符合相关规定则继续通风，直到测定值符合要求。

d. 记录下数值至"下井安全作业票"。

e. 关闭气体测毒仪。

f. 如长期在管道内作业需随身携带毒气检测仪并开启。

2）案例分析

时间：2008 年 1 月 25 日

事件简述：

1 月 25 日，某公司计划临时停车检修一天。主要检修项目包括污水处理风机、电机安装，污水处理管道清理，变换预热交换器更换，变换热水系统检查等，同时要求各分厂、车间利用停车检修机会，自行安排消漏、清理项目。当日 8 时，该公司合成氨厂停车后，造气工段职工开始检修，检修人员诸某等三人负责 4#炉放空阀阀前盲肠管的清灰作业，

8时30分许,管道内煤灰清理完毕,褚某正在拧紧清灰口防爆板螺丝,管道内突然发生爆炸,防爆板冲出打在正面作业的褚某身上,褚某身体向后弹出5 m,头部撞上墙壁严重受伤,当场死亡。

> 原因分析:爆炸发生时,煤气发生炉已按操作规程停炉,两个探火孔全敞开,管道内可燃气体已被点燃,气柜进出口水封已封牢,管道放空阀已打开,不存在管道超压发生物理爆炸的情况。从本起事故来看,管道内没有能产生爆炸的液、固相特性物质,只有可能是管道内存在易燃易爆气体,在火种(或高温)的引发下发生爆炸,即爆炸性混合气体爆炸。褚某在作业时,不明确煤气发生炉燃烧情况,未进行气体分析、在不能确保安全的情况下,冒险作业,且身体正面对着防爆板进行安装作业。

7.3.6　重点设施的养护

为了排除污水、除管道本身外,还需有管道系统上的某些附属构筑物,这些构筑物包括雨水口、连接暗井、溢流口、检查井、跌水井、倒虹吸管、冲洗井、防潮门、出水口等。在排水系统中,有一些设施对整个排水系统的正常使用有重大影响,并且在使用中容易出现问题,因此要在维护时作为工作重点加以关注。

1) 倒虹吸管

排水管遇到河流、山涧或地下建筑等障碍物时,不能按原有的坡度埋设,而是以下凹的折线方式从障碍物下通过,这种管道称为倒虹吸管(见图7-13)。

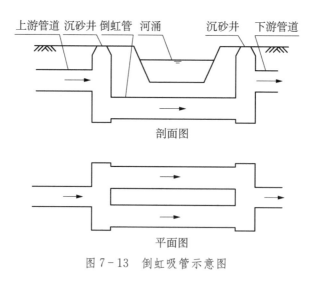

图7-13　倒虹吸管示意图

由于倒虹吸管位置低,容易积泥,也比一般管道清通困难,因此必须采取各种措施来防止倒虹吸管内污泥的淤积。一般可采取以下措施:

(1) 提高倒虹吸管内的流速。

(2) 在进水井中设置可利用河水冲洗的设施。

（3）在条件允许时，在进水井或靠近进水井的上游管渠的检查井中可以设置事故排放口，当需要检修倒虹吸管时，可以让上游污水通过事故排放口直接排入河道。

（4）在上游灌渠靠近进水井的检查井底部做泥槽。

（5）为了调节流量和便于检修，在进水井中应设置闸门或闸槽，有时也用溢流堰来代替，进出水井应设置井口和井盖。

（6）倒虹吸管的上行管与水平线夹角应不大于30°。

（7）由于倒虹吸管的特殊性，要加强日常的检查，定期用高压射流车进行冲洗，及时打捞漂浮物，关闭备用的一孔虹吸管。

2）截流设施

在城市排水中，由于排水系统的限制，有些管道是合流管，既排雨水也排污水，合流管中的污水最后都流入河流，对水体的污染很大。当排水系统逐渐完善后，为了减少对水体的污染，需要将合流（或雨水）管道中的污水截入纯污水管线，最后进入污水处理厂，经处理后，再排入水体。在城市排水中，由于排水系统的限制，有些管道是合流管，既排雨水也排污水，最后都流入了河流，对水体的污染很大。当排水系统逐渐完善后，为了减少对水体的污染，需要将合流（或雨水）管道中的污水截入纯污水管线，最后进入污水处理厂，经处理后，再排入水体。截流的主要形式：堰式、槽式、槽堰结合式、漏斗式。

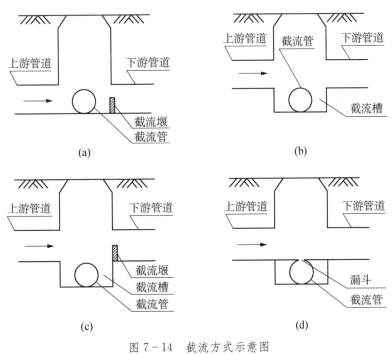

图 7-14　截流方式示意图

（a）偃式　（b）槽式　（c）槽堰结合式　（d）漏斗式

养护截流设施，要了解截流下游排水设施的运转情况，如泵站是否提升、水是否倒灌，并经常检查截流管是否堵塞，定期清理井内防堵塞截流管。

3）出水口

出水口一般在排水管渠的末端修建出水口，出水口与水体岸边连接处应采取防冲、加固等措。一般用浆砌块石做护墙和铺底，其基础必须设置在冰冻线以下，在受冻胀影响的地区，出水口应考虑用耐冻胀材料砌筑。出水口的形式一般有淹没式、江心分散式、一字式和八字式。

4）闸门井

临河或邻海的地区，为了防止河（海）水倒灌，在排水管渠出口上游的适当位置设置装有防潮门（或平板闸门）的检查井，如图 7-15 所示。

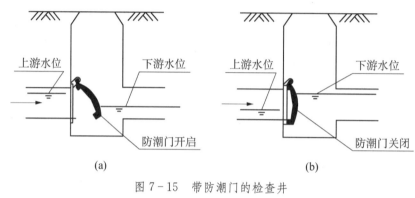

图 7-15　带防潮门的检查井

（a）防潮门开启　（b）防潮门关闭

防潮门一般为铁制，其座子的口部略带倾斜，倾斜度一般为 1∶10～1∶20。当排水管渠中无水时，防潮门靠自重密闭。当上游排水管渠来水时，水流顶开防潮门排入水体。涨潮时，防潮门靠下游潮水压力密闭，使潮水不回灌入排水管渠。设置了防潮门的检查井井口应高出最高潮水位或最高河水位，或者井口用螺栓和盖板密封，以免潮水或河水从井口倒灌至市区。闸门养护先要了解清楚闸门形式及技术状况，以便有针对性地进行维护。一般情况下每个季度的汛期内，每个月对闸井内的启闭机进行一次清洗、涂油（包括启闭机外壳、螺杆启闭机丝杠、卷扬启闭机的钢丝绳、闸门、导轮），同时要检查各部件的运转情况，电动机闸要检查电路的绝缘情况。下到井内进行维护时，要遵守排水管道安全操作规程，并详细记载闸门启闭时间、水位差、闸门启闭机的运转情况等。

7.4　水下检测检修技术　▷▷▷

7.4.1　水下检测概述

1）潜水检测原理

经过排水专业培训的潜水员通过手摸或脚触碰管道内壁来判断管道是否有错位、破裂、坝头和堵塞等问题，使用与管道直径相同的简易测尺还可以判断管道腐蚀情况，如图 7-16 所示。潜水员发现情况后，应及时用对讲机向地面报告，并由地面记录员当场记录,待检测结束后由潜水员再次复核。

　　由于该种方法检测结果的准确性和可靠性无法与通过视觉获得的信息相比,遗漏和未被发现的情况普遍较多,因此为弥补这一缺陷,现在常利用潜水进行水下摄像。潜水检查通常被作为初步意见,在实施工程计划前,还需在断水后做进一步电视或目视检查。

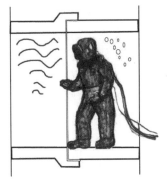

图 7-16　潜水检测示意图

　　2) 潜水检测的装备

　　市政排水行业通常使用浅潜水装具,该装具穿着舒适、视野开阔、安全可靠,适用于海洋开发、防险救生、水产养殖、市政疏浚等水深一般不超过 12 m 的各种作业。

　　3) 潜水检测工序

　　(1) 确认管道属性,办理施工及备案手续。

图 7-17　排水行业常用潜水装具

　　(2) 上游泵站配合降低流速,确认水流方向,测量流速。

　　(3) 设备检查,确保设备正常工作。

　　(4) 潜水员着装下潜,救援潜水员现场待命,做好随时下潜准备。

　　(5) 开始潜水检测,记录缺陷。

　　(6) 完成检测,确认潜水员状况良好。

　　(7) 撤出现场,恢复正常通水。

　　4) 水下检测安全注意事项

　　根据《城镇排水管渠与泵站运行、维护及安全技术规程》(CJJ 68—2016)中相关规定:采用潜水检查的管道,其管径不得小于 1 200 mm,流速不得大于 0.5 m/s,且从事管道潜水检查作业的单位和潜水员必须具有特种作业资质。

　　潜水施工中可能发生供气中断、绞缠、溺水、水下冲击伤等安全事故,应做安全预案与急救措施。详见本书第 9 章。

7.4.2　水下检修闸门、阀门

　　给排水系统中泵站等环节会有不少闸门、阀门,经常要潜水员检查、抢修和维修。由于闸门、阀门的形式结构不同,检修方法也不一样,这就要求潜水员不仅具有熟练的潜水技术,还要掌握一些钳工、木工、焊工、起重工等作业技能。

　　检修闸门、阀门尽量在水面进行,只有在万不得已的情况下,才由潜水员潜入水中进行。

　　1) 检修闸门、阀门一般内容:

　　(1) 闸门、阀门上止水的更换,包括侧止水、垂直止水和水手止水。

　　(2) 滚动门检修,主要是更换主、侧滚轮和主滚轮架等。

（3）横拉门的支撑垫座调整。

（4）人字门的顶、底框调整。

（5）轨道内清淤及排除障碍或故障。

（6）其他突发性事故的排除。

2）水下检修闸门、阀门安全注意事项

（1）在潜水作业时，禁止启动闸门、阀门，有锁定装置的要加以锁定，以防止突然开启而发生意外。

（2）当有水位差或流速很快时，应根据具体情况采取相应的保护措施后，才可进行潜水作业。

（3）在检修作业中，需要启动闸门时，必须与水下潜水员联系，只有在潜水员出水并站稳在潜水梯上，才可实施闸门启动。

（4）检修闸门、阀门时，应先摸清修理部位的具体情况，然后才能确定修理方案，凡更换零部件时，均应确保从拆除到装妥新件之间，不得改变阀门原有的水流状态，特别要防止拆除后而加剧漏水，这是非常危险的。

（5）当在发电厂的进出小廊道检查闸门时，应首先停止供水或排水，所有的闸门都要有专人看管，绝对不许开启。潜水员进入廊道后，每经过一个闸门都要检查闸门的牢固性，并把信号绳、供气软管清理干净。

（6）在整个检修过程中，水面、水下的所有人员都要密切配合，特别要保持电话的畅通。应急潜水员着装待命，随时准备入水施救。

7.5　水下氧-弧切割

水下切割是指在水下使用某种工艺或手段，破坏金属材料或非金属材料的连续性，达到解体的目的。

为适应不断发展的水下工程的需要，出现了多种水下切割方法。按所使用的能源，大致可分为水下机械切割、水下热切割、水下爆破切割和水下氧-弧切割等四种。

（1）水下机械切割。这种方法是指水下利用机械的方法（如水下电动机械、液压机械和水力机械等）对工件或结构进行切割的方法。

（2）水下热切割。这种方法是指利用热能（如电弧热、化学热等）对水下工件或结构进行切割的方法。

（3）水下爆破切割。这种方法是指利用炸药的爆炸力对水下工件或结构进行切割的方法。

（4）水下氧-弧切割。这种方法属于水下热切割。这种方法自1915年问世以来，已有100多年的历史，是一种传统的水下金属切割方法。水下氧-弧切割技术安全可靠、易于掌握，是目前仍然被广泛采用的方法。

7.5.1　水下氧-弧切割的原理

水下氧-弧切割原理是指利用水下电弧产生的高温和氧与被切割金属元素产生化学

反应,获得大量化学反应热,加热、熔化被切割金属,并借助氧气流的冲力将切割缝中的熔融金属及氧化熔渣吹除,从而形成割缝。随着水下电弧的连续移动和氧气连续供给,获得所需要的切割长度,故可以用较小的切割电流进行切割。在切割过程中连续供给具有一定压力和流量的氧气,使割缝中熔化金属和熔渣不断被吹除,所以氧-弧切割速度比较高。

7.5.2 水下氧-弧切割设备及材料

进行水下氧-弧切割,必须具有整套设备和器材。这些设备和器材,包括切割电源、切割电缆、切割炬、闸刀开关、氧气瓶、氧气调压表总成、氧气管、钢管切割电极(亦称切割条、割条)等。

(1) 氧-弧切割电源。为了保证潜水员安全,水下氧-弧切割电源通常采用大功率直流焊接发电机。

(2) 切割电缆。水下切割电缆与陆上电焊电缆无多大区别,其截面积主要取决于通过的电流大小,而电流大小与被割件厚度、水深有关。通常使用电流为 $400\sim500$ A、截面积为 $75\ mm^2$ 的电缆即可(见表 7-3)。

表 7-3 电缆截面积与电流大小关系表

电缆截面积/mm²	最大允许电流/A
25	200
50	300
75	450
90	600

(3) 切割炬。切割炬是水下切割的重要组成部分。我国自行设计制造的 SG-Ⅲ型水下氧-弧切割炬,水下重量为 0.75 kg;切割炬头部构件与被割金属接触时,能自动断弧,以防止烧坏切割炬头部;切割炬装有回火防止装置,可防止炽热的熔渣阻塞气路,烧毁氧气阀。切割炬带电部分,包敷绝缘材料,其绝缘性较好;当通过切割炬氧气阀的氧气压差为 0.6 MPa 时,其供气流量大于 1 000 L/min(见图 7-18)。

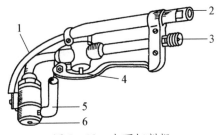

图 7-18 水下切割炬

1. 导电铜排 2. 电缆接头 3. 氧气管接头 4. 氧气阀 5. 松紧螺栓 6. 钢管电极插孔

（4）控制开关与自动开关箱。

为了防止触电，确保潜水员安全，应在电焊机接到切割炬的电缆上装有闸刀开关。当潜水员更换切割电极或工作暂停时，用闸刀开关及时切断电源。控制开关一般采用闸刀开关（见图7-19）。闸刀的开关由水下作业的潜水员指挥，水面应有专人负责。

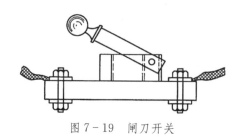

图7-19　闸刀开关

为了保证及时开关，在连接电路上，有时也装有自动开关箱，以代替人工操作的闸刀开关。

（5）氧气瓶、氧气管和氧气调压表总成。

氧气瓶、氧气管和氧气调压表总成等均有定型产品。但在选用时，一定要与整个系统匹配。一般情况下，氧气管应注意其耐压强度。其工作压力应不低于2 MPa。

（6）钢管切割电极。

钢管切割电极在氧-弧切割时作为一极，产生电弧并可输送氧气。

钢管切割电极外部涂料有两种方式，一种是在无缝钢管外涂压药条皮；另一种是在无缝钢管外涂塑料纤维皮或包上一层塑料外套，以达到绝缘的目的。不论采用哪种方式，外部均涂有防水漆，防止药皮吸水受潮。使用受潮的割条，会产生药皮裂纹或破碎，影响水下切割效率。

涂料中有易电离的成分，起稳定电弧的作用。涂料在燃烧时，产生大量气体，使钢管切割电极与水隔离，涂料燃烧速度比钢管熔化的速度慢，在端部形成套筒，所以切割时，钢管切割电极能在与工件接触的情况下进行。

国产COESS—1041钢管切割电极是一种典型的水下氧-弧切割电极。长为400 mm，钢管内径为2.5 mm，外径为8 mm。每kg约有6根（见图7-20）。

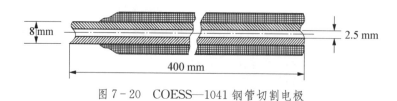

8 mm　　　　　　　　　　　　　　　　2.5 mm

400 mm

图7-20　COESS—1041钢管切割电极

（7）氧气。

在氧-弧切割中，氧气的作用是很大的。它不仅是助燃剂，还是吹除割缝中熔融金属、氧化渣的动力。作为助燃剂，氧气的纯度应该是越纯越好。

7.5.3 水下氧-弧切割规范参数的选择

氧-弧切割的效率很大程度上取决于下列因素:

(1)切割氧气的纯度和切割电极的类型。

(2)水下结构的状态,如被割金属的厚度、表面锈蚀的程度等。

(3)水下环境的特点,如水下能见度、流速等。

(4)操作潜水员技术熟练程度。

(5)切割规范参数的正确选择。

在以上诸因素中,切割规范参数的正确选择对切割效率的提高有更大的价值。

氧-弧切割规范参数主要指切割电流、氧压和切割角。

a. 切割电流的选择。

通常,切割电流的大小主要根据被切割金属的板厚来确定的(见表7-4)。

表7-4　切割电流与板厚的关系表

板厚/mm	<10	10~20	20~25	>25
电流/A	280~300	300~340	340~400	>400

当电流选择过小时,不但会使引弧、续弧发生困难,电弧不稳定,钢厚割不透,割缝不整齐,而且会发生粘弧,造成短路,切割效率下降。电流过大时,药皮爆裂,切割电极熔化过快、熔池过宽,熔化金属在割缝中发生粘合,造成割而不透的现象,影响工作效率。

b. 切割氧压的选择。

水下氧-弧切割时,氧压选择正确与否,对切割效率影响很大,氧压大小与被割金属性质和厚度相关,切割同一种金属材料,其氧压取决于板厚(见表7-5)。

表7-5　切割氧压与板厚的关系

板厚/mm	<10	10~20	20~30	>30
氧压/MPa	0.6~0.7	0.7~0.8	0.8~0.9	>0.9

表7-5中的氧压是在水深为10 m,氧气管长不超过30 m的条件下。如果切割水深增加,氧压亦增加,其幅度是水深每增加10 m,氧压增加0.1 MPa。氧气管长度增加,氧压相应增加。

c. 切割角(氧流攻角)。

进行水下氧-弧切割时,切割角的掌握是否得当,对切割速度有一定影响。随着切割角的改变,切割速度也随之改变。切割角是指切割电极与被割钢板割缝垂线之间的夹角。无论采用哪种操作,适当运用切割角都能获得较高的切割速度。切割角的选择取决于板厚。通常,切割板厚度越大,切割角越小。不同板厚的切割角推荐如表7-6所示。

表 7-6　板厚与切割角关系

板厚/mm	<10	10～20	>20
切割/(°)	50°～60°	40°～50°	<40°

切割电流、氧压和切割角是水下氧-弧切割的重要规范参数。推荐的数据和计算经验公式仅适用于碳钢,对于其他金属材料(如铜、不锈钢等)不能照搬硬套。这三个参数,如果选配恰当,可以大大提高水下切割效率。经验表明,在水下环境不太复杂的条件下,一个技术熟练的潜水员每小时割薄板可割 20 m 以上,中板 6 m 为左右,厚板也可达 3 m以上。

7.5.4　水下氧-弧切割电路和气路的连接

在进行水下氧-弧切割操作之前,必须接好切割电路和气路(见图 7-21)。

水下氧-弧切剖电路一般采用直流正接法,即切割条接负极,被割工件接正极。

水下氧-弧切割时,氧气管一端接氧气调压表总成,一端接切割炬,氧气瓶中的高压氧气经过氧气调压表总成减压至所需要的压力。

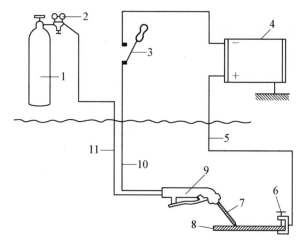

图 7-21　水下氧-弧切割电路、气路连接示意图

1. 氧气瓶　2. 氧气调压总成　3. 控制开关　4. 电源　5. 接地电缆　6. 接地弓形夹　7. 切割电极　8. 被切割工件　9. 切割炬　10. 电源电缆　11. 氧气管

7.5.5　水下氧-弧切割的基本操作方法

1) 支承切割法

支承切割法是当电弧引燃后,将切割条倾斜一定角度,借助割条头部的药皮套筒,支承在被割工件上进行切割,如图 7-22 所示。支承切割法适用于切割薄板和中板。这种方法操作比较简单,易于掌握且切割效率较高。

2）加深切割法

加深切割法是当电弧引燃后，将割条略微倾斜，保持电弧稳定。逐渐将割条伸入熔池，待割缝形成后，重新将割条提回工件表面，如同拉锯上下运动。加深法一般适用于厚板的切割，如图 7-23 所示。

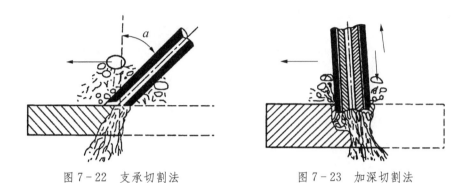

图 7-22　支承切割法　　　　　图 7-23　加深切割法

3）电弧维持法

当电弧引燃后，将割条离开被割工件表面，保持一定的电弧长度进行切割，割条与被割工件基本保持垂直位置。电弧维持法一般用于切割板厚小于 5 mm 的钢板。但由于水下电弧很短，这种方法较难掌握。

7.5.6　水下氧-弧切割操作程序

（1）按作业计划要求，认真做好切割前的各项准备工作，如检查设备、器材等。

（2）连接好气路和电路，接地电缆一定要紧固在被割工件上。

（3）根据被割工件的厚度、水深、氧气管长度、工件锈蚀程度等选择规范参数。

（4）切割炬可由潜水员直接带入水下，也可待潜水员到达工作地点后，用信号绳或绳索传递给潜水员，潜水员每次潜水所带的割条不宜太多，并应将割条放入专门的帆布袋中。

（5）清理切割线周围的海生物和沉积层，并查明切割区域有无易燃易爆物品，如有应采取安全措施。

（6）一切就绪后，即可开始切割。先开氧，后通电。当割条燃烧剩 30 mm 左右时，关闭电路，熄灭电弧，停止供氧，将一根新割条紧固于切割炬插口中，继续切割，直到完成任务或轮换另一名潜水员。

（7）切割时，潜水员不要站在接地电缆和电源电缆的回路之间，随时注意被割件的动态，防止倒塌或由于应力集中使工件断裂而伤害潜水员。

（8）切割动荡不定的工件时，首先应采取固定措施，潜水员的信号绳、潜水软管和电缆要弄清，并处于上流位置。

（9）切割完毕，切割炬缓缓拉出水面，并用淡水清洗、晾干。

7.5.7　水下氧-弧切割氧气和切割电极消耗的估算

除人工、设备、能源和水下环境等因素外,氧气和切割电极的消耗也占水下氧-弧切割成本相当大的比例。金属厚度与氧气、切割电极消耗的关系如表 7-7 所示。

表 7-7　金属厚度与氧气、切割电板消耗关系

金属厚度/mm	切割 1 m 的消耗量及所需时间		
	氧气消耗量/L	割条消耗量/mm	时间/min
5	100	400	2.6
8	180	580	3.6
10	240	700	4.1
12	300	820	4.7
14	370	900	5.2
16	450	960	5.6
18	550	1 040	6.0
20	660	1 100	6.4
22	840	1 140	6.6
25	1 150	1 200	7.0

水下氧-弧切割,受水下环境因素影响很大,而水下环境又处在不断变化之中,因此,在做计划时,氧气的储备有一定余量,通常储备量是实际耗氧量的 1.5 倍。

7.5.8　水下氧-弧切割安全注意事项

(1)在实施氧-弧切割前,必须了解被割物件上下结构的连接情况,切割时有无发生意外塌落等危险。

(2)电源开关应放置在电话员近旁,如不需用电或有紧急情况,潜水员可通知电话员,迅速切断电源,以防止发生意外危险。

(3)在有限空间内切割,潜水员必须首先摸清有无易爆物品,以及被割物背后有无可引爆物质,以免触及,造成重大事故。弹药库、油舱以及其他有爆炸可能的舱室,没有采取可靠措施之前禁止切割。

(4)实施切割时,潜水员应注意防范头盔、压铅等碰靠在被割物件上,以防止被割物件发生强力弹动伤害潜水员。

(5)当被割物件即将割断时,潜水员应告诉水面,通知其他潜水员切勿走近截断处,或在其下方操作,以防止被割物件塌落而发生不幸事故。

（6）在水下切割时，必须摸清物件情况，在开割时，应注意从里到外、从上到下，但必须在被剖件上部留出部分做最后割断，以防割落时潜水员被挤压。

（7）在双层底或能储气的角落、柜箱等处进行切割，应先在其上用机械切割的方法割两个小洞，使气体溢出，以防发生爆炸。

（8）在水下作仰割或反手割作业时，必须留出避让位置，以免被割件落下砸伤潜水员。

（9）如果在进行切割时因空间限制避不开而可能碰靠铁板时，绝对不可以使割条碰及头盔，此时潜水头盔上应罩绝缘套，以确保安全。

（10）在切割时，当割条与被割金属发生熔融时，不拿切割炬的另一只手切勿触及电弧处，以防灼伤手指。

（11）在水下切割已被吊起的物件时，必须了解其移动方向，并站在其上流一侧，同时将气管、信号绳、脐带等分清后，方可进行切割作业。

7.6　湿法水下焊接

7.6.1　概述

水下焊接是指在水下对金属结构物进行焊接的一种专业技术。水下焊接既存在水的影响，又有高压的影响，因此水下焊接的工艺、设备及质量的要求与陆上是有区别的。目前，水下焊接的方法很多，大体可分为湿法水下焊接、干法水下焊接和局部水下焊接。

1）湿法水下焊接

湿法水下焊接即潜水员不采取任何排水措施而直接施焊的方法。采用这种方法，遇到的主要问题是可见性差、不易控制、冷却速度快、含氢量高等，这会影响焊接接头质量。

2）干法水下焊接

1954年，首先由美国提出干法水下焊接的概念，即把包括焊接部位在内的一个较广泛的范围内的水排空，焊接过程是在一个干的气箱环境中进行的。这种方法存在的主要问题：第一，要有一个大型舱室，但受到水下焊接工件形状尺度和位置的限制，适应性差，到目前为止，这种方法仅适用于海底管道之类形状简单、规则的结构物；第二，必须有一个维护、调节、监测、照明和安全控制的完整设备系统，成本昂贵；第三，仍然存在压力对焊接质量的影响，随着水深的增加，焊接电弧被压缩、弧柱变细，焊出的焊道和熔宽变窄，焊缝形成变坏并容易造成缺陷，如图7-24所示。

3）局部干法水下焊接

湿法水下焊接设备简单、操作容易、成本低廉，但焊接质量差，而干法水下焊接，虽然焊接质量较高，但成本昂贵，适应性差，却难以满足日益发展的海洋开发事业，于是人们又研究出一种局部干法水下焊接。这种焊接方法是把焊接部位周围局部水域的水人为地排

图 7-24　干法水下焊接

空,形成一个局部气箱区,使电弧在其中稳定燃烧。与湿法相比,因焊接部位排除了水的干扰,从而改善了接头质量。与干法相比,又不需要那么庞大的设备系统,所以这种水下焊接方法是目前研究的重点和方向。但这种方法也有不足之处,即灵活性和适应性较差,焊接时间长,烟雾变浓,影响可见性。因为要经常移动设备位置,焊缝接头处质量不太有保证。

图 7-25 为二氧化碳气体保护干法水下焊接设备。

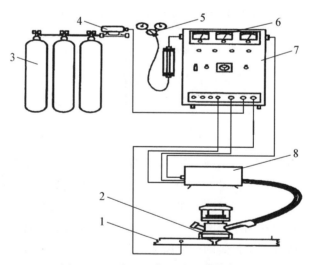

图 7-25　水下二氧化碳气体保护焊

1. 工件　2. 焊枪　3. 二氧化碳气瓶　4. 预热箱　5. 减压阀
6. 控制系统　7. 焊接电源　8. 送丝箱

水下焊接方法的分类可归纳如下:

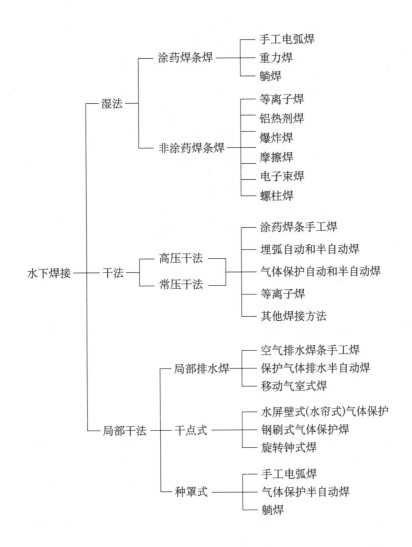

7.6.2 湿法水下焊接

1) 湿法水下焊接原理

典型湿法水下焊接是涂料焊条手工电弧焊,其基本工作原理:当焊条与被焊工件接触时,接触点的电阻热,使接触点处于瞬间汽化,形成一个气相区。当焊条离开工件一定距离,电弧仅在气体介质中引燃。由于水的大量汽化及焊条涂料熔化放出大量气体,在电弧周围形成一个较为稳定的"气袋","气袋"使焊接熔池与水隔开,形成完整的焊缝(见图7-26)。

湿法水下焊接,焊接区域周围介质是水,而水与空气有着不同的理化特性,给水下焊接带来了一系列不利因素:

(1) 可见性差:水对光的反射、吸收和散射作用比空气严重得多。因此,光在水中传播衰减得很厉害。焊接时,电弧周围产生大量气泡和浊雾,使潜水员难以看清电弧和熔池的情况。有时能见度为零,潜水员完全靠感觉,所以湿法涂料焊条手工电弧焊又称为"盲焊"。严

图7-26　湿法水下焊接原理示意图

1. 工件　2. 熔池　3. 套管　4. 电弧　5. 焊条涂料　6. 焊条芯　7. 气泡　8. 浊
雾　9. 气袋　10. 飞溅物　11. 焊渣　12. 焊缝

重影响了潜水员操作技术的发挥,成为造成水下焊接缺陷、焊接质量不高的重要原因。

(2) 含氢量高:不论在钢铁中还是焊缝中,其含氢量都超过容许范围,就很容易引起裂缝,造成结构性破坏,是导致采用水下涂料焊条手工电弧焊接接头塑性韧性都很差的主要原因。

(3) 冷却速度快:这种水下焊接法,尽管电弧周围有一个"气袋",然而其尺寸极小,熔池刚刚凝固,还处于红热状态便进入水中,水的热传导系数比空气大得多。所以焊缝的冷却作用非常快,很容易造成"淬硬"。焊缝与热影响区出现高硬组织,内应力集中,严重影响接头质量。因此,不能用来焊接重要的水下设施、设备结构,这也是湿法涂料焊条手工电弧焊历史悠久、发展缓慢的根本原因。

湿法涂料焊条手工电弧焊自20世纪50年代引入我国后,在海难救助、沉船打捞、水下工程等方面发挥了一定作用。如果潜水员操作技术熟练、水下环境较好,还是可以在水下焊出满足水下一般结构要求的焊缝。

2) 湿法涂料焊接手工电弧设备器材及电路的连接法

湿法涂料焊条手工电弧焊设备器材,主要由焊接电源、焊接电缆、电源电缆和接地电缆、焊钳、闸刀开关、水下焊条及钢丝刷、榔头等组成。

为了保证潜水员安全和焊缝质量,焊接电源通常采用直流电焊机。焊接电缆、闸刀开关及其选用规格与水下氧-弧切割相同。

水下电焊钳与陆用电焊钳结构原理基本相同,只是对绝缘性要求更加严格。国产水下电焊钳及其结构如图7-27所示。

图7-27　水下电焊钳

在水下施焊时,水下焊条应有良好的工艺性能,即水下引弧容易,电弧稳定、熔化均匀、焊缝形成美观。熔渣要具有合适的黏度,脱渣性能好,适合全方位焊接。国产特-202涂料焊条,经多年使用证明,性能是好的。

湿法涂料焊条手工电弧焊的电路连接可分为直流正接法和直流反接法。通常都采用直流反接法,即电焊钳接电源正极,被焊工件接电源负极。

3）湿法涂料焊条手工电弧焊工艺

（1）轻压拖曳法是使涂料焊条与工件之间保持不间断接触,焊条拖曳着经过工件焊接部位,潜水员稍加些压力。这样,焊接处就被一连串的焊珠连成一条需要的焊接头。这种操纵方法适用于大多数的水下工件焊接。

（2）运条法,这种方法又称为手控法。使用这种操作方法时,焊接潜水员通过操纵焊条来控制较为恒定的电弧。可以控制焊条做横向的往复移动,使焊珠在工件上堆积到需要厚度与宽度的接头。但应用这种方法,要求潜水员应具有相当高的技术和经验。

4）水下焊接作业应考虑的因素及安全注意事项:

（1）要了解作业水域水文、气象,特别要注意水流和水的透明度。

（2）设备器材的完整性并与水下焊接具体要求匹配。

（3）确定焊接电流,焊接电流的大小取决于焊条直径,直径越粗,电流越大,如表7-8所示。

表7-8　切割电流与焊条直径的关系

直径/mm	2	2.5	3.15	4	6
电流/A	60～80	80～120	120～160	160～200	200～300

（4）检查所有接头和焊钳是否绝缘。

（5）检查焊条规格、质量是否符合要求。

（6）在焊接处应准备好稳妥的脚手架或平台。

（7）适当清理干净焊接工件表面,如油漆、腐蚀物和海生物等。

（8）将地线弓形夹头牢固夹在被焊工件上,这一点在焊接管道时特别重要,因为每根管道可能有不同磁极,必须使其有一个以上的接头处。

（9）作业前,焊机机壳必须接地。

（10）电路断电后,才能更换焊条,没有水下潜水员的指令,水面人员不得随意接通电路。

（11）施焊时,决不可把插入焊钳中的焊条对准潜水员自己。

（12）在焊接过程中,潜水员必须戴绝缘手套。

（13）正确选择接地位置,防止潜水员处于电路中间的电磁场内。

（14）在能见度较好的情况下,潜水员应戴护目眼镜,防止伤害潜水员的眼睛。

（15）在焊接区域内,不能有任何因受高温而发生危险的物质。

（16）在没有潜水长充分协调的情况下,焊接区域附近,不允许进行能产生不正常的噪声或振动等各种水下作业。

（17）潜水员在水下焊接作业时,禁止水面向施焊区域倒碎石、水泥和垃圾。

7.7　水下摄影

7.7.1　水下摄影

水下调查与检验经常采用水下摄影,但由于水下摄影受到水下环境、摄影器材、操作人员的潜水和摄影技术水平等因素的影响,要得到一幅真实反映被摄物体水下状态有价值的照片是不太容易的。

1) 水下环境对摄影的影响

(1) 水是光的不良传播媒体,光在水中传播时被吸收的光比在空气中大千倍以上。水中能见度是光在水中吸收和散射的共同作用。用普通的水下摄影机和人工照明进行水下摄影,其效果好坏取决于水的透明度。在透明度差的水中是不能进行水下摄影的。

(2) 浪涌给水下摄影带来的不良影响。浪涌不仅增加了反射量,而且在浪涌作用下,水中能见度更差。

(3) 光线进入水中发生折射,其折射率约为空气的 1.33 倍。因此,摄影机镜头视角在水中只相当原来的 3/4 左右。例如一个焦距为 35 mm 的广角镜头,在水中的效果只相当于一个焦距为 50 mm 的标准镜头。

(4) 人在水下,空间视角会发生变化。主要表现为放大、位移和失真。比如摄影机有自动调焦装置,人与摄影机镜头同处水下,并且人的眼睛视觉和镜头由空气通过隔水玻璃再通过水到达被摄物。摄影时,只要按照眼睛所看到的情况调焦就可以了。但有些水下摄影机,没有自动调焦装置,距离靠目测或实测。在这种情况下,如果想拍摄近距离目标时,把距离标定在实测距离的 3/4 处即可。失真感主要表现为水下看到的物体比实际的大(见图 7 - 28)。

图 7 - 28　潜水员水下空间视觉改变

(5) 光线进入水中后,随着水深增加、按光波的长短次序逐渐吸收,所以在水下摄影时,常常感到红光或接近红光波长的光不足。在没有辅助人工光源或采取滤光措施的情况下进行水下摄影,在不深的水下就得不到足够的红光,使整个画面呈蓝绿色调。

2）水下摄影注意事项

（1）水下摄影是一个复杂的过程，首先要学会潜水，没有好的潜水技术，很难拍摄出理想的照片。

（2）水下摄影的水域，水质一定要好，主要指标是透明度，透明度差的水域不能进行水下摄影，黄河、长江中下游用普通的水下摄影机是不能进行水下摄影的，就是在大海中，遇到恶劣气候，浪涌很大也很难进行水下摄影。

（3）工程摄影在多数情况下是静态摄影，与动态相比，被摄目标处于静止状态时，可能容易些，但潜水员在水下受到水的浮力和浪涌的综合作用，身体容易晃动，再加上水质不好，透明度差。采用大光圈、慢速度，景深很浅，往往拍摄出来的照片模糊不清。

（4）要掌握光在水中传播的特点，排除一切干扰因素，特别要注意焦距的准确。

（5）水下摄影时，为了把握时机保证质量，对拍摄对象可重复拍几次，以便提供较多的选择。

（6）为防止失真，可在拍摄前，在被摄物体上做一些有计量意义的标识，供读片时参照。

（7）拍摄完毕，取底片时要特别当心。为防止损坏底片或曝光，应尽快冲洗。

（8）水下摄影机是精密仪器，使用后要用淡水清洁外部，对内部物体要进行养护。

（9）水下摄影机长期不用时，镜头与机身应分开存放，镜头应放在专门的容器中，不得玷污镜头。

（10）水下摄影机发生故障时，要送往专业修理单位修理，不得随意拆卸。

7.8 盾构

盾构（见图7-29）作业是一种机械化和自动化程度较高的隧道掘进施工方法，主要依靠盾构机来实现。基本工作原理就是一个圆柱体的钢组件沿隧洞轴线边向前推进，对土壤进行挖掘。该圆柱体组件的壳体即为护盾，它对挖掘出的还未衬砌的隧洞段起着临时支撑的作用，承受周围土层的压力，有时还承受地下水压以及将地下水挡在外面。挖掘、排土、衬砌等作业在护盾的掩护下进行。

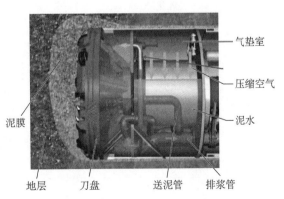

图7-29 盾构及其结构示意图

1）盾构带压作业技术要求

盾构掘进过程中,由于刀具磨损、刀盘前形成泥饼造成掘进速度降低或碴温升高等异常现象,需要停机进入土仓内进行处理。但由于一些不可预见的因素,盾构掘进过程中有可能出现突发性开仓检修的情况,遇到软弱地层,且地面环境无条件进行土体加固和开挖竖井,必须选择带压进仓作业。

开仓条件确认分两步:当土仓(掘进操作系统)最上部的土压力传感器显示数据接近0,并基本上没有渣土输出时,打开人闸仓内出气闸阀,同时检测土仓内是否有有毒有害气体。

（1）压力要求。

在保压过程中记录每次空压机加载起动时间,然后计算前后两次补气起动的间隔时间。通过每次空压机补气时间间隔变化可以判断土仓是否有气体泄漏情况。如果保压试验过程中空压机每次补气间隔时间趋于一稳定值,则说明气体泄漏通道已全面贯通,土仓气压可基本保持平稳。记录保压期土仓内气压的变化情况,如果土仓内气压可保持一稳定值,则说明在空压机补气状态下可基本维持工作压力,达到进仓工作的压力要求。

（2）气体要求。

在地下工程施工时,土中可能存在可燃性气体(主要是甲烷气体)、缺氧空气、毒气(硫化氢、二氧化碳)等有害气体。土中有害气体造成的事故常有发生,如可燃性气体造成的爆炸事故、缺氧气体造成的缺氧事故,毒性气体造成的中毒事故。这类事故一旦发生,对作业人员的生命直接构成威胁。因此在土建工程盾构开仓前对土仓内易燃易爆有毒气体进行检测,确定开仓作业气体在如表7-9所示纯度限值内,可以确保盾构开仓施工的环境安全。

表7-9　开仓作业气体检测纯度限值

气　　体	最高阈限
二氧化碳（CO_2）	$5\,000 \times 10^{-6}$
一氧化碳（CO）	24×10^{-6}
硫化氢（H_2S）	6.6×10^{-6}
氨气（NH_3）	40×10^{-6}
二氧化硫（SO_2）	5×10^{-6}
二氧化氮（NO_2）	2.5×10^{-6}
氧气（O_2）	20%～23%
可燃气体	0.75%

完成作业后,作业人员退回人闸仓,关仓,减压,其减压时间参照表7-10所示标准时间。

表7-10　减压时间标准表

仓内压力/（MPa）	仓内工作时间/（h）	加压时间/（min）	减压时间/（min）
0.01～0.13	5	6	14

（续表）

仓内压力/(MPa)	仓内工作时间/(h)	加压时间/(min)	减压时间/(min)
0.13～0.17	4.5	7	24
0.17～0.255	3	9	51

注：具体可参照潜水医学章节中的减压表进行操作。

其他注意事项：

（1）仓内排气及换气。

为了确保人员在仓内安全，无论有无缺氧的可能性，所准备的换气用排气管都必须能确保充分换气。如果采用传统的换气方法，即"打开排气阀排气，当管内气压下降时关闭排气阀，一直等到管内气压上升，重复该操作数次"，则管内的气压也会随操作次数而增减。因此，采用传统的换气方法容易产生空气倒流，必须采取"在规定的时间内一直打开排气阀"的方法来换气，根据压力表的数据反映情况，及时补充新鲜空气，其作用：①保持土仓内额定压力，预防仓内土体塌方、地下水涌出等不安全因素；②及时带走作业人员排放的二氧化碳、仓内废气以及高温，改善作业环境有利于作业人员体力的保持。

（2）个体防护。

加强个体防护，有利于在突发事件时，缓冲环境对作业人员的伤害，增加救援时间。

a. 进仓人员穿上全棉的防护服，不准穿化纤织品及皮毛衣物，以防摩擦而产生静电火花。

b. 进入仓内的人员，每人分别随身携带复合式防毒面具和定量氧立得。

c. 每人携带安全带，当气仓和土仓打通后，首先进入土仓的作业人员戴好安全带，做到高挂低用，协助人员在气仓与土仓掌子面上做好监督保护。

d. 由于仓内温度较高，作业人员出汗比较多，所以，配备些盐水放入仓内以备人员及时补充盐分。

（3）应急措施与应急预案。

针对在开仓过程中地面和仓内可能出现的安全问题，成立应急小组并制订应急措施和应急预案。

a. 成立开仓作业应急领导小组。

b. 开仓过程中可能出现地面塌陷、仓内火灾、作业人员身体不适等情况分别编制应急措施。

c. 隧道掘进前对可能出现的应急事件组织应急演练，完善应急预案，让相关人员熟悉应急措施。

d. 开仓前，联系两家有应急抢救能力的医院，做好抢救准备。

每次进仓作业前，严格履行开仓审批手续，在各项准备工作到位后，符合开仓条件，由项目经理签字确认，提交项目总监审批，进行开仓。作业过程要求项目总工到场，监理全程旁站，对各项数据详细记录，作业结束后完成开仓程序确认表的闭合工作。

2）潜水技术的应用

一般来说，可以将盾构带压进仓的压力范围划分为三个等级：小于 24 m，24～60 m

和大于 60 m。

对于盾构作业水深（或地下水头压力）小于 24 m 的低压作业，一般可选择身体健康、经过培训的专业技术工人（高气压工），按照 CJJ 217—2014《盾构法开仓及气压作业技术规范》的要求，采用压缩空气为呼吸气，在基本干式环境下，通过人员平衡仓（人仓）承压进仓作业。

对于盾构作业水深（或地下水头压力）在 24～60 m 的中压作业，应采用经过专业技能培训（如维修、换刀技能等）的空气潜水员进舱作业。利用常规空气潜水技术作业，工作人员在盾构内一般无需着潜水装具，作业效率较高。所需潜水设备也较简单，主要是人闸仓和移动式医疗加压仓。

通常，将水深大于 60 m（0.60 MPa）的盾构施工视为高压作业（也有将 0.68 MPa 以上称为超高水压）。当空气潜水深度超过 50 m 后，在水下的适宜工作时间大大缩短，减压时间则大大增加，其作业周期内很难完成一次盾构刀具作业，且由于氮麻醉的影响，"次生事故"发生概率增加。因此，对于水深大于 60 m 的项目，应根据盾构工程的综合情况，采用混合气常规潜水或饱和潜水作业，并在作业地点配置相应的潜水减压舱或转运舱。

当然这也不是绝对的，应根据盾构作业的具体情况，灵活地选择潜水技术方案。同样环境条件下的带压进仓，可以通过不同的潜水手段来实现，技术方法具有一定的可重叠性。比如 40～60 m 水深（或 0.40～0.60 MPa 的水头压力）既可以采用空气潜水或混合气潜水，也可以选用饱和潜水。

3）案例分析

时间：2013 年 11 月 17 日

地点：某隧道盾构维修潜水作业现场

事件简述：

地铁隧道盾构高压舱淤泥清理、盾构维修（盾构直径为 11 m）

潜水装具：KMB-18 型

减压方案：60 m 35 min

人员配置：潜水员 2 名、潜水监督 1 名

甲方要求：潜水员在加压舱内加压到 4.8 MPa 后进入气泡舱，打开气泡舱与液位舱门后进入泥水舱（里面正常时全部都有泥浆水，在潜水员进入加压舱之前将液位下降到 9 m 水深），在泥水舱下到盾构直径底部将泥水舱底部淤泥用高压水枪（水枪压力为 350 MPa，类似洗车用的高压水枪，枪杆长为 0.80 m 左右，无缓冲）打到泥水循环舱内（在气泡舱正下方），将淤泥内的铁块和大的石块清理出水，修复损坏盾构（焊接工工作）使其能正常运转。

17 日早上 7:00 正常上班后，潜水员乘坐隧道运输车到达盾构作业现场，8:00 左右整理好后，3 名潜水员进入加压舱开始加压。

8:03 左右加压完成，潜水员打开加压舱通往气泡密封门，在气泡舱内检验潜水头盔气路电路系统以及高压水枪，然后用气动扳手打开气泡舱和液位舱中间的密封门进入液位舱。8:10 左右潜水员着装完成后潜入液位舱底部开始用高压水枪把液位舱内的淤泥以及沙石往泥水循环舱内清理，在工作 15 min 左右时潜水员发现在泥水循环舱门（高为

0.70 m,宽为 1 m)边有一个大的铁块,被沉淀泥沙覆盖住了,不好整体清理,于是开始清理铁块周围的硬度较大泥沙,在高压水枪打到硬度较大的泥沙后在泥沙上打出一个洞,正常潜水员都是用水枪左右扫沙石,当时能见度为零,潜水员无法判断枪头与沙石之间的距离,一般都是靠感觉,水枪头抵到泥沙后才开始打枪,由于水枪在不使用的时候也产生了一定的高压,在潜水员一开始打枪时水枪就打出一个洞,使枪杆周围产生吸力,将潜水员手套吸住在泥沙和枪杆缝隙处,当时打出的泥洞直径在 3 cm 左右,潜水员感觉吸住手套后立马松开扳机,但是水枪由于高压停止产生后挫力,将潜水员左手食指末端关节打出一个长为 3 cm 左右,宽为 1 cm 左右的口子,潜水员电话通知潜水监督手指受伤,并迅速出水,潜水监督电话通知医生以及项目经理。

在8:30左右,3 名潜水员关闭完泥水舱和气泡舱密封门后返回过渡舱,关闭过渡舱和气泡舱之间的密封门后开始减压,潜水医生经过密封门窗口观察潜水员伤势后送进消毒水、纱布以及创可贴等一些应急外伤医护用品,按潜水员 60 m/35 min 减压方案开始减压,受伤潜水员在另外两名潜水员的帮助下简单清理了一下创口,杀菌、消毒以及包扎创口。

在10:30左右,3 名潜水员从过渡舱减压至 12 m 水深后转移至潜水减压舱。

12:20左右潜水员出舱,在现场安全监督和项目经理的陪同下迅速到达最近医院进行治疗。

医生检查伤口后对高压水打伤的情况和治疗方案向项目经理简单地介绍后,项目经理决定转院,医生简单处理一下伤口后潜水员转院治疗。

16:30左右潜水员在某医院开始做手术,手术时间为 2 h 左右,医生清理出被高压水打到手指头肉内的泥沙以及被高压水打坏的软组织,虽然骨头只是骨黏膜受损,但是潜水员手指神经、血管和软组织都有不同程度的损坏。

原因分析:

(1) 作业现场水下能见度低。

(2) 高压环境下由于氮麻醉作用导致潜水员行动迟缓,反应、判断力下降。

(3) 潜水员本身对使用该高压水枪作业风险意识不足。

(4) 该高压水枪不是水下专业设备,没有后缓冲阀装置。

教训及预防措施:

(1) 水深到达一定程度应尽可能地采用混合气或者饱和潜水作业。

(2) 使用专业的水下气穴式高压水枪。

(3) 提高作业潜水员对高压水枪使用的风险意识程度。

8 潜水设备

潜水设备是保证潜水能安全顺利进行的装置及器具的统称,如空压机、储气瓶、甲板减压舱、潜水钟、操纵台等。潜水员在掌握潜水技术的同时,还必须学习和了解潜水设备的基本结构、原理、性能、操作及维护保养等方面的知识。

本章将简要介绍市政潜水中涉及的空气呼吸器、潜水供气系统、甲板减压舱等设备。

8.1 空气呼吸器

市政潜水员经常会在有毒有害气体的有限空间进行作业,有时候通过排风等措施使空气质量符合作业要求,但是在作业过程中,由于水流等作用,还会使沉积的有毒气体散发出来,危害潜水员生命健康,为保证安全,需要佩戴空气呼吸器。

智能型连续送风式长管呼吸器(见图8-1和图8-2)又称为连续送风式防毒长管面具呼吸器,分为单人型和双人型送风式长管呼吸器。连续送风式防毒长管呼吸器送风机是一种专用涡轮离心风扇驱动的鼓风机。主机为非防爆产品,工作时,主机应置于正常空气环境中,且空气应符合呼吸使用标准。进风口加装防尘滤棉,可有效过滤50%左右的PM2.5颗粒物,即使外部作业遇到风沙也能保证安全送风,内置鼓风机具有超长使用寿命,配备免维护双滚珠轴承,抽气和散热效果非常好。适合在缺氧或有毒气体、浓烟、粉尘等恶劣环境中作业使用。

图8-1 单人型送风式长管呼吸器

图8-2 双人型送风式长管呼吸器

8.1.1 工作原理

智能型长管呼吸器是借助电动送风机,将外界新鲜空气自动输送至防毒面罩内,使用者呼吸道完全与污染空气隔绝,呼吸的空气完全来自污染环境之外。

输送气体时面罩内呈正压状态,使得外界有毒有害气体无法进入面罩内。供使用者呼出的废气经面罩上的呼气阀排出,使气流朝一个方向流动,不复吸,不泄漏。从而达到保护人体呼吸系统的安全防护作用。

8.1.2 使用流程

(1) 使用前要检查各部件。

各部件(见图8-3)是否完好干净,导气管是否有龟裂、气泡、压扁、弯折、漏气或连接部位是否牢固气密。

(2) 面罩简易气密性测试。

戴好面具后,可用手将面罩呼吸阀处紧密堵住,吸气或呼气简易检测一下面罩的气密性(见图8-4),如感觉面罩无漏气现象,则证明气密性良好。

图8-3 检查防毒面具、导气管等各配件　　图8-4 检查防毒面具气密性

(3) 将导气管外旋螺纹接口与面罩呼吸阀处的螺纹接口对接(见图8-5),旋转拧紧。

(4) 单人使用的连续送风式长管呼吸器直接连好面罩的导气管与送风机螺纹接口处即可。

图8-5 螺纹口对接拧紧

(5) 多人使用的连续送风式长管呼吸器需先在送风机上安装多通螺纹接口。多通螺纹接口旋转拧紧。

(6) 再将相应作业人数使用的导气管和多通螺纹接口连接即可。

（7）安装完成，打开送风机（见图8-6和图8-7）进行作业前试验，检验使用者呼吸顺畅无碍后方可进入作业区。

图8-6　蓄电池送风（无电源情况下　　　图8-7　充电与送风可同时进行
也保证正常使用）　　　　　　　　　　（蓄电送风双管齐下）

（8）正式使用长管呼吸器。首先连接电源后通电，并按下电源开关，待机情况下充电指示灯亮起。必须先插好电源，再开启启动开关，相反顺序将会造成报警，无法正常启动。

（9）保持电源连通，并按下电源工作开关，电源开关指示灯亮，送风机接口开始高速吸入空气。若切断电源，送风机停止工作，两灯熄灭。如遇断电情况电动送风机在电池还有一定电量的情况下可更换为电池送风模式。建议电源使用的时候就可以开启充电模式，以防断电情况影响工作。

（10）把面罩头套的调节带放至最大限度，戴上已连接好导气管的面罩，双手抓住调节带同时向两侧拉紧，直至完全罩住面部，感觉硅胶反折边与面部完全贴合后即可。

（11）佩戴面罩，导气管可用绳索之类固定在腰上，如图8-8所示，并检查活动是否自如。

（12）下井前必须戴上安全帽、安全带、安全绳等个人防护用品，如图8-9所示。

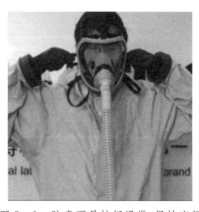

图8-8　导气管可固定腰上　　　　　图8-9　防毒面具拉好绳带，保持密闭

（13）经检查无误，把送风机放置在地面安全、空气新鲜处。在专人监护下，方可进入作业现场。

8.1.3　维护保养

（1）及时充电，使蓄电池随时处于满电状态。

（2）电池工作模式下，避免一次性将蓄电池电量用至最低，这样会大幅度缩短电池寿命。

（3）送风机长时间不使用的情况下，应保证每月正常充电一次，不要将送风机在蓄电池亏电状态下长期存放。

（4）整套呼吸器用后应对面罩进行清洁消毒，长管外部进行清洗，干燥后袋装或装箱；除此之外还应查看整机运行状态是否完好，套上保护罩，以便检查后备用。

（5）整套呼吸器应储存在干燥通风、无腐蚀性气体的环境中，本品为非防爆产品，请勿在易燃易爆环境中使用，应远离热源和避免阳光直射，禁止油污。

8.2　潜水供气系统

在潜水作业现场，对水下潜水员提供符合要求的呼吸气体是保障潜水员生命安全、健康和提高劳动生产效率的重要环节。潜水供气系统应满足下列要求：

（1）所提供的压缩空气质量必须符合国家标准《潜水呼吸气体》（GB 18435—2001）规定的纯度要求，如表 8-1 所示。

表 8-1　压缩空气纯度要求

气源名称	成分	技术指标
压缩空气	氧	含量 $20\% \sim 22\%$
	二氧化碳	含量 $\leqslant 500 \times 10^{-6}$
	一氧化碳	含量 $\leqslant 10 \times 10^{-6}$
	水分	露点 $\leqslant -43\,^\circ\!\mathrm{C}$
	气味	无异味
	油雾	含量 $\leqslant 5\ \mathrm{mg/m^3}$

（2）在所有体力负荷条件下，供气流量应能满足水下潜水员呼吸通气量的要求。供气流量的大小取决于所用潜水装具的类型。

a. 通风式潜水装具的供气流量：

$$Q_{v1} \geqslant k \times (d/d_0 + 1)$$

式中：Q_{v1}——使用通风式潜水装具的潜水员在水下从事给定劳动强度作业时所需供气流量，L/min；

k——头盔中二氧化碳的混合速率，L/min；

　　轻劳动强度：$k=65$

　　中劳动强度：$k=100$

　　重劳动强度：$k=190$

d——潜水作业深度，m；

d_0——静水压强每增加 0.1 MPa 时的水深，相当于 10 m。

b. 水面需供式潜水装具的供气流量：

$$Q_{v2} \geqslant q_1 \times (d/d_0 + 1)$$

式中：Q_{v2}——使用水面需供式潜水装具的潜水员在水下从事给定劳动强度作业时所需
供气流量，L/min；

　　q_1——潜水员从事给定劳动强度作业时的通气量，L/min；

　　轻劳动强度：$q_1=30$

　　中劳动强度：$q_2=40$

　　重劳动强度：$q_3=65$

d、d_0——同 a。

使用需供式潜水装具时，供气流量还应满足潜水员瞬时最大流量要求。

（3）供气压力必须能克服潜水深度的静水压力及空气流经潜水软管、接头、阀门及调节器时所引起的压力损失，并有一定的供气余压。供气余压的大小视所用的潜水装具类型而定。

（4）使用高压气瓶组作为潜水员的气源时，气体储备量应充足，并有适当的余量。

（5）备用供气系统应有提供所有水下潜水员用气量的能力，当主供气设备发生故障时，备用供气设备必须能立即投入工作。

潜水供气系统的组合形式较多，但一般均由空气压缩机、油水分离器、空气过滤器、储气瓶、水面供气控制台及管路系统（包括管件、阀门、减压器等）组成。图 8-10 是一个常见的潜水供气系统原理图，从空压机出来的压缩空气，流经油水分离器，除去其中的大部分油雾和水汽后，进入储气瓶，再经过空气过滤器净化后，才输送到供气控制台，供潜水员呼吸用。

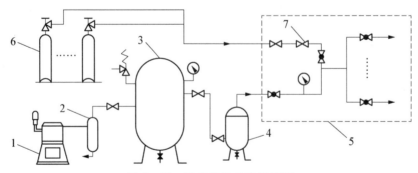

图 8-10　潜水供气系统原理图

1. 空压机　2. 油水分离器　3. 储气瓶　4. 空气过滤器　5. 供气控制台　6. 高压气瓶组　7. 空气减压器

该系统中包括有高压气瓶组,经空气减压器减压后供潜水员呼吸,它既可作为主气源(如果储气量足够大),也可作为备用气源供紧急情况下使用。

8.2.1 空气压缩机

空气压缩机(简称空压机)是一种压缩与输送空气并使其具有压力的机械,是潜水供气系统中生产压缩空气气源的设备,其外形如图 8-13 所示。潜水用空压机要有足够的排量,以提供足够的呼吸气,而且它所提供气体的压力也要高于潜水员所在深度的环境压力,并有一定的余压。

按不同的特点对空压机进行分类:

按工作原理分为活塞式、离心式和轴流式三种。

按结构形式分为立式、卧式和 V 型;单缸和多缸;单作用和双作用等。

按冷却方式分为水冷式和风冷式。

按排量分为小排量(10 m³/min 以下)、中排量(10~30 m³/min)和大排量(30 m³/min 以上)三种。

按压力分为低压(0.2~1.0 MPa)、中压(1.0~10 MPa)和高压(10~100 MPa)三种。

按润滑方式分为飞溅式和压力式润滑两种。

按驱动方式分为电动式和机械发动机等形式。

国产空压机的产品型号一般以气缸的数目、排列形式、排气量多少、最终排气压力等主要技术指标进行组合命名,如 2V-0.67/7 型空气压缩机,即表示该机气缸数目为 2,气缸排列方式为 V 字形,排气量为 0.67 m³/min,产气的最大工作压力为 0.7 MPa。图 8-11 为 2V-0.67/7 型空压机的外形图。

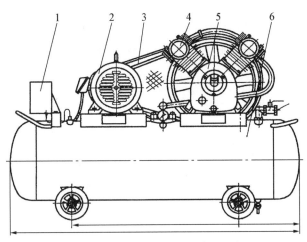

图 8-11   V-0.67/7 空压机外形图

1.压力自动调节器   2.电动机   3.传动皮带   4.气缸   5.压缩机   6.冷却管

下面主要讨论活塞式空压机的工作原理、组成及管理要点。

1）空压机的工作原理

（1）单级单作用活塞式空压机的工作原理。

图8-12是单级单作用活塞式空压机的工作原理图。空压机的工作腔室主要由气缸、气缸盖、活塞、进气阀、排气阀等组成。活塞式空压机是利用活塞在气缸内的往复运动，借助气阀的自动开闭，使气缸工作容积发生变化，从而达到压缩气体的目的。压缩机的工作过程分为3个阶段。

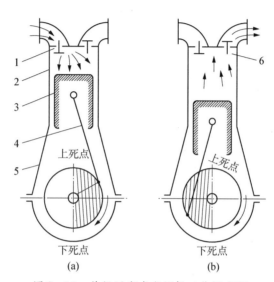

图8-12 单级活塞式空压机工作原理图

1. 进气阀 2. 气缸 3. 活塞 4. 连杆 5. 曲柄箱 6. 排气阀

a. 吸气过程：如图8-13(a)所示，当活塞从上死点位置向下移动时，气缸容积增大，压力下降，出现一定的真空度，进气管中的气体便顶开吸气阀而进入气缸，一直持续到活塞下行至下死点，吸气才停止。

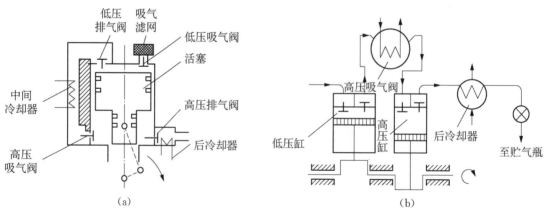

图8-13 两级活塞式空压机工作原理图

（a）进气阀 （b）排气阀

b. 压缩过程：当活塞由下死点上行时，气缸容积变小，进气阀关闭，气缸内的气体被压缩，气缸内气体压力逐渐升高，这就是压缩过程。但此时排气管中的气体压力高于气缸内气体的压力，排气阀仍处于关闭状态，气缸内气体还不能排出。

c. 排气过程：如图 8-13(b)所示，随着活塞继续上行，气缸内气体的压力继续升高，当压力升高到足以克服排气管中气体压力和排气阀上弹簧压力时，排气阀开启，压缩气体排出至储气瓶，直至活塞上行到上死点，排气才终止。

接着活塞重新下行，开始新的一个工作循环。这样，活塞周而复始地做往复运动，便不断地完成吸气、压缩、排气的过程。

(2) 两级活塞式空压机工作原理

高压空压机均采用多级压缩与中间冷却。这样，既可减少压缩机的耗功量，又能保证压缩机良好的润滑条件。

图 8-13 所示为两级活塞式空压机工作原理图。图 8-13(a)所示为单缸双作用、具有两级压缩与中间冷却的空压机，活塞上部为低压缸，下部为高压缸。在大气压力作用下的空气经过滤器、低压进气阀进入低压缸，压缩后从低压排气阀排至中间冷却器，压力升至 P_1。经过冷却后的压缩空气通过高压吸气阀进入高压缸，空气被第二次压缩，当压力 P_2 升高至顶开高压排气阀时，开始排气，经后冷却器进入储气瓶。

图 8-13(b)为双缸单作用活塞式空压机工作原理图。工作流程与图 8-13(a)相同。

(3) 膜式压缩机工作原理

膜式压缩机(俗称无油压缩机)是由气虹盖曲面和膜片之间构成气缸工作腔室。曲轴转动时，使活塞在油缸内作往复运动，推动油液，迫使膜片作往复振动，在进排气阀的控制下，膜片每振动一次，即完成一次进气、压缩和排气过程。由于气缸内没有活塞，不需向气缸内加任何润滑剂，因此被压缩的气体，可完全不被油迹所玷污，从而保证了压缩气体的纯洁。图 8-14 是膜式压缩机气缸结构剖面图。

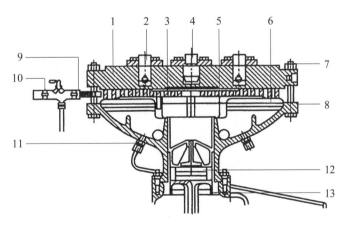

图 8-14 膜片式压缩机气缸剖面图

1. 密封盖 2. 进气阀 3. 节流孔板 4. 排气阀 5. 膜片 6. 油密封垫 7. 板螺钉
8. 油密封盖 9. 油压限制阀座 10. 油压限制器 11. 油压限制 12. 活塞销 13. 活塞

2）空压机的基本结构

（1）运动部件。

空压机的运动部件包括活塞、连杆和曲轴等。

（2）固定部件。

空压机的固定部件主要包括气缸盖、气缸体和曲轴箱等。

（3）气阀部分。

气阀是空压机的重要部件之一，直接关系到空压机运行的可靠性和经济性。空压机一般均采用自动阀，即借助压差而自动启闭的单向阀。常用的有环片阀、球面蝶形阀和条片阀等。图 8-15 为环片阀的剖视图，（a）为进气阀，（b）为排气阀。

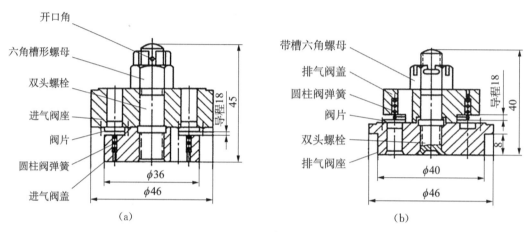

图 8-15　环片阀剖视图

（a）进气阀　（b）排气阀

（4）安全阀。

每台空压机都有一定的额定工作压力。为了防止空压机的排出压力超过允许值而发生危险，在空压机的每一级排出端均设置安全阀。安全阀的开启压力，一般高压级比额定工作压力高 10%，低压级比额定工作压力高 15%。

（5）润滑和冷却系统。

空压机的润滑方式有飞溅润滑和压力润滑两种。小型空压机多采用飞溅润滑。润滑油质量必须符合呼吸气的要求。

空压机工作温度高，气缸和气缸盖需要冷却；多级压缩时，被压缩气体需要中间冷却；最后排出的气体和滑油也需要冷却。冷却方式通常有风冷和水冷两种。

（6）压力自动调节装置。

潜水空压机的运行特点是间歇性的。为了便于实现自动控制，电动机多采用电动独立驱动，通过设置压力自动调节装置，使储气瓶的压力控制在某一范围内。图 8-16 是一种单触头压力自动调节装置的原理图，当储气瓶压力达到上限时，触头 m 和 n 分开，电动机断电；当储气瓶输出大量的空气使瓶内的压力下降至下限时，触头 m 和 n 又闭合，电动机重新开动。潜水作业时，要求空压机的下限压力大于潜水供气压力。

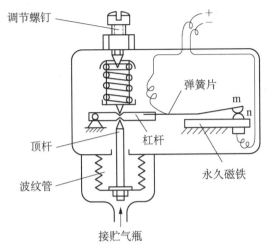

图 8-16 压力自动调节装置原理图

3）空压机的管理要点

根据活塞式空压机的特点,在使用和管理时主要应注意下列事项:

(1) 卸载。起动或停机时要先卸载。

(2) 润滑。起动前和工作中要注意检查曲轴箱油位是否在规定的刻线之间。

(3) 冷却水。冷式空压机起动前要先供水,运行过程中要注意保持适当的冷却水进口压力。风冷式空压机要防止风扇装反。

(4) 压力。工作中要注意各级压力值是否正常,各级排气温度是否超过额定值。

(5) 洁净。应保证空压机的吸气口安装在能吸入新鲜空气的位置上。

(6) 气阀。气阀是压缩机的易损件之一,对工作影响甚大。管理中应注意它是否泄漏,以及升程和弹簧的强度、弹性是否合适。

(7) 泄水。工作时要注意定期打开中间冷却器及油水分离器的泄放阀。

(8) 故障。发现故障,应及时找专业人员排除。

(9) 保养。平时必须经常对空压机进行清洁擦拭,检查气路、水路、油路、各种阀件及压力表等的连接处是否紧固。

(10) 检修。严格按规定的周期和范围进行小、中、大修。

8.2.2 油水分离器

油水分离器的用途是分离压缩空气中的油、水,提高充入气瓶的压缩空气质量。有些空压机自身配有油水分离器,有些空压机则没有配备,那么就必须在供气系统中设置。图 8-17 是一种油水分离器的结构图,从空压机出来的压缩空气,含有悬浮状油水颗粒,从侧面进入分离器筒体,气流沿着内筒螺旋导板产生螺旋切向运动,由于油水颗粒的比重比空气大得多,受到的离心力作用大,被甩向筒壁,沿着筒壁流到底部。然后气流急剧转弯上升,由于气流方向骤然改变和速度下降,使空气中的悬浮状油、水颗粒分离下沉,剩余部分的油、水颗粒在气流上升时被附着到金属丝网上一起下沉,被分离而积聚在筒底的油水经泄放阀排出。经分离后的压缩空气由上盖接管通往储气瓶。

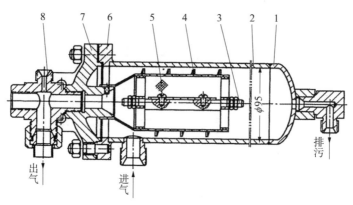

图 8-17　油水分离器剖面图

1. 底壳　2. 外壳　3. 芯棒　4. 内筒　5. 金属丝网　6. 接盖座　7. 盖　8. 四通接头

8.2.3　储气瓶

在潜水供气系统中,储气瓶是用于储存压缩空气、为水下潜水员提供气源的压力容器。供气系统中设置储气瓶有下列优越性:

(1) 在潜水前,先储存足够的压缩空气。一旦空压机发生故障,储气瓶将提供有限的应急气体。

(2) 储气瓶起到缓冲作用,这样供气时就平稳、连续、无波动,不受空压机气缸活塞的动作而产生气压变化的影响。

(3) 压缩空气在储气瓶中存放期间,可以使空气进一步冷却,其中所含的水蒸气和油蒸气可进一步凝聚分离出来。

储气瓶一般为钢制压力容器。它主要由一个能承受压力的壳体及其附属件和连接件组成。在储气瓶上一般装有安全阀、压力表、充气截止阀、输出截止阀和泄放阀等。图 8-18 是一个立式低压储气瓶外形图。

储气瓶的类型较多,允许其储存气体的最高压力值(即工作压)也不一致。劳动部颁发的《压力容器安全技术监察规程》按压力容器的设计压力(p),将压力容器分为 4 个等级,即

低压容器(代号 L)　　0.1 MPa $\leqslant p <$ 1.6 MPa
中压容器(代号 M)　　1.6 MPa $\leqslant p <$ 10 MPa
高压容器(代号 H)　　10 MPa $\leqslant p <$ 100 MPa
超高压容器(代号 U)　　$p \geqslant$ 100 MPa

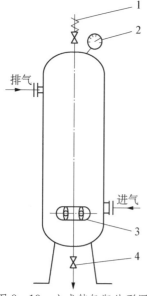

图 8-18　立式储气瓶外形图

1. 安全阀　2. 压力表　3. 人孔　4. 排放阀

储气瓶的数量和储气量是根据实际使用情况来确定的。所配储气瓶,一般不止一个。多个储气瓶应并联地分成若干组,以便轮换使用。使用高压气瓶组作为主气源时,设计的储气量应能满足该系统最高潜水供气压力的一

次潜水全过程所需的气体。在确定储气量时应考虑到储气瓶与最高潜水供气压力平衡时气瓶内的剩余压力。高压储气瓶的气源必须经减压后才能供潜水员呼吸用,低压气源可不经减压直接供使用。当高压气源向低压管路供气时,在低压系统中应设置压力表和安全阀。

储气瓶属压力容器,从安全角度讲,压力越高,爆炸能量越大,具有一定危险性。因此,储气瓶从设计、制造、安装到使用、检修都要严格遵循国家标准《钢制压力容器》(GB 150—1998)和劳动部颁发的《固定式压力容器安全技术监察规程》。同时,潜水用储气瓶又是向水下潜水员提供呼吸气体,所以必须遵循潜水行业的特殊要求。

储气瓶在使用和管理时应注意下列事项:

(1)储气瓶在搬运过程中要防止碰撞、跌落。

(2)储气瓶应按规定标示,充气时严禁混装。

(3)在任何情况下,储气瓶的使用压力都不得超过最高工作压力。在夏季或易受温度影响的情况下,应降低瓶内压力,确保安全使用。

(4)供气系统管路、阀门要定期检查保养,发现有损坏、泄漏时,须及时通知专业人员来维修。维修时,要先解除压力。

(5)储气瓶应严格按规定进行定期检验(包括气密试验和强度试验等)。另外储气瓶的压力表属强制检定,每半年检定一次;安全阀每隔半年或一年检查调试一次。

(6)储气瓶不使用时,宜放在干燥、清洁、阴凉处。如长期不使用时,应降压存放。

8.2.4 空气过滤器

从空压机排出的压缩空气,虽然经过了油水分离,但其中仍混有一些微细的污染物。

压缩空气中的污染物可归纳为两类物质:一是有害气体和蒸汽,如 CO、CO_2、油蒸汽等;二是悬浮于压缩空气中的气溶胶,如油的液态、固态尘质及尘埃等微粒。在允许浓度内(见图 8-19)这些物质不会对人体造成危害。但超过允许浓度范围,将会对人体产生不

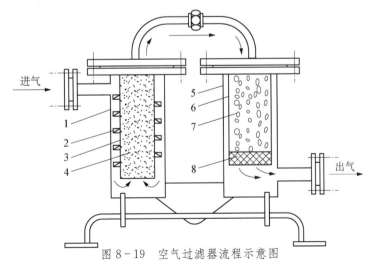

图 8-19 空气过滤器流程示意图

1. 过滤筒外壳　2. 螺旋形导板　3. 过滤内芯　4. 活性炭　5. 干燥筒外壳　6. 干燥内芯　7. 吸附剂(硅胶)　8. 纤维层

良影响,甚至产生中毒症状,而在高气压环境下尤甚。因此,必须在系统中设置空气过滤器,对压缩空气进行净化、过滤和干燥,清除这些有害污染物,以给潜水员提供符合纯度要求的呼吸气体。

空气过滤器既可以安装于储气瓶与水面供气控制台之间,也可以安装在储气瓶与空压机之间。

空气过滤器通常有除湿、吸附和干燥三种功能,为多级过滤。图8-20是一种多功能空气过滤器的流程示意图,压缩空气从侧向进入筒后,首先是经过螺旋式油水分离器,使气流沿螺旋形导板旋转而产生离心作用,使油水从气流中析出,甩至筒壁,并沿着筒壁流到底部。接着,气流改变流向向上转而从中间滤芯(内装有活性炭)流过。经活性炭吸附后,进入第二筒体,该筒体内部装有吸附剂(硅胶),对进入的气体进行再次干燥处理,然后流向储气瓶。

图8-20是一种较新型空气过滤器的外形图,筒内设置可更换的微孔滤芯,它综合采用机械分离、微孔纤维过滤和微孔介质凝聚生长的原理,来分离和滤除压缩空气中的油、水、尘埃等污染物,具有除油效果好、结构紧凑、体积小等优点,广泛应用于食品、轻纺、医药、潜水等行业。

图8-20　JK系列除油净化器外型圈

空气过滤器使用和管理应注意下列事项:
(1) 使用过程中要定期排泄过滤器内的污物。
(2) 定期更换空气过滤内的吸附、过滤材料。
(3) 空气过滤器为钢制压力容器,应按压力容器的有关规定进行管理。

8.2.5　水面供气控制台

空气潜水水面供气控制台主要由减压器、各类阀门、压力表及管路等组成。它有多个输入接头,分别承接低压空气气源、高压空气气源和低压氧气气源,根据潜水员在潜水的不同阶段、深度、活动等情况下的需要,调节供气压力及调换气体等。输出接头一般有两组,可同时为两名潜水员供气。此外,还备有一些可转换接头,以便连接不同类型的水面供气式装具。图8-21是水面供气控制台供气原理图。图8-22为柯比摩根潜水系统有限公司制造的DCS-2A潜水供气控制面板功能说明图。

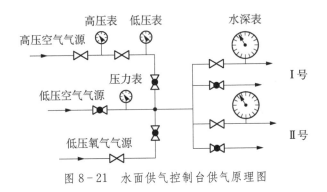

图8-21　水面供气控制台供气原理图

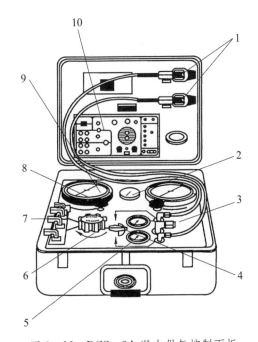

图8-22　DCS-2A潜水供气控制面板

1. 高压气源气瓶轭架　2. 供气压力表　3. 低压空气供气接头　4. 高压气瓶选择阀柄　5. 高压气源压力表　6. 减压器调节钮　7. 空气输出接头　8. 测深钮　9. 深度表　10. 潜水电话

9 市政潜水医学基础知识

潜水员在潜水过程中,由于受水下环境因素的影响,尤其是静水压和低水温的影响,必须借助某种潜水装具(备)和呼吸某种压缩气体,来保持机体生理状态与环境条件的平衡,一旦这一平衡失调,就会导致疾病和损伤,统称为"潜水疾病"。它们包括:潜水员在水下一定深度停留一定时间后,再回到水面的过程中,因上升(减压)速度过快、幅度过大而导致的潜水减压病;在潜水过程中,出于某种原因使机体受压不均匀、体内外压力失去平衡而导致的气压伤,如肺气压伤、耳与鼻窦气压伤以及潜水员挤压伤;在潜水过程中,潜水员要呼吸与水下环境压力相当的高压气体,这就使呼吸气体中各组成气体的分压也相应增高,超过各自一定的阈值,这将对机体产生毒性作用。这种因气体分压改变而引起的疾病有氮麻醉、氧中毒、二氧化碳中毒等;而出于种种原因,造成呼吸气体中氧分压下降,到达一定阈值后,也可引起缺氧症。这些疾病的产生大多数是由于不遵守潜水规章制度、技术不熟练或潜水专业知识贫乏导致的。

经过长期的实践和大量的潜水技术科研工作,人们已掌握了更加先进的潜水技术和安全潜水方法,已基本掌握了各种潜水疾病的病因、症状、救治及预防方法,为人类安全潜水提供了可靠的技术基础。潜水员只要贯彻"预防为主"的原则,平时加强卫生保健工作,遵守潜水规章制度和医务保障制度,作业前认真研究并制订安全措施和医务保障计划,潜水过程中做好预防潜水疾病的各个环节的工作,就完全可以有效地防止潜水疾病的发生。即使发生了潜水疾病,只要诊断正确,救治及时,病情便可迅速好转或消失。

因此,学习和了解各种潜水疾病的原因和症状,掌握其救治及预防的基本方法和步骤,对潜水员来说是十分重要的。

9.1 潜水减压病

潜水减压病是潜水(或高气压)作业中较为常见的疾病,是因机体在高压下暴露一定时间后,回到常压(减压)过程中,外界压力降低幅度过大,速度过快以致在高压下溶解于体内的惰性气体(如氮气)迅速游离出来,以气泡的形式存在于组织和血管内而引起的一系列病理变化。

本病常见于呼吸压缩气体进行潜水作业而又减压不当时,在高气压环境下作业,如沉箱、隧道作业、高压氧舱内工作或接受加压锻炼时,如果减压不当,都有可能发生此病。

本病以往根据患者职业特点、症状特征,曾有许多不同命名。如沉箱病(潜涵病)、潜水夫病、高气压病、压缩空气病、屈肢症、气哽、潜水员瘙痒症等。但究其病因,应称为潜水减压病。

9.1.1　病因与影响发病的因素

1) 病因与发病原理

关于减压病的病因,曾经有许多学说,目前公认的是"气泡学说",也就是说,机体组织和血液中有气泡形成是引起本病的主要直接原因。但是,本病的发病机理远非如此单纯,某些环节至今仍不十分清楚。本节仅介绍气泡形成和致病的基本原理及影响致病的因素。

(1) 气泡形成的基本原理。

当潜水员呼吸压缩空气进行潜水时,吸入的氧被机体代谢所消耗,而在空气中占大多数的氮气,机体既不能利用它,又缺乏对它的调节机能。它进入机体后,就单纯地以物理状态溶解于体液中,其溶解量随吸入气中氮分压的升高及暴露时间的延长而增加,直到机体内各组织的氮张力与肺泡吸入气中氮分压完全平衡为止(这时氮的吸入量与排出量相等),即达到了完全饱和。

根据何尔登减压理论,当水下作业结束后,上升减压过程中,由于外界压力下降,机体组织内可溶解的氮量亦相应减少,高压下已经取得平衡或达到一定饱和程度的氮气,在较低压力下即成为过饱和状态。但是,由于机体组织和体液的胶体特性,只要外界压力降低的幅度在一定范围内,这部分多余的氮,仍可暂时保持溶解状态(安全过饱和),当它随血液流经肺泡时,顺着压差梯度,由血液扩散到肺泡而且从容排出体外(脱饱和)。

如果溶解于组织中的氮张力超过周围总压的 $1.6\sim1.8$ 倍,即超过了过饱和安全系数,过多的氮就不能继续保持溶解状态而游离出来,在组织和血液中形成气泡。在呼吸空气潜水时,潜水深度愈大(压力愈高),暴露的时间愈久,机体组织内溶解的氮张力就愈高;当达到一定张力值后,又迅速且大幅度地上升(减压),超过过饱和安全系数的程度就愈大,气泡的形成也就愈快、愈多。所以,当溶解氮多、血液灌流差时,氮不能及时适当地迅速脱饱和的组织更易形成气泡。这种在血液中逸出的气泡,称为"原地生成气泡"。

(2) 气泡的致病过程。

气泡可在血管内形成,也可在血管外。气泡的阻塞和压迫以及继发性影响,会导致一系列相应的病理变化。

a. 气泡的机械作用。

血管内的气泡,主要见于静脉系统,因为静脉血来自组织,其惰性气体张力与组织接近,气泡在组织内形成后,进入血循环,可形成空气栓子,造成静脉血管栓塞,使血流受阻,并引起局部血管痉挛、变形,血管壁渗透性增高和局部瘀血、出血(血浆渗出)和水肿等一系列变化。如栓塞动脉,就造成血管所灌流的组织的缺血、缺氧,但比较少见。血管栓塞后,最后可导致组织营养障碍和坏死。严重者,由于血浆大量渗出,血液浓缩,还会出现低血容量性休克,甚至循环衰竭致死。

气泡在血管外形成,可产生机械压迫作用,挤压周围组织、血管和神经,刺激神经末梢,甚至可引起组织损伤。气泡多见于溶解惰性气体较多、血液灌流较差、脱饱和较困难的一些组织内,如脂肪、韧带、关节囊的结缔组织、脑和脊髓的白质、周围神经髓鞘、肝脏等组织,在眼的玻璃体液及房水、脑脊液、内耳迷路的淋巴等体液中也可见到气泡。血管外的气泡多存在于组织的细胞外,也可以存在于细胞内。近年来,电子显微镜观察发现,在细胞内的线粒体内,见到大量小气泡。这些气泡可引起细胞内粗糙型胞浆内质网的广泛损伤。如果气泡累及脂肪组织,则脂肪细胞内的气泡膨胀后,使细胞破裂,释放出脂肪小粒。微小的脂肪粒进入循环,可产生脂肪栓子,引起血管的进一步阻塞,从而加重病情。

还应指出,体内形成气泡后,如果气泡体积较小、数量较少且不在生命要害部位或仅在不敏感部位时,也不会引起症状。

b. 继发的生物化学变化和应激反应。

发生减压病病理变化的原因,除了公认的血管内、外气泡的机械作用外,还有血液-气泡界面上的表面活性作用及机体全身的"应激反应"等一系列继发的生物化学因素引起的变化。

总之,在减压病的发病机理中,气泡对机体的影响有物理性原发因素,也有重叠于物理性因素的化学性继发因素,这些因素的交叉综合作用,使减压病的临床表现变得更为复杂。

气泡引起病变的过程可概括于图9-1。

2）引起潜水减压病的外在因素

（1）劳动强度

在水下（或高气压下）作业时,劳动强度越大,减压病的发病机会也就愈多,这是由于机体的运动可加速呼吸、循环,并使局部组织内的代谢产物,如乳酸、二氧化碳以及热量显著增加,这些都可引起局部血管扩张,从而加速氮的饱和过程。因此,在高压下从事中等以上体力劳动时,机体内氮的饱和速度,要比轻度劳动时快,这一点在选择减压方案时必须考虑到。

（2）个体因素

a. 精神状态：过分紧张、恐惧或情绪不稳定时（由于高级神经活动会影响机体的代谢过程和调节机能）,不利于氮的脱饱和,而易促发本病。此外,在上述情况下,极易出现惊慌失措、注意力分散,使操作失误,导致放漂（见10.3节）,从而增加发生减压病的可能。

b. 健康状态：健康不佳、过度疲劳或有潜在性疾病（如患有心、肺、肾等疾病,骨、关节等局部外伤,皮肤损伤后有大面积疤痕组织等）时,易促发本病。此外,肥胖者也易发病。这是由于体内脂肪量多,会溶解更多的氮,而脂肪组织供血较差,不利于氮脱饱和,易形成气泡。

c. 年龄：一般认为40岁以上者,易发本病。这是因为超过一定年龄后,随着年龄的增长往往心血管功能较差,有的人身体发胖,这些都不利于氮的脱饱和。

d. 高气压适应性：人对高气压具有适应性,这已为实践所证明。经常潜水或高气压作业的人,对高气压本身和减压过程的耐力均可逐渐提高,而长期不潜水或新潜水员,对

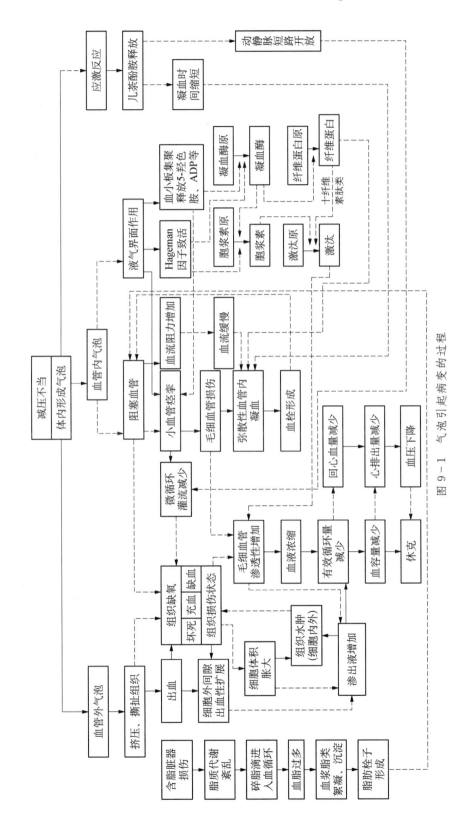

图 9-1 气泡引起病变的过程

高气压和减压过程的适应性就差,易得减压病。因此,对于长期未潜水者或新潜水员在进行大深度潜水前,都应进行加压锻炼,以提高机体对高气压与减压过程的适应性(加压锻炼的方法和要求见9.1节)。

(3)环境因素

潜水作业现场恶劣的水文气象条件,会使潜水员体力消耗显著增加并带来技术操作上的困难。至于水下寒冷,除可增加机体的能量消耗外,还可引起血管反射性收缩,使局部血流少、循环慢,影响减压时氮的脱饱和。如不采取一定的防寒措施和修正减压方案,就会增加减压病的发病率。此外,通风式潜水装具内通风不良,二氧化碳浓度增大,使末梢血管收缩,影响氮的脱饱和,也可促进减压病的发生。故在减压过程中,要加强通气,对预防减压病有一定意义。

(4)技术熟练程度

实践证明,在同一条件下,技术不熟练者比技术熟练者体力消耗大,易于疲劳。而且,由于技术不熟练,往往因操作差错而失去控制,发生放漂事故,引起减压病。

上述影响发病的诸因素,在实际工作中,要根据具体情况,全面考虑分析,即使在同一条件下,不同个体之间也有明显的差异("个体差异");而在同一个体、同样的条件下,不同日期内的表现也可能不一样(个体的"日差异"),应予注意。

9.1.2　症状、体征和临床分型

减压病的症状和体征在大多数病例(约占85%)均发生于减压结束之后30～60 min之内。严重违反减压规则者(如放漂等),则会在减压上升过程中或到达水面时即刻出现症状和体征。

关于减压病的潜伏期(从体内开始形成气泡到出现症状和体征的时间),长短不一。不同时期内报道的发病率统计数字也不一致,但一致的结论是超过6 h后发病者较少。即使发病,症状也较轻。由于个体差异较大,故具体分析时,不应单纯根据潜伏期长就排除减压病的可能。

1)症状和体征

在理论上,气泡可在体内任何部位形成,血管内的气泡还可随血流转移至其他部位,故减压病的症状和体征复杂多变,其严重程度取决于体内气泡的体积、数量、所在部位以及存留的时间。如果气泡体积较小,数量较少,又不在重要部位或仅在某些不敏感部位时,也可不引起任何症状。有时,因气泡在脉管中流动,使症状和体征及其严重程度复杂多变,可能突然缓解,也可能突然恶化。鉴于上述特点,本病一旦发生,都应看作重症,不能有丝毫懈怠。

现将本病的主要症状和体征分述于下:

(1)皮肤。

皮肤瘙痒极多见,一般在减压末期或减压结束后首先出现,并有蚁走感、灼热感和出汗等症状。用手挠处也无法抑制住,这主要是由于气泡在皮下蜂窝组织和汗腺内的血管外形成后,刺激了感觉神经末梢所引起。在减压中肢体局部受寒或受压时,这一症状最易发生,它往往是轻型减压病的唯一症状,常见于皮下脂肪较多的部位,如前臂、胸、背、大腿

及上腹部等,也可累及全身。

有时皮肤出现猩红热样斑疹或荨麻疹样丘疹,这是由于皮肤血管扩张所致。如果皮下血管因气泡栓塞而发生反射性局部血管痉挛、扩张、充血及淤血,皮肤上即可出现苍白色(贫血部分)和蓝紫色(静脉淤血部分)相互交错的"大理石"样斑块。此外,还可出现皮下气肿等现象。

(2) 肌内和关节。

气泡在肌肉和关节部位存在,可引起局部轻重不等的疼痛。此症状最为普遍,约在90%的病例中见到,其中以关节疼痛为多,常见于肩、肘、膝和髋等关节。疼痛往往在开始时局限于一点,然后可扩大范围,并逐渐加重,以致发展到难以忍受的程度。疼痛的性质不一,有酸痛、跳痛、刺痛、撕裂痛等,而且大多数有持续和深层的特点。检查时,局部无红肿,压痛不明显。疼痛非一般止痛药所能解除,但局部热敷或按摩可使疼痛暂时缓解。肢体运动时疼痛加剧,故明显限制了肢体的活动,患肢常保持于一定的屈位,以减轻痛苦,此即"屈肢症"。

现已认为,引起疼痛的原因主要是血管外气泡直接压迫神经纤维,刺激神经末梢所致,也可能是局部血管,在气泡栓塞或反射性痉挛而引起的缺血性疼痛。

(3) 神经系统。

气泡累及中枢神经系统,引起的症状往往广泛而多样。侵犯脊髓者,多见于下胸段。气泡主要存在于脊髓硬膜外静脉丛。最常见的症状有截瘫、肢体运动与感觉障碍(包括感觉过敏、麻木、感觉减退或消失)以及大小便失禁或潴留等。脊髓损伤常无前驱症状,开始时仅有腰痛,下肢麻木、无力等症状,但很快(几分钟内)即可发生截瘫,应予注意。

脑部损伤引起的症状可有头痛、无力、语言障碍、面麻痹、运动失调、单瘫、偏瘫;严重时昏迷,以致死亡。然而,单纯脑部症状较少见,这是由于脑组织含脂量(仅 5%～8%)低于脊髓,血液灌流较丰富的缘故。

听觉和前庭功能紊乱(后者较常见)的病变是由于气泡累及耳蜗器官和迷路所引起的。其主要症状有耳鸣、听力减退、眩晕、恶心、呕吐、出冷汗、面色苍白等类似耳性眩晕症(综合征)的症状,故又称之为"潜水眩晕症",也可发生突发性耳聋。

气泡累及视觉系统时,可出现复视、视力减退、视野缩小和暂时性偏盲、失明等症状。

值得指出的是,中枢神经系统的损伤常是多发性的,根据损伤部位不同可分为几种症候群,其表现形式往往不易明确区分;在急性期很难做出准确的定位诊断,应充分认识到这一特点。

神经系统损伤,如不能得到及时的治疗,以致神经组织变性,则可引起一系列后遗症,也有发展成神经衰弱、神经官能症和精神失常等的报道。

(4) 循环系统。

大量气泡在血液循环系统中形成后,可引起一系列严重症状,由于气泡在血管内移动,使症状具有时轻时重的特点。

气泡进入右心和肺毛细血管床时,可出现心前区狭窄感,检查时,患者手脚发凉,皮肤、黏膜发绀,脉搏快而弱,如果患者意识丧失,呼吸停止,则脉搏难以触及,血压下降无法测出,叩诊时,心界向右扩大,听诊时可在心前区听到心脏收缩期杂音。

当气泡侵入血管运动中枢、脑部终末动脉或心脏冠状动脉时,常无任何前驱症状而丧失知觉、心跳骤停,造成猝死。如病人意识尚存,常感到全身无力、眩晕、有时伴有心前区疼痛,这时脉搏细弱甚至摸不到,心音低微甚至听不到,并有发绀征象。

当大量小气泡进入微循环后,则可使毛细血管通透性增高,血浆大量渗出,血容量减少,血液浓缩,导致低血容量性休克。

气泡在淋巴系统形成,则可造成淋巴结肿痛和局部肿胀。

如果机体组织损伤的产物进入循环后,还可引起体温升高,全身无力等症状。

（5）呼吸系统。

主要表现为气哽。该症状通常少见,出现也较迟,然而一旦发生,则很严重。这主要是由于气泡栓塞了肺毛细血管所致,这时患者可有胸部压迫感,胸骨后疼痛,阵发性咳嗽,呼吸浅而快,以致呼吸困难,出现陈—施二氏呼吸等症状,严重者可引起休克。

（6）其他器官。

当大量气泡出现在胃、大网膜、肠系膜等腹腔脏器的血管内,可引起恶心、呕吐、上腹部绞痛及腹泻等症状（腹痛也可能是脊髓损害的前驱症状）。气泡累及肾组织,也会在尿中出现一过性红细胞和管型。

（7）疲劳。

潜水员出水后的轻度疲劳是常见现象,多由于体力消耗较大而引起。如果潜水员出水后有极度疲劳和嗜睡现象,则往往是发生减压病的前奏,应引起重视。

上述症状中,以皮肤瘙痒和肌肉、关节疼痛最多见,神经系统症状与呼吸、循环系统症状次之,单一症状者占多数,多种症状同时出现者较少。

2）临床分型

目前,国内一般把减压病分为轻型、中度型和重型三种,其主要表现如下:

（1）轻型:主要表现为皮肤症状和肌肉、骨、关节的轻度疼痛。

（2）中度型:主要表现为肌肉、骨、关节的剧痛,也可有头痛、眩晕、耳鸣、恶心、呕吐、腹痛等神经系统及消化道的症状。

（3）重型:主要表现为瘫痪、昏迷、呼吸困难、心力衰竭、发绀等中枢神经系统、呼吸系统和循环系统的严重障碍。

国内也有人主张将减压病分为Ⅰ、Ⅱ两型,单纯以肌肉、骨关节疼痛及皮肤症状归Ⅰ型,其余均为Ⅱ型。

但是,如果发生急性减压病以后,没有及时进行治疗,使机体组织发生了不可逆的器质性病变,加压治疗已不能奏效,那就不属于慢性减压病,而应归于减压病的后遗症,如减压性骨坏死。

9.1.3 诊断与鉴别诊断

1）诊断

诊断减压病的主要依据是:

（1）近期内（3 h内）有呼吸压缩气体（空气或人工配制的混合气体）进行潜水（高气压）作业的历史。

（2）回到常压后（或减压过程中）出现前述典型症状和体征，又非其他病因引起者。

（3）可疑患者经过鉴别性加压后，症状和体征可立即减轻或消失者。

近年来，应用 Doppler 超声气泡探测仪作为客观检查手段，可直接测出心前区血流中运动着的气泡，虽精度有限，且不能测出不流动的气泡。然而，在测出相应等级的气泡信号时，可以作为诊断的客观佐证，另有些（如无症状而有气泡信号的情况下）则可为预防减压病提供可靠的信息。

至于潜水的深度、水下（高气压下）停留的时间是否按减压表进行减压以及发病潜伏期的长短等，只能作为参考，不能作为诊断的主要依据。因为在以往认为可不减压潜水的深度和时间范围内，近年来时有发生减压病的报告，而且潜水时即使严格按规定进行减压，也有发生减压病者，甚至一直认为不可能发生减压病的屏气潜水，在数十次反复进行后，也发生了典型的减压病。这一切，都应引起足够的重视。

2）鉴别诊断

在应用压缩空气或人工配制的混合气体进行潜水的过程中，除了可发生减压病外，还可发生肺气压伤、氮麻醉、急性缺氧症、二氧化碳中毒和氧中毒等潜水疾病，也可发生外伤等非潜水疾病和损伤，由于这些疾病和损伤的某些临床表现与减压病有相似之处，而处理方法则不同，因此必须注意鉴别。

减压病与其他潜水疾病的鉴别（见表 9-1）。

表 9-1 减压病与其他疾病鉴别要点

鉴 别 疾 病	潜水减压病
1）急性缺氧症状 知觉丧失后，呼吸一般尚存，及时给予呼吸新鲜空气或纯氧，会很快恢复正常。	知觉丧失时呼吸多停止，具有其他心血管症状。给予呼吸新鲜空气或纯氧也难以恢复正常。
2）氮麻醉 潜水员在深水时可出现明显症状。一旦上升出水，症状即可减轻或消失。即使出水后，还处于昏睡状态，但脉搏、呼吸仍正常。	潜水员在水下（高压下）停留期间不会发生。只是在上升过程中或出水后才出现症状，减压会使症状加重。如出水后患者知觉丧失，则脉搏、呼吸亦有明显变化。
3）二氧化碳中毒 潜水员在水下（高压下）因通风换气不足，吸入高浓度的二氧化碳时发生。只要加强潜水装具内通风，症状就可减轻或消失。	潜水员只是在从水下上升过程中或出水后才发生，症状非通风换气所能排除。
4）氧中毒 惊厥型氧中毒只有在水下（高压下）吸入高分压氧时发生，并可出现惊厥症状。一旦降低氧分压或改吸空气，症状即可缓解或消失。	痉挛症状仅在上升减压末期或减压出水后才发生。发生后仅仅呼吸空气不能使症状改善，而呼吸一定分压的氧，反可使症状改善。

（1）减压病与肺气压伤的鉴别要点，见表 9-8。

（2）减压病与其他潜水疾病的鉴别，一般也不困难，因为减压病的症状多发生在上升到水面（减压结束）时或出水以后，不加压治疗，症状一般不会很快消失，而其他潜水疾病（除肺气压伤外）则多发生在水下（高压下），而且在减压出水后（或经对症处理），一般症状即可缓解或消失，如表 9-1 所示。其中减压病与肺气压伤的鉴别将在下文进一步叙述。

上述鉴别过程中,皆应考虑到两种疾病同时存在的可能性。为此,应对现场作业条件、使用的装具类型、呼吸气体的状况、下潜深度和减压时压力降低的幅度等做全面的了解和分析,以避免误诊和漏诊。

9.1.4　治疗与预防

1) 救治的基本原则和步骤

减压病最根本、最有效的治疗方法是加压治疗。

加压治疗是指将患者送入加压舱内,将舱压升到合适的压力并持续一段时间,待患者的症状和体征消失后,再按照合适的减压方案减压出舱的全过程。及时、正确的加压治疗可使90％以上的减压病患者痊愈。因此,救治的基本原则是尽快地进行加压治疗。

随着舱内压力的升高,患者血液和组织中的气泡体积就会缩小,同时,气泡内的气体将随分压的升高而重新溶解到血液和组织中,这就减轻或消除了气泡造成的阻塞和压迫,使症状得以缓解或消失,然后,再按一定的规则进行减压,使体内饱和到一定程度的惰性气体(氮气)以安全脱饱和的形式通过血液循环,经肺泡逐渐从容排出体外。这样,因气泡而产生的症状就不会再出现。同时由于舱内压升高,使组织的氧分压提高,有利于缺氧组织的恢复过程,从而获得彻底的治疗。即使出于某种原因而延误治疗的减压病患者,也不应放弃治疗的机会,一旦获得加压治疗的条件,应立即进行加压治疗。

海军医学研究所在1963—1980年的18年中,曾先后对101例病程长达数月、数年,甚至11年之久的慢性减压病患者进行了单纯的加压治疗,治愈率仍达79.2％,有进步者20.8％。其中延误治疗半年以内者治愈率为82.4％;5年以内者治愈率为81.8％;延误治疗5年以上者治愈率为54.5％。可见,对延误治疗的患者应不失时机进行治疗;另一方面,也应看到延误加压治疗的时间愈长,治愈率就愈低。

2) 现场救治的具体步骤,应遵循以下原则

(1) 潜水员出水后发病,或出于某种原因(战时敌方搔扰,发生潜水事故),未能按相应的减压规则上升,而快速漂出水面(放漂),在迅速而正确地救助出水后,只要现场有可用的加压舱设备,都应尽快送入加压舱,进行加压治疗。加压治疗方案,可选用国家标准《减压病加压治疗技术要求》(GB/T - 17870—1999)中减压病加压治疗表,如表9 - 2所示。表中,方案1和方案2适用于加压到18 m,潜水员症状消失的情况;方案3～7适用于症状加压到18 m不消失或在减压过程中症状复发的情况。空气加压的速度为10 m/min。危重病人,更应争分夺秒。这是因为机体脑组织、心脏等重要器官,因为气泡栓塞而导致缺氧和营养障碍,极易造成不可恢复的病变,甚至危及生命,而及时加压治疗可避免上述不良后果。实践经验还表明,对于严重违反潜水减压规则的患者,尤其是伴有低血容量性休克的患者,应在加压治疗的同时,及时输入血浆或低分子右旋糖酐,对改善循环功能,帮助机体脱饱和以及防止血栓形成有重要的作用。

(2) 如现场有可携式单人加压舱,患者是清醒的,在其工作压力范围内就地安排加压治疗。或边加压治疗边后送,并在可用氧的压力内(小于180 kPa),定期通过供氧装置给患者供氧,注意通风,并做好治疗记录。

(3) 如现场无加压舱设备,应根据病情,积极进行对症治疗,并尽快利用担任救护任

务的车辆或者飞机等迅速转送到附近有条件的单位进行加压治疗。转送过程中,使患者保持左侧半俯卧头低脚高位,并做好病情护理记录。

(4) 如患者伴有发热、外伤、休克等,迫切需要进行某些急救措施(如止血、人工呼吸等),应分清轻重缓急,根据现场情况,适当安排处理,如现场有加压舱设备,这些急救措施应尽可能在加压舱内与加压治疗同时进行。现场如无加压舱设备,应积极采取上述必要的急救措施,一旦情况许可,仍应迅速后送,进行加压治疗。对于伴有休克的患者,无论是否加压治疗,都应尽早补液,输入低分子右旋糖酐或血浆。急救时,呼吸恢复后,可用中枢兴奋药。

对重型减压病患者的处理,应重视呼吸与循环功能改善,患者呼吸循环的严重障碍必须尽快解除,这不仅是拯救生命所必需的,也直接关系到加压治疗的效果,因为呼吸循环衰竭将妨碍惰性气体的脱饱和。

3) 预防

尽管减压病的发病机理比较复杂,影响发病的因素也很多,但其最根本、最直接的原因是体内气泡的形成。因此,在潜水过程中,凡是直接或间接影响(限制或促发)机体内气泡形成的因素,都与减压病预防的成败有关。所以,必须树立"预防为主"的思想,熟练地掌握预防减压病的各个环节,认真、细致地做好各方面的工作。

潜水作业的安全保障不仅是医务部门的事,也涉及潜水、机电等各部门的工作。因此,必须在作业现场负责人的统一领导下,制订统一的安全计划和方案,共同贯彻执行。只有这样,才能做到思想高度重视、态度严肃认真,组织有条不紊,养成人人遵守制度的好习惯,也只有这样,医学保障工作才能同有关部门发挥应有的作用,主要预防措施有以下几个方面。

(1) 进行政治思想和医学常识的教育。

(2) 做好平时卫生保健工作,提高潜水员对高气压的适应能力。这方面的工作主要有潜水员的营养保证、体育锻炼、合理安排作息时间和定期进行加压锻炼等。

(3) 在潜水作业前做好准备工作,主要有:根据现场实际情况,制订出包括组织管理好作业现场在内的安全措施和医学保障计划;选择、确定减压方法和减压表;认真进行下潜前的体格检查等。

(4) 潜水中应保持潜水衣内通风良好,同时还应注意潜水员的排气情况,以防发生放漂。

(5) 水下工作结束前,应根据潜水员水下工作的实际深度、水下工作的时间(即从潜水员头顶没水起到离开水底的时间止)、劳动强度、水文气象条件以及个体因素等情况正确选择减压方案,并严格按此方案进行减压。

(6) 潜水员应善于对自己的感觉进行判断,发现异常情况和不适,应立即报告,以便潜水主管和潜水医生共同研究,及时做出正确结论,采取相应的处理措施。在此过程中,医生也应主动询问、了解潜水员的情况,必要时改变减压方法和修正减压方案,或进行预防性的加压处理。

(7) 注意保暖,防止在水下减压过程中的体力消耗和疲劳。因此,要多穿防寒衣,采用减压架等。

(8) 为了加速潜水员体内氮气的排出,出水后,可继续给予吸氧,喝浓茶、咖啡等热饮料以及进行热水浴等。

表 9 - 2　减压病加压治疗表

治疗方案	治疗压力 /MPa(m)	停留时间 /min	上升到第一停留站时间 /min	停留站压力 /MPa（停留时间 /min）															治疗总时间 /min
				0.42	0.36	0.30	0.24	0.21	0.18	0.16	0.14	0.12	0.10	0.08	0.06	0.04	0.02	
1	0.18 (18)								(20) 5 (30)	5	(30)	5	(30)	5	(5)	(5)	(5)	145
2	0.18 (18)								(30) 5 (30) 10	(30) 5 (30) 10	(30) 5	30 10	(30) 5 (30)	10	(10)	(5)	(5)	325
3	0.30 (30)	30	2				3	6	(30) 5	(30) 5	(30) 5	(5)	5	(5)	(5)	(5)	(5)	176
4	0.50 (50)	30	2	5 14	14	14	14	16	(30) 5	(30) 5	(30) 5	(30) 5 (30) 5	(5)	(5)	(5)	(5)	(5)	295
5	0.30 (30)	30	2				3	6	10	10	15	15	20	30	45	100	120	406
6	0.50 (50)	30	2	5	14	14	14	16	20	20	20	30	50	75	80	120	150	660
7	0.50 (50)	30~80	2	10	40	40	60	60	180	180	180	600	120 或 60 (60)	120 或 60 (60)	120 或 60 (60)	120 或 60 (60)	120 或 60 (60)	2 300~ 2 350

注：1. 治疗压力栏括弧内数字为海水水柱高度，海水密度取 1.03 g/cm³，海水柱 10 m 压力相当于 0.10 MPa。
2. 停留时间栏括弧内数字为吸氧时间。

（9）在减压过程中，可用多普勒超声气泡探测仪进行检查，以便早期发现体内的气泡，及时修订减压方案，可有效地防止减压病的发生。

9.1.5　减压方法及减压表的应用

减压方法是指潜水员从水下环境上升出水时（或在高气压回到常压时），为控制体内过饱和的惰性气体能从容地通过呼吸道排出体外，以不致在体内形成气泡而发生减压病所采取的一种措施。

减压方法归纳起来有几种：①等速减压法；②水下阶段减压法；③水面减压法；④水面吸氧减压法；⑤下潜式加压舱-甲板减压舱系统减压法；⑥不减压潜水。本节仅介绍常规潜水中常用的几种减压方法。

1）水下阶段减压法

（1）定义和原理。

潜水员在水下作业结束后，不是直接上升到水面，而是上升到一定的深度，停留一定时间，有规律地逐段减压到达水面，这样的减压方法称为"水下阶段减压法"。若将这个过程各站深度和相应的停留时间绘成坐标图，则呈阶梯状，故又称"阶梯式减压法"，如图9-2所示。在水中逐次停留的水深处称为"停留站"或统称为"站"。

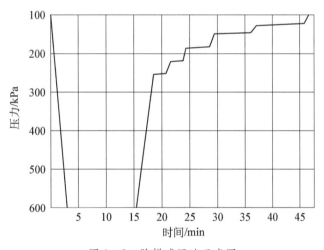

图9-2　阶梯减压法示意图

水下阶段减压法是英国生理学家何尔登于1908年根据他创立的氮气在机体内运动规律的理论首先提出的，他用氮的过饱和安全系数来限制潜水员离底上升允许到达的深度，即上升到体内氮张力为外界绝对压的1.6倍的水深处，该深处称为第一停留站。必须在该站停留一定时间，让体内过饱和的氮气排出一部分，然后再上升。后续各站也都必须按此同一原则停留上升，即在前一站停留的时间内，使体内的氮张力降至等于或略低于后一站绝对压的1.6倍时，方可上升到后一站。

何尔登还根据水下阶段减压法的原理，通过计算制订了适用于水下阶段减压法的"潜水减压表"。

（2）实施要点。

a. 在潜水员咽鼓管通气性能良好和水面供气能充分满足需要的情况下，下潜速度应尽量快。下潜速度一般为 10～15 m/min 左右，有经验者可达 30 m/min。

b. 潜水员离底上升时，应按减压表规定的速度（一般为 6～8 m/min）上升至第一停留站。

c. 必须在第一停留站按规定的时间停留，让机体内饱和溶解的一部分氮得以到达脱饱和状态，然后再上升。自第一停留站到水面，每隔 3 m 距离设一停留站，每一停留站又规定了适当的停留时间，潜水员应按减压表规定进行上升和停留。

d. 自第一停留站以后，站间移动时间均为 1 min。

（3）主要优缺点。

a. 优点：

通过几十年来的应用充分证明，水下阶段减压法较之古老的等速减压法大大地提高了工作效率，显著地降低了减压病的发病率，并且易于较准确地掌握，从而促进了潜水事业的发展。

b. 缺点：

（a）此法其水下减压时间仍很长，工作效率低，在大深度或长时间的潜水尤其突出。

（b）受水文、气象等恶劣条件影响，特别在水温低、水流速度快的情况下，潜水员体力消耗大，不利于脱饱和。

（c）因在水中减压时间长，不能有效地运用潜水技术装备。

（d）因水下阶级减压法的理论依据尚有缺陷，应用此法时，仍不能确保不发生减压病。

2）水面减压法

（1）定义：潜水员在水下作业结束后的减压过程，全部或大部分在出水后进入加压舱内完成，这种减压方法称为"水面减压法"。

（2）原理：根据何尔登的理论，潜水员在水底作业后，自水底或水中某一站停留后直接出水这一做法是违反规定的。因为出水时体内一些组织的氮张力会超过过饱和安全系数，有可能在体内形成气泡，引起减压病。但大量的实验和具体潜水实践证明，只要限制在一定范围内，体内并不会立即出现气泡，引起减压病。这是由于机体的组织和体液因其含有蛋白质等成分，具有一定的黏性，当从高气压减至低气压时，体液中形成气泡的速度，要比在同样条件下的水中形成气泡的速度慢得多。因此，机体组织的氮张力高于外界（常压）的氮分压时，即使其比值超过了 1.8（过饱和安全系数）的限度，也不会立即出现致病的气泡。

又有些研究人员指出：减压过程中肢体过度活动可促使体内形成气泡，而相对静止则能够防止气泡的出现。根据这些材料可以设想，只要潜水员在上升出水过程中，尽量减少不必要的肢体活动，并且出水后在尽可能短的时间内进入加压舱，重新加压到出水前最后一个停留站的深度压力，就会是安全的。即使在进舱前体内某些组织已有少量的小气泡形成，通常并不会马上引起减压病的症状，加之舱内压力升高后，这些气泡的体积就立即缩小，同时氮气重新溶解入组织，使气泡很快消失，因而对机体不会造成损害。

基于上述理论和实践，各国对采用水面减压法的潜水深度及水底停留时间的极限做了严格的规定，如表 9 - 3 所示。

表 9-3　我国及美英苏等国有关采用水面减压法时潜水深度及停留时间的极限规定

国别	深度/m																				备注
	15	18	21	24	27	30	33	36	39	42	45	48	51	54	57	60	63	66	69	80	
	各深度停留时间/min																				
中国	180	180	180	145	105	80	80	60	60	45	45	70	70	60	60	45	25	25			45 m 以浅和 48 m 以深，根据不同的减压表执行
美国	240	200	170	150	130	120	100	100	90	80	80	70	70	60	60						
英国								50	40	40	30	30	20	20	10	10					直接出水
苏联	300	240	240	240	180	180	180	145	145	145	145	25	25	25	25	25	25	25	25	25	通常规定限于 45 m，超过 45 m 须限制水下工作时间。

（3）实施要点。

为了确保安全，在采用水面减压法时，必须做到以下三点：

a. 潜水员在离开水下最后一个停留站，准备直接上升出水时，Ⅳ类理论组织的氮张力应控制在不超过 260 kPa。如水下工作结束时，氮的饱和水平不高，低于安全限值，可采用空气水面减压法；如饱和水平较高，应在水中停留若干站，待体内溶解的氮排出一部分，降到安全限值以内时，再上升出水，进舱加压后完成后续减压步骤。

b. 潜水员进入加压舱后，首先必须在相当于直接出水的水下最后一个停留站停留，甚至在要比此站更深一站的压力下重复停留，然后按表逐站停留减压。

c. 水面减压法中的间隔时间是一个与安全直接相关的极其重要的因素，必须严格遵守并尽量争取缩短。间隔时间是指从潜水员离开水中最后一个停留站到进入加压舱后加压至减压方案规定的压力所用的时间，一般不超 6 min。

（4）主要优缺点。

a. 优点：

（a）潜水员在水文气象等不利条件下，特别是潜水员发生意外，如放漂而不能再下潜、潜水衣破损、软管断裂等情况下，导致潜水员无法在水下进行减压时，均可采用此减压方法，以保证潜水员的安全。

（b）潜水员进入加压舱减压时，环境比水中舒适，有利于脱饱和，发现问题时也可及时处理。

（c）潜水员进舱后使用的装具、设备及与之配备的水面照料员等，可腾出给另一名潜水员使用，提高了设备使用率。

(d) 采用此法,减压病发病率相对也低,一旦发生减压病,也可立即在舱内进行加压治疗。

b. 缺点:

(a) 因间隔时间极短,操作技术和配合要熟练,稍有迟疑,可发生减压病。

(b) 使用条件要求严格,有一定的应用范围。

(5) 采用水面减压法的注意事项。

a. 工作现场必须有符合要求的加压舱,其工作压一般在 700 kPa 以上。舱型最好为双舱三门式或双舱四门式;以提高作用率,以便周转。

必须配备容积和工作压能满足需要的储气瓶、管路及各种阀门的通径必须符合要求,以保证能迅速地把舱压升至所需压力。

b. 潜水员必须无减压病发病史,咽鼓管通气性能良好,潜水技术熟练,经验丰富。

c. 严格遵守潜水深度和停留时间极限。直接上升出水速度不超过 7.5 m/min,"间隔时间"不超过 6 min。上升出水过程中要尽量减少体力活动。出水时尽可能选用减压架。

d. 要加强医学保障,潜水员离底上升前或在水中停留站减压时出现不适时,应放弃此法,改用水下阶段减压法。

e. 在潜水员出水前,加压舱应做好接纳的准备工作。

f. 潜水员出水卸装时和进舱升至规定压力后,应询问其感觉,以便及时发现问题,予以处理。

3) 吸氧减压法

(1) 定义和原理。

潜水员在减压时,当减压至一定的压力(一般是小于 18 m)时,改用吸纯氧进行减压的方法称为吸氧减压法。

氮气从体内排出的速度,取决于机体组织的氮张力与肺泡气氮分压之间的压差梯度。用纯氧代替原来吸入的压缩空气可使肺泡气的氮分压值几乎下降到零,这就使组织内氮张力与肺泡气氮分压之间的压差梯度达到最大,使氮的脱饱和达到最大,同时氮的压力和潜水员所处的环境压力一致,氮分压降低而总压不变,故体内不致形成气泡而发生减压病。

吸氧减压法与一般阶段减压法相比,缩短了减压时间,提高了减压效果,保证了安全。

(2) 吸氧减压法的使用。

吸氧减压法主要有两种方法,即阶段式和等压式。前者是潜水员减压到一定压力时开始,分别在各停留站吸氧减压,后者是潜水员在一定压力下一次完成吸氧,随后从该深度迅速降至常压。

我国目前在常规潜水中,普遍采用水面吸氧减压法。

4) 不减压潜水

(1) 不减压潜水的定义和原理。

潜水作业时,在一定水深处停留如不超过限定的时间,可由工作水深处直接出水而不必在水中停留减压,这种潜水称为不减压潜水。进行不减压潜水时,由于潜水员潜水的深度和停留的时间有限制,故体内氮饱和程度不高,半饱和时间长的一些组织的饱和度则更低,有学者认为:在上升出水阶段,Ⅳ、Ⅴ两类组织不仅没有发生脱饱和,而且还继续在进行饱和,它可能接受Ⅰ、Ⅱ类等组织脱饱和时排出的部分氮,充当了氮气的储存库,起到了缓冲作用。这样半饱和时间短的组织逸出的氮就不致聚积在组织内形成气泡,从而可减少减压病的发生。

实验结果证明,当机体在一定高气压环境中作短暂停留后,迅速减压至常压的瞬间,Ⅰ、Ⅱ、Ⅲ类组织的氮张力,可依次达到 321~488 kPa、301~369 kPa、237~266 kPa,基本上仍是安全的。但必须对潜水员加强观察,并监督其休息,以防减压病的发生。

（2）不减压潜水的深度和停留时间的规定。

近年来,由于呼吸压缩空气的轻潜水装具在潜水中的广泛使用以及潜水运动的蓬勃发展,不减压潜水受到普遍的重视和欢迎。各国对不减压潜水的深度和停留时间做了规定,如表 9-4 所示。

表 9-4　我国及美、苏有关不减压潜水的深度和停留时间限度的规定

国别	深度/m															
	15	18	21	24	27	30	33	36	39	42	45	48	51	54	57	60
	各深度停留时间/min 及上升出水所用时间/(min:s)															
中国	100 2:00	45 3:00	35 3:00	25 3:00	20 4:00	15 4:00	15 5:00	10 5:00	10 6:00	10 6:00	10 6:00					
美国	100 0:50	60 1:00	50 1:10	40 1:20	30 1:30	25 1:40	20 1:50	15 2:00	15 2:10	10 2:20	10 2:30	5 2:40	5 2:50	5 3:00	5 3:10	
苏联	105 2:00	45 3:00	35 3:00	25 3:00	20 4:00	15 4:00	15 5:00	10 5:00	10 6:00	10 6:00	10 6:00	5 7:00	5 7:00	5 8:00	5 8:00	5 8:00

5）潜水减压表的应用

我国所使用的减压表有水下阶段减压表和水面减压表。近年来,交通部系统和海军潜水医学工作者和潜水人员经过实践,并结合我国具体情况,已制定出适合我国潜水员体质和我国海区特点的潜水减压表。现介绍 1990 年交通部制定颁布的《空气潜水减压技术要求》(GB 12521—90)的空气潜水减压表,如表 9-5～表 9-7 所示。

表 9-5　空气潜水减压表

潜水工作深度/m	水下工作时间/min	上升到第一停留站的时间/min	停留站深度/m												减压总时间/min	反复潜水检索符号
			36	33	30	27	24	21	18	15	12	9	6	3		
			停留时间/min													
12	360	2													2	*
15	105	2													2	M
	145	2												10	13	M
	180	2												14	17	O
	240	2											3	15	22	Z
	300	2											10	16	30	*

（续表）

潜水深度/m	水下工作时间/min	上升到第一停留站的时间/min	36	33	30	27	24	21	18	15	12	9	6	3	减压总时间/min	反复潜水检索符号
											停留时间/min					
18	45	3													3	H
	60	2											5		8	K
	80	2												14	17	L
	105	2											3	16	23	N
	145	2											8	20	32	Z
	180	2											8	26	38	Z
	240	2										5	18	23	51	*
21	35	3													3	G
	45	3												5	9	K
	60	3												17	21	L
	80	2											8	17	29	M
	105	2										7	11	21	44	O
	145	2										8	14	29	56	Z
	180	2									3	12	19	31	71	Z
	240	2									10	18	24	36	94	*
24	25	3													3	F
	35	3												6	10	K
	45	3											6	20	21	K
	60	3											10	24	39	L
	80	2										7	10	25	47	N
	105	2										10	18	27	60	O
	145	2									9	12	23	34	84	Z
	180	2								4	13	18	28	39	109	*
	240	2								4	19	19	32	50	141	*
27	20	4													4	F
	25	3											2		6	J
	35	3												12	16	J
	45	3											12	22	39	L
	60	3										7	12	23	48	M

（续表）

潜水深度/m	水下工作时间/min	上升到第一停留站的时间/min	36	33	30	27	24	21	18	15	12	9	6	3	减压总时间/min	反复潜水检索符号
							停留站深度/m 停留时间/min									
27	80	3										9	20	24	59	N
	105	2								2	11	15	22	29	86	Z
	145	2								9	12	21	28	43	120	*
	180	2								12	16	25	33	51	144	*
30	15	4													4	E
	20	4												1	6	I
	25	4												4	9	I
	35	3											5	15	25	K
	45	3										2	13	23	44	L
	60	3									1	10	15	25	58	N
	80	2									2	10	14	22	28	83	O
	105	2									5	14	18	28	39	111	*
	145	2							10	13	15	25	36	52	159	*
	180	2							14	19	21	30	40	61	193	*
33	15	5													5	F
	20	4												3	8	I
	25	4												10	15	I
	35	3											5	10	16	37	K
	45	3											8	14	24	52	L
	60	3										12	14	17	26	76	N
	80	3									6	12	16	25	32	99	O
	105	2								8	12	19	20	33	41	141	*
	145	2							9	13	15	20	30	42	65	203	*
	180	2							6	19	22	24	39	60	73	262	*
36	10	5													5	D
	15	5												3	9	H
	20	5												4	10	H
	25	4										2	6	12	27	I
	35	4											10	12	17	46	L

（续表）

潜水深度/m	水下工作时间/min	上升到第一停留站的时间/min	停留站深度/m 停留时间/min													减压总时间/min	反复潜水检索符号
			36	33	30	27	24	21	18	15	12	9	6	3		
36	45	3									5	12	13	24	61	N
	60	3								4	4	16	18	30	90	O
	80	3							4	10	18	21	27	35	124	*
	105	3						7	11	14	19	24	37	47	169	*
	145	2					11	13	15	17	24	37	42	72	247	*
39	10	6													6	E
	15	5												6	12	F
	20	5												9	15	H
	25	4										6	10	14	37	J
	35	4									3	12	16	18	57	N
	45	4									6	16	20	27	77	O
	60	3							4	10	8	22	24	30	117	Z
	80	3						5	10	14	20	23	28	38	147	*
	105	2					6	10	14	18	21	31	47	57	214	*
	145	2				8	13	16	18	20	30	44	59	85	304	*
42	10	6													6	E
	15	6												9	16	G
	20	5											4	15	26	I
	25	5										9	14	16	47	J
	35	4									9	14	17	22	70	N
	45	4								4	10	19	22	27	91	O
	60	3						2	9	16	20	23	26	32	138	*
	80	3						12	14	17	22	25	32	42	174	*
	105	3						15	18	20	23	34	53	76	249	*
	145	2				12	14	18	19	26	39	49	75	105	368	*
45	10	6													6	C
	15	6												12	19	G
	20	6											6	16	30	H
	25	5									3	9	15	18	54	K

（续表）

潜水深度/m	水下工作时间/min	上升到第一停留站的时间/min	36	33	30	27	24	21	18	15	12	9	6	3	减压总时间/min	反复潜水检索符号
			停留站深度/m 停留时间/min													
45	35	5									11	16	20	23	79	N
	45	4							10	17	22	25	29		112	O
	60	3						11	13	17	20	24	30	37	162	*
	80	3					14	15	16	18	19	25	38	52	208	*
	105	6				12	14	16	18	21	28	39	61	79	300	*
	145	2			13	15	16	19	20	32	48	59	86	113	433	*
48	5	7													7	D
	10	6												2	9	F
	15	6											3	12	23	H
	20	6										4	7	17	37	J
	25	5									6	10	16	20	61	K
	35	5								6	15	18	22	29	100	N
	45	4						4	12	15	19	26	16	33	143	*
	60	3				1	8	12	16	18	21	37	37	44	195	*
	80	3				11	13	16	19	21	23	49	49	66	268	*
	105	3			12	14	15	17	20	26	33	70	70	94	359	*
	145	3		12	14	16	17	19	22	40	56	90	90	136	508	*
51	5	7													7	D
	10	7												5	13	F
	15	6											9	14	31	H
	20	6									5	8	12	18	53	J
	25	6									10	13	18	21	72	L
	35	5								12	19	20	24	31	116	*
	45	4						10	13	14	22	27	30	39	166	*
	60	3				10	12	14	17	21	24	35	39	49	233	*
	80	3			12	14	15	18	21	24	29	49	57	77	329	*
	105	3		11	13	14	15	19	22	29	38	56	80	111	422	*
54	5	8													8	D
	10	7												7	15	F

（续表）

潜水深度/m	水下工作时间/min	上升到第一停留站的时间/min	36	33	30	27	24	21	18	15	12	9	6	3	减压总时间/min	反复潜水检索符号
54	15	7											10	17	36	I
	20	6									7	10	14	18	59	K
	25	6								4	11	13	19	22	80	*
	35	5							11	14	17	21	29	39	142	*
	45	4					8	12	17	19	22	31	37	47	205	*
	60	4			6	12	14	16	20	23	27	37	48	65	282	*
	80	3		12	13	16	17	20	24	29	35	58	64	84	386	*
	105	3	3	13	14	14	16	21	26	32	42	62	92	124	483	*
57	5	8													8	D
	10	7											1	10	20	G
	15	7										4	11	18	43	I
	20	6									10	12	13	19	67	*
	25	5								9	12	14	20	24	89	*
	35	5						8	13	15	18	24	34	43	167	*
	45	4				7	12	14	18	21	26	35	44	56	246	*
	60	4			12	14	16	18	21	27	32	45	55	72	326	*
	80	3		14	15	17	18	23	28	34	42	64	79	93	441	*
60	5	9													9	E
	10	8											3	11	24	I
	15	7									7	12	19		48	*
	20	6								4	10	13	15	20	73	*
	25	6							4	10	14	16	22	24	102	*
	35	5						12	15	16	19	28	40	52	194	*
	45	5				12	14	18	20	24	29	39	48	60	278	*
	60	4		12	14	16	16	20	24	29	36	49	69	80	380	*
	80	4	13	15	16	17	19	26	32	39	49	70	90	105	507	*

表9-6 水面间歇时间表(min)

反复潜水检索符号	剩余氮时间检索符号															
	Z	O	N	M	L	K	J	I	H	G	F	E	D	C	B	A
Z	10	23	35	49	63	79	97	116	138	163	191	226	270	328	417	606
	22	34	48	62	78	96	115	137	162	190	225	327	327	416	605	720
O		10	24	37	52	68	85	104	125	150	180	214	258	317	405	595
		23	36	51	67	84	103	124	149	179	213	257	316	404	594	720
N			10	25	40	55	72	91	114	139	168	203	245	304	393	584
			24	39	54	71	90	113	138	167	202	244	303	392	583	720
M				10	26	43	60	79	100	126	155	189	233	290	378	569
				25	42	59	78	99	125	154	188	232	289	378	568	720
L					10	27	46	65	86	110	140	174	217	276	349	539
					26	45	64	85	109	139	173	216	275	362	538	720
K						10	29	50	72	96	124	159	202	260	341	539
						28	49	71	95	123	158	201	259	348	520	720
J							10	32	55	80	108	141	185	243	313	502
							31	45	79	107	140	184	242	340	501	720
I								10	34	60	90	123	165	224	290	480
								33	59	89	122	164	223	312	479	720
H									10	37	67	102	144	201	266	456
									36	66	101	143	200	289	455	720
G										10	41	76	120	179	238	426
										40	75	119	178	265	425	720
F											40	46	90	149	203	393
											45	89	148	237	392	720
E												10	55	118	159	349
												54	117	202	348	720
D													10	70	159	349
													69	158	348	720
C														10	100	170
														90	169	720

（续表）

反复潜水检索符号	剩余氮时间检索符号															
	Z	O	N	M	L	K	J	I	H	G	F	E	D	C	B	A
B															10	131
															130	720
A																10
																720

表9-7 剩余氮时间表

反复潜水深度/m \ 符号 时间/min	剩余氮时间检索符号															
	Z	O	N	M	L	K	J	I	H	G	F	E	D	C	B	A
12	257	241	213	187	161	138	116	101	87	73	61	49	37	25	17	7
15	169	160	142	124	111	99	87	76	66	56	47	38	29	21	13	6
18	122	117	107	97	88	79	70	61	52	44	36	30	24	17	11	5
21	100	96	87	80	72	64	57	50	43	37	31	26	20	15	9	4
24	84	80	73	68	61	54	48	43	38	32	28	23	18	13	8	4
27	73	70	64	58	53	47	43	38	33	29	24	20	16	11	7	3
30	64	62	57	52	48	43	38	34	30	26	22	18	14	10	7	3
33	57	55	51	47	42	38	34	31	27	24	20	16	13	10	6	3
36	52	50	46	43	39	35	32	28	25	21	18	15	12	9	6	3
39	46	44	40	38	35	31	28	25	22	19	16	13	11	8	6	3
42	42	40	38	35	32	29	26	23	20	18	15	12	10	7	5	2
45	40	38	35	32	30	27	24	22	19	17	14	12	9	7	5	2
48	37	36	33	31	28	26	24	20	18	16	13	11	9	6	4	2
51	35	34	31	29	26	24	22	19	17	15	13	10	8	6	4	2
54	32	31	29	27	25	22	20	18	16	14	12	10	8	6	4	2
57	31	30	28	26	24	21	19	17	15	13	11	10	8	6	4	2

此表适用于潜水深度为60 m以内的空气潜水减压方案的选择，也适用于加压舱内暴露于压缩空气后减压方案的选择。

6）相关术语

（1）潜水深度：潜水时潜水员所达到的最大深度，以海水水柱高度米（m）计。潜水员在加压舱内暴露于压缩空气时，则以压力相当于海水水柱高度作为潜水深度。

（2）水下工作时间：潜水员从头盔入水到潜水作业完毕开始上升为止的一段时间，以分钟（min）计。

（3）减压：潜水员空气潜水或加压舱内暴露于压缩空气后，按规定的程序和要求逐步返回水面的过程。

（4）水下阶段减压：潜水员在水中的减压过程分为上升、停留、再上升、再停留直至返回水面即减压结束，称为水下阶段减压。实施水下阶段减压时，呼吸介质可为压缩空气，亦可为医用氧气。

（5）水面减压：潜水员的大部分或全部减压过程于出水后在水面加压舱内进行，称为水面减压。实施水面减压时呼吸介质可为压缩空气，亦可为医用氧气。

（6）减压方案：按潜水深度和水下工作时间组合规定的减压步骤和时程。

（7）基本减压方案：以潜水员实际潜水深度和水下工作时间为基本参数选择的减压方案。

（8）延长减压方案：当外界或（和）潜水员本身有某种或某些不利于安全减压的因素时，减压方案需在基本方案的基础上延长，这时所取的减压方案称为延长减压方案。

（9）停留站：潜水员减压过程中为逐渐排出体内的过饱和氮气，必须在规定深度停留一定的时间，规定的停留深度称为停留站。

（10）第一停留站：一个减压方案中规定的深度最大的停留站称为第一停留站。

（11）上升到第一停留站的时间：潜水员从潜水作业完毕开始上升到抵达第一停留站的时间，以分钟（min）计。

（12）停留时间：潜水员减压时抵达某一停留站到离开该停留站的时间，以分钟（min）计。

（13）减压总时间：上升到第一停留站的时间、各停留站停留时间、各停留站间的移行时间（均为 1 min）和从 3 m 站上升返回水面的 1 min 的时间总和。

（14）潜水适宜时间限度：为了保证潜水员的安全和健康，减压表中规定了不同的潜水深度一般不宜超过的水下工作时间限度。

（15）水面间隔时间：实施水面减压时潜水员从水中最后所在的停留站开始上升返回水面、卸装、进加压舱加压到预定压力的时间总和，以分钟（min）计。

（16）反复潜水：在一次潜水后 12 h 内再进行的潜水。

（17）剩余氮时间：反复潜水减压方案选取时，需在反复潜水的水下工作时间上加上一个用分钟（min）表示的时间量，以表示上次潜水减压后潜水员体内尚遗留的一定量氮气的影响，该时间量称为剩余氮时间。

（18）水面间歇时间：开始一次潜水减压结束到下一次潜水开始的时间。

7）使用说明

（1）选择的减压方案可采用空气水下阶段减压或氧气水下阶段减压，有些方案还可以采用空气水面减压或氧气水面减压，并可视需要由一种减压方法转换为另一种减压方法。

（2）各深度档中的横线表示该深度的潜水适宜时间的限度。遇特殊情况需超过此限度时，应注意控制水下工作时间与表 9-5 所列的时间范围需有一定的保留量。

（3）采取基本减压方案时,如果潜水深度与表列某个深度相同则采用下一个潜水深度;如果水下工作时间在表列的两个水下工作时间之间则应采用下一个水下时间。

（4）遇不宜采用基本减压方案的情况,应选择基本减压方案的水下工作时间下一、二档或潜水深度下一、二档或水下工作时间及潜水深度均下一、二档的方案作为延长减压方案。

（5）采用空气减压时,各停留站的停留时间均参照表内数字;采用氧气减压时,各停留站的停留时间均按表内数字减半,若表内数字为奇数,则加1后再取半数。氧气减压期间连续吸氧30 min需另加5 min间歇呼吸空气。

（6）减压到9 m以内（含9 m）可采用氧气水下阶段减压。实施氧气水下减压时可在12 m停留站提前接通氧气,12 m的停留时间仍按空气水下阶段减压的规定时间,9 m停留站起接氧气减压的规定时间。必要时可在9 m停留站或6 m停留站将后续停留站应停留的时间一次停留完毕,然后用3 min缓慢上升返回水面。

（7）潜水员在水下遇到意外情况或是潜水作业现场不良,迫使潜水员无法继续进行阶段减压时,应采用水面减压。

（8）实施水面减压时潜水员可从12 m以内（含12 m）停留站直接上升返回水面,但必须在最后所在的停留站停留完毕。如第一停留站深度在6 m以内（含6 m）,则可不作水下停留直接上升返回水面,实施水面减压时,水面间隔时间不得超过6 min。

（9）潜水深度45 m以内（含45 m）、水下工作时间在潜水适宜时间限度内,实施水面减压时加压舱应加压到水下最后停留站的深度。如采用空气水面减压则在该深度重复停留10 min,然后按原减压方案进行减压;如采用氧气水面减压,则在该深度重复停留5 min,然后按原减压方案减压。

（10）潜水深度超过45 m或水下工作时间超过潜水适宜时间限度时,一般不宜采用水面减压。遇特殊情况需实施水面减压时,只能采用氧气水面减压,加压舱加压到较水下最后停留站深度6 m,在水下最后停留站深6 m和深3 m各吸氧重复停留10 min。可把12 m以内（含12 m）各停留站的停留时间较多地安排在12 m和9 m停留站。

（11）除标的减压方案不宜进行反复潜水外,其他减压方案可进行反复潜水。

8）减压方案的选择

（1）潜水员在水下进行轻或中等强度作业,潜水作业现场水温10℃以上、水流速度小于1 m/s、硬底质、能见度好;潜水员身体健康、主观感觉良好、平常进行加压锻炼、具有一定工作经验,且不易患减压病者采用基本减压方案。

（2）潜水员在水下进行重体力劳动,潜水作业现场水温低于10℃,流速大于1 m/s,淤泥底质、能见度差;长时间未潜水及加压锻炼或易患减压病者,应采用延长减压方案。

（3）潜水员熟悉水面减压的实施步骤、不易患减压病、咽鼓管通气性能良好和水下工作结束时主观感觉良好者可采用水面减压。

9）特殊情况处理

（1）如潜水员不慎从水底直接上升到水面,在水面耽搁的时间未超过5 min,应尽快下潜到比第一停留站深度深3 m处并停留5 min,此时计算水下工作时间应包括该次潜水的水下工作时间、直接上升到水面的时间、水面耽搁的时间、重复下潜和再到达该深度所停留的时间,并据此选取适宜的减压方案。如潜水员在水面耽搁已超过 5 min 但无减压病症状和体征。应尽快下潜到作业深度并停留 5 min。此时计算水下工作时间的方法和选取减压方案的原则同上所述。

（2）减压过程中潜水员出现减压病症状和体征应立即停用原减压方案,视情况改用延长减压方案或实施加压治疗。

（3）水下阶段减压返回水面和水面减压回到常压后,潜水员应在减压舱附近停留至少 8 h,如出现减压病症状和体征应立即实施加压治疗。

10）**反复潜水减压方案选取的步骤如下**：根据上一次潜水后所选用的减压方案的一个代表字母（反复潜水检索符号）和水面间歇时间,从表 9-6 查得用于检索剩余氮时间的一个代表字母（剩余氮时间检索符号）,再根据表 9-7 查得在反复潜水水下工作时间上加上的剩余氮时间,然后依据反复潜水的潜水深度选取反复潜水的减压方案。

9.2　减压性骨坏死

骨关节的减压性坏死是机体在高气压环境中暴露后,由于减压不当而延迟发生的长骨部分坏死损害,故称减压性骨坏死。有人曾取损伤部位组织进行培养,证明是无菌的,故属于无菌性骨坏死。

9.2.1　临床表现

减压性骨坏死的患者,早期一般无明显的症状和体征,有些病人在负重时或在气候变化时,会出现酸痛和不适的感觉,特别在寒冷季节较明显,严重者骨关节严重坏死,关节纤维化、钙化面强直,会出现跛行、站立不能、行走丧失等功能障碍。

9.2.2　诊断

减压性骨坏死的诊断,主要根据职业史和 X 线检查。本病患者都有高气压暴露的历史,且大多数曾患有轻重不等的急性减压病,加上骨关节 X 线摄片发现有一定形态特征的病变,如多发生在肱骨、股骨头及股骨下端、胫骨上端,病灶为多发等。但这些病变特征是非异性的,故仍应和具有类似 X 线表现的其他疾病（如动脉疾病、骨肉瘤、原发性骨坏死、外伤、骨结核以及类风湿性关节炎等）相鉴别。如果有选拔潜水员时的 X 线摄片做对照,结合高气压暴露史就不难做出鉴别诊断。

9.2.3　治疗

本病的治疗仍以高压氧治疗为主,如出现症状,可用止痛、活血化瘀药物及理疗;骨关节损害严重,有肢体功能障碍者,也可进行手术治疗,但疗效不理想。国外有用全臼及股骨头换置术对行动困难者进行治疗,收到较好的效果。

9.2.4　预防

预防的重点在于安全减压,防止减压病等潜水疾病的发生。就业前进行肩、髋、膝关节部位的 X 线摄片检查,并定期复查,这对及时发现、早期治疗、控制病情发展、争取好的预防有重要意义。

本病一旦发现后,如无症状和不适,还可从事较浅深度的空气潜水,并控制水下工作时间,应用延长减压方案减压,有条件采用吸氧减压则更好。如已有关节损伤,且出现症状者,应调离潜水或高气压作业岗位,并积极进行治疗。

9.3 气压伤

在潜水过程中,当机体本身的含气腔室内的压力与外界环境压力不能平衡而出现过大压差时,就会引起机体组织的位移、变形、损伤,称为潜水气压伤,但习惯上将机体内含气腔室内的压力低于外界环境压力所致的气压伤称为挤压伤。本节介绍的潜水气压伤主要包括肺气压伤、耳气压伤、鼻窦气压伤、胃肠道气压伤。

9.3.1 肺气压伤

肺气压伤是指在潜水或高气压作业时,出于种种原因,造成肺内压比外界环境压过高或过低,从而使肺组织撕裂,以致气体进入肺血管及与肺相邻的部位,引起一系列复杂的病理变化的一种疾病。

本病在使用各种类型潜水装具潜水上升屏气时极易发生。在使用闭式呼吸器潜水快速上升时,也易发生。本病常常病情急,危险性较大,治疗也较复杂,故应重视。

1) 病因与发病原理

肺气压伤与减压病虽具有同一病因(气泡),但两者在气泡产生的原理上却有根本的不同。肺气压伤的气泡栓塞,是由于肺内压过高或过低,引起肺组织撕裂,肺泡内气体进入被撕裂的肺血管和组织所造成的。

(1) 引起肺组织撕裂的原因。

a. 肺内压过高:当潜水员从水底快速上升时,外界静水压迅速降低,此时如果潜水员屏住呼吸、喉头痉挛或其他原因,致使肺内膨胀的气体不能及时排出或排出不畅,肺脏就会扩大,一旦超过肺组织弹性极限而使肺内压迅速升高时,就会导致肺组织撕裂。实验证明,肺内压高于外界压力 10.7~13.3 kPa 时,就可造成肺组织撕裂。若肺部有潜在性病变,则更易发生。必须指出,从较浅深度(如 10 m 以浅)上升比从较大深度上升同样距离时,由于气体体积膨胀的比例增大,发生肺气压伤的危险性就大得多。当然,在实际潜水中,快速上升往往是一个连续过程,从较大深度上升至较浅深度时,肺内气体膨胀已使肺泡扩张到相当程度,若再从较浅深度快速上升,肺内气体体积将成倍地增大,因此会造成更为严重的肺组织损伤。

b. 肺内压过低:这是由于胸腔扩大而无气体进入肺内造成的。如潜水员戴潜水帽潜水时咬嘴脱落或只用鼻子在潜水帽中呼吸,就会出现吸气时胸腔扩大,但无气体进入肺内,呼气时却又将肺内气体进一步呼出,如此反复。便使肺内气体十分稀薄,而造成肺内压过低,对肺泡壁产生强大的"吸力",一旦超过其生理限度,就引起肺组织撕裂。这种"吸力"还可使附近部位的血液被吸入肺组织。这种情况在用开放式潜水呼吸器潜水中突然供气中断时也会发生。实验证明,当肺内压低于外界压力 6.7 kPa 时,肺组织明显充血,当肺内压力低于外界压力 10.7~12 kPa 时,肺组织即被撕裂而出血。

(2) 气泡栓塞、气肿和气胸的形成。

肺组织破裂时,如果肺内压过高或过低的状态未改变,这时由于肺静脉受压塌陷或静脉压相对高于肺内压,肺内气体尚不能经破裂口进入静脉。只有当肺内压与外界压力恢复平衡时,气体才能进入破裂的肺血管,形成气泡栓子。进入肺静脉的气栓将随血液流至左心,继而进入体循环,导致一系列血管栓塞,造成呼吸、循环或中枢神经系统机能障碍等严重后果。

如果肺胸膜发生撕裂,肺内气体可进入胸腔,形成气胸。如果破裂发生在肺根部,气体可从支气管和血管周围的结缔组织鞘进入纵隔和皮下,引起纵隔气肿及颈、胸部皮下气肿。如果大量气体沿着食道周围的结缔组织进入腹腔,则可形成气腹,但较少见。

(3) 引起呼吸、循环机能障碍的原因。

当肺内压升高时,由于肺血管受压迫,使右心室输出血液的阻力大大增加,因此进入左心的血量也随之减少,导致动脉血压下降,静脉血压升高。如果肺内压持续处于高压状态,由于肺毛细血管被压瘪而使上述变化进一步加重,最终导致右心扩大而衰竭。当肺内压低于正常时,则肺血管血流阻力减少,回心血量增加,使动脉血压升高,最终也将导致左心衰竭。

气体进入肺循环后,除影响气体交换引起呼吸困难外,随着血流运行的气泡,将通过左心经主动脉而至机体不同部位的动脉,造成栓塞,进而导致相应的组织、器官的功能障碍。气栓尤其容易发生在脑血管和冠状动脉,这是由解剖学的特点所决定的。脑血管栓塞或冠状动脉栓塞一旦发生,就引起极为严重的脑、心功能障碍。

上述病理变化,已从尸检中得到证实。

(4) 潜水中导致上述病变的因素。

a. 屏气上升(减压)过程中屏气是发病的最重要因素。无论是无意还是有意的,都可引起肺内压急剧升高。有时由于惊慌或局部刺激(如呛水)而发生喉头痉挛,也可导致肺气压伤。

b. 肺内压升高从水下上升减压的速度太快,使肺内气体急剧膨胀,来不及排出,造成肺内压升高而导致肺组织损伤。这种情况常见于:

(a) 使用闭式呼吸器潜水时,由于压铅失落或呼吸袋内充气过多,使正浮力突然增加而快速上浮。

(b) 使用闭式呼吸器潜水时,潜水员在水下发生意外后,水面人员提拉出水速度太快。

c. 呼吸袋内压力升高,使用闭式呼吸器时,呼吸袋内压力骤然升高,这种短促的压力波突然冲击肺组织,使其来不及适应而发生损伤,这种情况可发生于:

(a) 潜水员着装完毕后,呼吸袋受到猛烈碰撞和挤压。

(b) 装具的供气阀失控,使呼吸袋内气量猛增,压力突然升高。

(c) 上升(减压)过程中,呼吸袋上排气阀未打开和安全阀失灵,使呼吸袋内膨胀的气体不能排出而过度充盈,也会导致肺内压突然升高。

d. 潜水中因肺内压过低,而引起肺气压伤,主要见于:

（a）潜水员着闭式呼吸器潜水时，潜水帽内咬嘴脱落；或使用开式轻装潜水时，供气突然中断。

（b）潜水员在排空呼吸袋内气体时忘记向袋内充气，就接通呼吸器并猛烈吸气，亦可造成肺内压过低。

（c）潜水时，出于某种原因引起潜水员喉头痉挛。此时如出现强烈的吸气动作，也可使肺内压突然降低而造成肺组织撕裂。

2）症状与体征

肺气压伤的特点是：发病急，大多数在出水后即刻至 10 min 内发病，甚至在上升出水过程中发生；病情一般较重、变化快，可突然恶化导致死亡。常见的症状和体征有：

（1）肺出血和咯血。这是具有特征性的、最常见的症状。通常在出水后立即出现，患者口鼻流泡沫样血液或咯血，轻者仅有少许血痰，甚至无出血症状。

（2）昏迷。可能因脑血管气泡栓塞或肺部损伤性刺激而反射性引起。它可在出水过程中或出水后立即发生。轻者仅表现为神志不清。如同时合并其他潜水疾病，则昏迷的原因就会比较复杂，这在实际潜水中，并不少见。

（3）胸痛、呼吸浅快。这是常见症状之一。胸痛轻重不一，深吸气时加重；呼吸快而浅，多为呼气困难，重者甚至呼吸停止。检查时，胸部叩诊可能有浊音区（肺出血区）；听诊时，呼吸音减弱，往往可听到散在性大小湿啰音。

（4）咳嗽。这是因肺出血及分泌物刺激呼吸道而引起的常见症状。由于咳嗽，使肺内压升高，不仅增加了患者的痛苦，也加快了病情的恶化。

（5）循环功能障碍。患者常有心前区狭窄感。检查时，可见皮肤和黏膜发绀；脉搏快而弱，甚至摸不到；血压下降，无法测出；心音低钝，心律不齐。如气泡在心室内聚积，心尖区可听到"水车样"杂音。这时，患者四肢发凉，皮下静脉怒张，严重者出现心力衰竭。如气泡侵入冠状动脉，常无任何前驱症状而心跳骤停，造成猝死。由于气泡在血管内可以移动，故上述症状常表现时轻时重。

（6）颈胸部皮下气肿。为较常见的体征。如局部压迫严重，可引起发音改变和吞咽困难。检查时，肿胀处触之有"捻发音"。

以上各点是肺气压伤常见的主要临床表现。由于气泡栓塞的部位不同，也可能出现其他症状。如气泡侵及脑血管，常可引起局部或全身的强直性或阵挛性惊厥、单瘫、偏瘫、语言障碍、运动失调、视觉障碍、耳聋等症状和体征；患者常自诉头痛、眩晕，严重者立即昏迷。如气体从破裂的肺胸膜进入纵隔和胸膜腔，也可分别引起纵隔气肿和气胸。这时患者表现十分虚弱、表情痛苦，常诉胸骨下疼痛，有呼吸困难和紫绀；如心脏和大血管直接被压迫，可出现昏厥和休克。

本病常可并发肺炎，应引起注意。

3）诊断与鉴别诊断

本病的诊断可根据患者从水下快速上升至水面及出水后立即或随后发生昏迷的病史，同时，检查发现口鼻流泡沫样血液或咯血，即可确诊。但也有些轻症患者，出水后意识尚清楚，也无明显咳血征象，这时就必须对该次潜水的全过程进行调查分析，才能最后做出诊断。调查时应着重注意以下几点：

（1）了解使用何种装具,从水下上升至水面的速度及上升过程中是否屏气。

（2）检查所使用的呼吸器,重点检查排气阀、安全阀、呼吸自动调节器以及转换阀的状况和供气流量,观察呼吸袋的充盈状态。

（3）调查在出水前,水下有无大量气泡冒出水面。如有,则表示呼吸袋在水下有气体过度充盈或排气过多。

根据上述调查结果,综合分析,就不难得出正确诊断。

本病出于和减压病共同的病因——气泡,而且在其他方面也有由气泡栓塞引起的症状,与减压病有相似之处,故要注意鉴别。其鉴别要点如表9-8所示。

表9-8 肺气压伤与减压病的鉴别要点

病症 鉴别 要点	肺 气 压 伤	减 压 病
发病原理	血管内气泡是由于肺内压过高或过低,造成肺血管撕裂,使肺泡内气体经破裂的血管进入体循环而形成的。主要引起动脉系统气泡栓塞。	血管内气泡是由于高压下溶解于血液中的惰性气体,当减压过速时从血液中游离出来而形成的。主要引起静脉系统的气泡栓塞。
	血管外气泡是由于上述原因造成肺组织撕裂后,肺泡内气体进入附近组织而形成的。	血管外气泡是由于高压下溶解于组织中的惰性气体,当快速减压时,从组织中游离出来而形成的。
发病条件	使用任何类型潜水装具快速上升过程中潜水员屏气皆可发生。尤其易发生于10 m以浅深度和使用闭合式潜水呼吸器时。发病与高压下暴露时间无关。大部分病例发生在上升出水过程中,或出水后即刻。	主要见于使用空气潜水装具的潜水员因快速上升(放漂)而发生。一般在10 m以浅深度和使用闭合式呼吸器(吸纯氧)时不会发生。一定要在高压下暴露一定时间后才会发生。绝大多数病例在减压结束之后(出水后)30 min内发病。
症状与体征	必定有呼吸与循环系统的症状。口鼻有泡沫状血液流出,是本病典型状表现。	不一定有呼吸与循环系统的症状。少数严重病例才有呼吸困难、发绀、心力衰竭等症状。一般不会有口鼻流泡沫状血液现象(肺出血)。
加压治疗效果	对消除气泡栓塞引起的症状有显著效果,但肺损伤引起的咳血等症状和体征仍可存在。	对消除气泡栓塞引起的症状与体征效果显著,只要治疗及时,方案选择适当,一般可完全治愈。

4）治疗与预防

因为本病和减压病具有相同病因素——气泡栓塞,故加压治疗仍是最根本、最有效的治疗方法。在加压治疗时,应充分考虑肺组织损伤的特点。此外,鉴于动脉气栓的严重性,必须强调一切抢救措施都要迅速、正确。为防止本病的发生,正确用潜水装具、上升(减压)过程中不要屏气都至关重要。

（1）急救与治疗。

a. 基本程序和措施

（a）发现潜水员在水下已处于昏迷状态,应迅速派人下潜援救出水。援救时注意勿撞击呼吸袋。出水后,使其处于左侧半俯卧头低位,以防气泡进入冠状动脉和脑血管,并以最快的速度卸掉呼吸器和潜水服(必要时可用剪刀剪开);给病人吸纯氧,即使患者病情较轻,也严禁搀扶步行。

(b) 尽快进行加压治疗,这对抢救是否成功将起决定作用。其作用原理与减压病相同。如果患者呼吸已停止,应毫不犹豫地进行人工呼吸。在选择人工呼吸方法时,应尽可能避免采用压迫胸廓的方式,以免加重肺组织的损伤。一切抢救措施应尽可能在加压舱内与加压治疗同时进行。如现场仅有可携式单人加压舱,则进行上述必要抢救后,立即送入舱内,迅速加至 500 kPa 的压力(该舱最大工作压为 500 kPa 或 700 kPa)进行救治。如在高压下,病情无明显好转或治疗技术上有一定困难,则应利用一切可用的交通工具,尽快送至有治疗用加压舱设备、条件较好的医疗单位继续治疗。

(c) 如果现场无加压舱设备,应使患者保持左侧半俯卧头低位,并积极采取必要的抢救措施。积极进行对症治疗。同时应不失时机地争取迅速转送到有治疗用加压舱设备的医疗单位。转送时要有医护人员陪同,注意使患者继续保持上述体位,严密观察病情变化,及时进行必要的救护,并做好记录。

(d) 对症治疗是改善患者呼吸、循环功能、止咳和预防感染必不可少的措施,无论是否进行加压治疗,都应积极采取。

b. 加压治疗的特点和要求。本病加压治疗的基本原理和方法、使用的治疗表皆和减压病的加压治疗基本一致,不同之处是:

(a) 加压速度要快,压力要高。根据进舱者咽鼓管通畅情况,尽快地将舱内压力一直升到 500～700 kPa。如患者处于昏迷状态,可做预防性鼓膜穿刺,以防鼓膜压破。对进舱抢救的医护人员,应选择咽鼓管通气性良好、训练有素者,否则也应做预防性鼓膜穿刺。

(b) 治疗方案的选择,应根据气泡栓塞症状在高压下的减轻和消失情况而定。

(c) 在减压过程中,如症状复发,应再升高舱压,直至症状消失,并在此压力下停满 30 min 后,按下一级压力更高的方案减压。

值得指出的是:如患者在治疗过程中或治疗结束后出现耳痛、疲劳、头晕、头痛等不适,往往可能是鼓膜受压引起的,不应看成症状复发,也无需再行加压治疗。

(d) 在减压过程中如发生气胸,可适当提高舱内压力 50 kPa 或更高一些,并用注射器及时将胸膜腔内气体抽出。如在高压下停留期间,因上述操作而使停留时间超过规定 20 min,则应按下一档时间较长的方案减压。

加压治疗结束后,患者应绝对安静地留在加压舱内或舱旁继续观察 24 h。与此同时,进行对症治疗,然后再送医院做进一步治疗。如医院就在近旁,患者出舱后,观察 4 h 症状无复发,即可转入病房观察、治疗。但一定要有专人护送,防止震动、颠簸。

2) 预防

本病的预防首先在于要求每一个潜水员了解在潜水过程中屏气的危害性;了解使用自携式呼吸器潜水时的有关知识,并熟练地掌握使用呼吸器的技能。此外,还应做好以下三个阶段的工作:

(1) 潜水前。

a. 对潜水员认真进行体检,如发现肺部有急慢性病变,或有感冒、咳嗽、支气管炎、胸痛等疾患时,应禁止潜水。

b. 仔细检查潜水呼吸器的各部件,尤其是排气阀、安全阀、减压器等性能是否良好;气瓶及其充气压力是否符合要求;整个呼吸器是否气密。检查完全合格时,才能使用。

c. 潜水员使用闭式呼吸器着装完毕后,严禁拍击呼吸袋,也不能挤压或碰撞呼吸袋。

(2) 潜水过程中。

a. 潜水员应沉着、镇定,严格遵守安全操作规则。

b. 入水后,头顶刚被水淹没,应稍作停留,待证明呼吸器工作正常后,再行下潜。否则,应出水调整。

c. 使用闭式呼吸器时,应随时注意水下呼吸动作要领及呼吸袋充盈状态,使其保持一次深吸气的气量。防止咬嘴脱落。

d. 如感觉呼吸困难或气喘,应停止工作,仔细检查呼吸袋内是否有气,呼吸软管是否折瘪,以及气瓶压力的消耗情况。及时采取相应的措施,以排除故障或立即上升,切勿惊慌失措。

e. 水面工作人员,尤其是信号员,应坚守工作岗位,及时询问潜水员的情况,并注意观察水面冒出的气泡。遇有紧急情况需提拉潜水员出水时,用力要均匀,不可过快。拉出水面后,注意勿使呼吸袋碰撞潜水梯。

f. 潜水员在结束水下工作准备上升时,必须打开排气阀,沿入水绳上升。

(3) 上升水面过程中。

a. 上升过程中严禁屏气。

b. 上升速度不可过快,以每分钟 7~10 m 为宜。

c. 上升过程中,万一从入水绳滑脱而迅速上浮时,应保持镇定,保持正常呼吸,不可屏气。为了减慢上升速度,还可用手脚做划水动作。

9.3.2 耳气压伤

耳气压伤是由于潜水员在下潜(加压)或上升出水(减压)过程中,出于某种原因,使耳的腔道内的压力不能与变化着的外界气压相平衡而导致外耳、鼓膜、卵圆窗等组织的损伤。由于损伤部位不同,可分为中耳气压伤、内耳气压伤和外耳气压伤。

1) 中耳气压伤

中耳气压伤是出于某种原因使中耳鼓室内压力不能与外界不断变化的气压保持平衡而产生的病理变化,又称气压损伤性中耳炎。

(1) 病因与发病机理。

中耳气压伤的发生与咽鼓管的功能有密切关系,中耳鼓室是一个充满气体的腔室。它以鼓膜和外耳道相隔,借咽鼓管通向鼻咽部而与外界相通以平衡气压。咽鼓管为一狭长的、由骨部和软骨部组成的管道,其内壁由纤维组织构成。骨部靠近鼓室端,约占全长1/3;软骨部靠近咽端,占全长的 2/3。骨部与软骨部交界处是咽鼓管的最狭窄处,称为峡部。软骨段由软骨和纤维膜构成,因此该部又称膜部。咽鼓管软、硬两部结合的结构特点,可起单向"活瓣"的作用。在静息状态时,它只让中耳内的气体或液体流入咽部,而阻止鼻咽部内气体或液体流向中耳,如图 9-3 所示。在正常静息状态下,咽鼓管口是关闭的。只有在张口、吞咽、打呵欠时,由于腭帆肌和咽上缩肌的运动牵拉使咽腔容积明显缩小，并将咽鼓管向前向下牵动 2 mm，向内移动 3 mm，才使其开放。这时空气即可进入鼓室(如果外界气压略高)，使鼓室内外气压平衡。在潜水过程中，当外界压力改变时，如出于某种原因使咽鼓管通道阻塞，而失去调节作用，就会造成鼓室内外的压差。达到一定程度后，即可导致中耳气压伤。造成咽鼓管通道阻塞的原因有两方面：

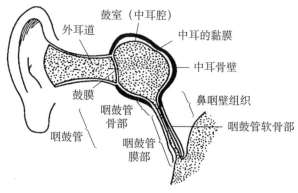

图 9-3　中耳和咽鼓管结构示意图

a. 非病理原因。在下潜过程中，由于潜水员不做咽鼓管通气的动作(如吞咽、打呵欠等)，或者因下潜速度太快，来不及做这些动作，就会使咽鼓管软骨部受压，峡部附近的"活瓣"形成瓣膜闭锁，而不能开放。这样，外界不断增高的气压，就不能通过咽鼓管进入中耳鼓室，导致鼓室内与外界之间产生压差，引起气压伤。

b. 病理因素。当感冒、鼻咽部炎症、鼻息肉、下鼻甲肥大及咽部淋巴组织增生时，皆可因局部黏膜充血、肿胀和组织增生导致咽鼓管口阻塞，使其失去调节气压平衡的作用。当潜水员在下潜或上升过程中，鼓室内与外界之间便产生了压差，造成气压伤。

中耳气压伤和其他气压性损伤一样，在水下较浅的深度易发生。

(2) 症状和体征。

由于中耳咽鼓管的结构特点，在下潜与上升过程中，中耳气压伤的临床表现的轻重程度有所不同。

a. 当下潜时，外界压力逐渐增高，鼓室内压力出于上述某一原因，不能与外界升高的压力保持平衡，而形成相对负压，致使中耳黏膜(包括鼓膜内层)毛细血管充血、渗出、甚至出血。鼓膜由于受外界高压挤压，亦向鼓室内凹陷，如图 9-4(a)所示。当压差达 6.7~8 kPa 时，就会产生耳痛、耳鸣；若压差继续增大到 10.7~13.3 kPa 时，耳痛可加剧，并向周围放射；当压差超过 13.3~66.7 kPa 时，就会造成鼓膜破裂。这时，耳痛反而缓解。因鼓膜破裂出血，血液流入中耳腔后，患者耳内便有一种温热感。如果两侧损伤程度不一致时，有的患者会出现眩晕恶心。

检查时，可见鼓膜内陷，鼓膜松弛部及锤骨柄附近充血；较重者，鼓膜广泛充血，中耳腔内有渗出液；严重者，鼓膜破裂，尤以鼓膜前下方为多见，中耳内有出血。

根据损伤程度不同，可将中耳气压伤的鼓膜损伤分为五级。

0 级：鼓膜正常，但患者主诉耳痛。

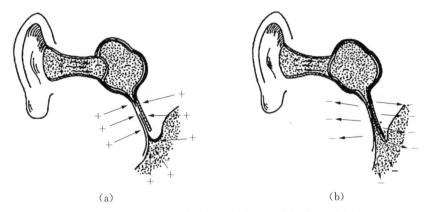

图 9 - 4　下潜及上升时鼓膜内陷(a)、外凸(b)示意图

Ⅰ级：鼓膜内陷,松弛部和锤骨柄部轻度充血。

Ⅱ级：鼓膜内陷,全鼓膜充血。

Ⅲ级：鼓膜内陷,全鼓膜充血,并有中耳腔积液。

Ⅳ级：鼓膜穿孔或血鼓室。

b. 上升时,周围水压降低,使鼓室内气体膨胀,如果出于上述某一原因使鼓室不能与外界相通,则鼓室内就会形成高于外界的压力,推动鼓膜向外凸,如图 9 - 4(b)所示。当压差达到或超过 0.4 kPa 时,耳内有胀闷感,随着压差的增大,患者听力逐渐减弱;当压差达 2～4 kPa 时,可产生耳鸣和轻度耳痛。在通常情况下,这时已足以推开咽鼓管口,排出一部分气体而达到新的平衡(当气体从咽鼓管口逸出时,可听到一种"滴滴"声或"丝丝"声),因而一般不致造成大的损伤或不造成损伤。但如果同时存在挤压伤时,因咽部组织肿胀,使咽鼓管口无法推开,便可引起鼓膜损伤。

(3)诊断。

中耳气压伤的诊断并不困难,其主要依据：

a. 有中耳受压的历史。

b. 有典型的症状和体征。检查时,鼓膜内陷,鼓膜松弛部及锤骨柄附近充血或广泛充血,中耳腔内有渗出物;严重者,鼓膜破裂,中耳内出血。

检查时还应注意：鼻咽腔是否有急性或慢性炎症;是否有鼻息肉,下鼻甲肥大、扁桃体肿大、咽部淋巴组织增生等病症,这些对正确诊断都有帮助。

诊断时,要注意和内耳气压伤鉴别,后者往往是在出水后 l～3 h 才出现临床症状。

(4)治疗。

a. 鼓膜未破裂的轻症患者,一般皆可自行恢复;也可用局部热敷、透热疗法促进其恢复。必要时可给予镇痛剂,以解除患者耳痛和头痛。如疼痛是由中耳腔内多量渗出液或出血引起,应及时做鼓膜穿刺。这不仅能解除患者疼痛,还可防止鼓室黏膜组织增生与纤维化,促进损伤组织恢复。

治疗期间,症状未消失之前,禁止参与游泳和潜水活动。

b. 鼓膜已破裂的患者,一般处理原则是保持局部干燥,防止感染,促进其自然愈合。注意不要进行局部冲洗或用药,也不要用器械清除耳中血块,只需在外耳道松松地塞少许消毒棉球,或用纱布盖住外耳道即可。另外,可用抗生素以防感染。治疗期间,禁止游泳和潜水。

（5）预防。

中耳气压伤的预防应注意以下几点:

a. 下潜前应认真进行体检。发现有中耳炎、感冒或咽鼓管通气不良等症,应禁止下潜;如有轻度鼻塞,可用1‰麻黄素或鼻眼净滴鼻后,再行下潜。

b. 下潜时速度不宜过快,尤其是较浅深度或新潜水员更应如此。如发生耳痛,应停止下潜,并做咽鼓管通气动作,如吞咽、打呵欠、下颌在水平位上移动等。无效时,可上升1～2 m,再做上述动作,直至耳痛消失后,再继续下潜。如耳痛不止,应上升出水。

c. 平时除注意要求潜水员进行体育锻炼和对高气压适应性的锻炼外,也要使潜水员学会张开咽鼓管口的方法,以适应气压的变化。

d. 对有扁桃体肿大、鼻中隔弯曲和鼻下甲肥大的潜水员,应进行必要的治疗。

2) 内耳气压伤

（1）病因与发病原理:内耳气压伤是由于在下潜过程中,外界压力不断升高,鼓室内压力因咽鼓管阻塞,不能与外界压力保持平衡,而处于相对负压状态。这时鼓膜受压内陷,通过锤骨、砧骨、镫骨依次传递,压迫前庭窗（卵圆窗）,使内耳前庭中的外淋巴液压力相应升高,压力波经耳蜗内的前庭阶,越过蜗管（和蜗孔）,传到鼓阶,将其外侧壁上与鼓室相邻的圆窗膜推向鼓室,加上鼓室内相对负压产生的"吸力",更使圆窗膜外凸,这种状态继续发展,就会使前庭窗的环状韧带和圆窗膜过度受力（两者受力方向相反）,如果超过其弹性限度就会造成损伤。

破裂后外淋巴液流入鼓室,导致前庭功能和听觉功能障碍,如图9-5所示。

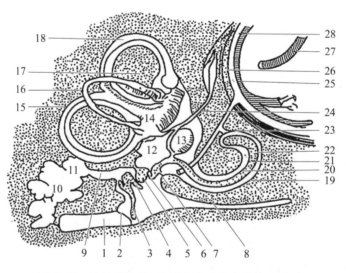

图9-5　外耳道骨部、中耳和内耳在颞骨内之关系

1. 外耳道　2. 鼓膜　3. 锤骨　4. 砧骨　5. 镫骨　6. 前庭窗　7. 圆窗　8. 咽鼓管　9. 鼓窦入口　10. 乳突气房　11. 鼓窦　12. 前庭　13. 球囊　14. 椭圆囊　15. 后垂直半规管　16. 水平半规管　17. 壶腹　18. 上垂直半规管　19. 耳蜗　20. 前庭阶　21. 鼓阶　22. 蜗管　23. 外淋巴管　24. 内淋巴管　25. 硬脑膜　26. 内淋巴囊　27. 小脑　28. 蛛网膜下腔

如果在中耳鼓室呈相对负压的情况下，咽鼓管经过强行调压而突然开张或鼓膜受压穿孔，皆可使外界高压气体"冲"入鼓室，使外凸的圆窗膜受压内陷，而紧压前庭窗的镫骨底板因压力突然解除而急速外移，在这种反向力的作用下，一旦超过了圆窗膜和环状韧带的弹力限度，也会造成上述损伤。

（2）症状与诊断：症状往往在出水 1~2 h 后出现。主要表现为听觉和前庭功能障碍，如听力下降，甚至完全耳聋、耳鸣、眩晕、恶心、呕吐等。检查时，可发现鼓室内有流出的外淋巴液，圆窗膜或（和）环状韧带有破裂。

诊断内耳气压伤的依据是：有中耳受压或咽鼓管、鼓膜在中耳受压后突然开张、穿孔的病史，以及上述症状和体征。但应注意与减压病的前庭症状（或称内耳减压病）相鉴别，前者在下潜（加压）过程中有耳膜受压或强行开张咽鼓管的历史，且对加压治疗不会有良好的反应；而后者则是由于在内外淋巴液中及内耳血管内形成气泡，以致损伤内耳而发生的，若及时进行加压治疗，症状可以消除。

（3）治疗与预防：内耳气压伤后，应尽快进行有效治疗。临床实践表明，在两天内对患者施行专科手术，如镫骨底板复位术及圆窗膜修补术，可消除前庭功能障碍，改善听力，治愈率可达 80%。此外，还可用高压氧治疗，给予扩血管药物，对患者听力恢复也有一定作用。治疗过程中应注意使患者卧床休息（抬高头部），禁止在局部用药或冲洗，并防止感染。预防措施与中耳气压伤一致，不另赘述。

3）外耳气压伤

（1）病因与发病原理：外耳气压伤是由于外耳道口堵塞（与外界不通）后，在下潜（加压）时，不能与外界压力相平衡而引起的。造成外耳道口堵塞的原因主要是戴软质橡胶潜水帽时，压闭耳屏所致；或者是潜水时使用耳塞，堵塞了外耳道。

由于外耳道口被堵塞，外耳道就变成了与外界不通的含气腔室。这样，当下潜时，外界气压迅速升高，气体无法进入外耳道，致使外耳道内形成相对负压，引起局部皮下血管扩张、渗出，甚至血管破裂、皮下瘀血、血疱等病理变化。

（2）症状与诊断：患者一般无特殊不适，如出血较多，在外耳道口可看到血液流出。检查可见外耳道壁肿胀，有瘀血点或血疱，如有出血，检查前可用双氧水清洗，吸干后，可看到边缘不整齐的出血破口。

（3）治疗与预防：外耳道气压伤的处理原则是停止潜水。待压差消除后无需处理，可自行恢复；有破裂出血者要预防感染。预防：潜水前要选择适宜的潜水帽，避免造成外耳道口耳屏受压闭塞。潜水时禁止使用耳塞。

9.3.3　鼻窦气压伤

1）病因与发病原理

鼻窦包括上颌窦、额窦、筛窦和蝶窦。两侧对称，借狭窄的通道与鼻腔相通。上颌窦、额窦和前组筛窦开口于中鼻道；后组筛窦、蝶窦分别开口于上鼻道和蝶筛隐窝。鼻窦内衬有黏膜，延行连接于鼻腔黏膜。在正常情况下，借助窦腔通道而使鼻窦内外压力保持一致。但在鼻黏膜发炎肿胀、鼻息肉、鼻甲肥大等情况下，由于通道被阻塞，故在潜水过程中，当外界压力不断变化时，窦内压力就不能与外界压力保持平衡，产生了窦内、外压差，这种压差达到一定程度,就可导致鼻窦气压伤。在下潜时,外界压力不断增高,鼻窦内的压力若不能与外界压力保持平衡,则窦腔内可呈现相对负压状态,如图9-6右侧所示,于是鼻窦内黏膜血管扩张,通透性增加,发生渗出、出血及黏膜肿胀。

上升时,外界压力不断降低,窦内气体膨胀后,如不能及时借助通道排出而与外界压力保持平衡,于是窦内压高于外界压力,压迫窦腔黏膜及腔壁,如图9-6左侧所示,引起症状。

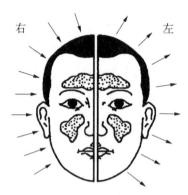

图9-6　鼻窦气压伤形成示意图

右侧:外界压力升高,腔窦内呈相对负压
左侧:外界压力降低,腔窦内呈相对高压

2) 症状与诊断

鼻窦气压伤常发生于额窦和上颌窦。发病时患者感到局部疼痛,随着压差的增大而加重,甚至达到难以忍受的程度。也可有头痛和鼻塞感。

检查时,患者眼眶内上方(额窦)或患侧尖牙窝(上颌窦)有压痛;较严重者,除有难忍的剧痛外,还有血液自鼻孔流出或自鼻咽部分泌物及痰中发现有血迹。对于鼻腔是否有炎症、息肉、鼻甲肥大等病变,以及有无龋齿等情况,也应注意检查,以资鉴别诊断。

诊断时,可根据患者在潜水或气压变化过程中,由鼻窦处疼痛的病史和上述临床表现来确诊。在有龋齿腔的情况下,气压变化时也可引起局部疼痛,应注意鉴别。

3) 治疗与预防

(1) 治疗。

a. 用1%麻黄素或鼻眼净滴鼻,使黏膜血管收缩,恢复鼻腔和鼻窦的通气功能。

b. 局部热敷,并给予镇痛剂,以减轻疼痛并促使病变恢复。

c. 用抗生素以防止感染。

(2) 预防。

鼻窦气压伤的预防措施与中耳气压伤相似。但不同的是,有疼痛即应停止潜水或加压,因自身无法调节。

对有鼻腔疾患及龋齿腔的患者,应请专科医生治疗。

9.3.4　胃肠道气压伤

1）病因

胃肠道气压伤是指上升（减压）过程中，胃肠道管腔中的气体膨胀所引起的不适或疼痛。

胃肠道内气体可能来自以下几方面：①食物或饮料中含有气体；②吞咽食物时带入的气体；③食物在肠内发酵产生的气体；④下潜时做吞咽动作以进行中耳调压时咽入的压缩气体等。

2）症状

在减压时，胃肠腔中的气体膨胀，顶挤横隔向上，胸腔体积缩小，肺组织扩张受限，可引起呼吸困难；胃肠壁受刺激引起腹胀或恶心等不适；有时还可因引起胃肠壁平滑肌强有力的收缩、痉挛而发生呕吐、绞痛等。

胃肠道胀气可通过暖气或放屁所缓解，一般很少会发展得十分严重。

3）诊断与治疗

因胃肠道气压伤引起的腹痛与减压病引起的腹痛不同，应注意鉴别。

对于胃肠道气压伤的处理是减慢上升速率；或停止上升一段时间；严重者，可适当地下潜（加压）。

4）预防

为预防本病的发生，在下潜前，应避免吃易产气或含气多的食物和饮料（如汽水之类），避免过度饱餐；在下潜时，不做不必要的吞咽动作。

9.4　挤压伤

潜水员挤压伤是指在潜水过程中，出于某种原因使机体某一部位的压力低于外界环境压力，造成该部位不均匀受压，而导致组织损伤的一系列病理变化。潜水员挤压伤可分为全身挤压伤和局部挤压伤两大类。

9.4.1　全身挤压伤

在使用通风式潜水装具潜水时，由于机体不均匀受压而出现组织充血、水肿、损伤和变形等一系列病理变化，称为全身挤压伤，又称潜水员压榨病。

1）病因和发病原理

在使用通风式潜水装具进行潜水的过程中，由于装具结构上的特点，金属头盔和领盘能抗住一定的水压，而潜水衣则不能抗压。因此，一旦出于某种原因使潜水衣内的气压突然降低，就会在外界高水压的作用下，使潜水衣紧紧贴在胸部以下身体的各部位，而头胸部则在硬质头盔、领盘的保护下，可不致受压。由于头盔内气压低于外界水压，这就形成上部头盔内与下部潜水衣内的压力差。这样，头盔内就处于相对负压状态，起类似拔火罐的作用，如图9-7所示。潜水衣所包裹的身体各部分，如腹部和下肢等的血液、淋巴液，在外界较高静水压的作用下，被挤向头、颈和上胸部（硬质头盔和领盘覆盖的范围内）使这些部位的静脉和毛细血管极度充血扩张,甚至出现瘀血、渗出、出血、组织水肿和变形等一系列严重病理变化,造成机体组织的缺氧和损伤。

2) **发病因素**

造成潜水头盔内压力低于外界水压的因素有:

(1) 下潜速度太快或从浅水处突然跌入深水处,而水面又来不及向潜水装具内供给相应的压缩空气以平衡外界水压。

(2) 水面供气不足或供气中断,而潜水员仍继续下潜或又大量排气。这种情况多由于供气软管阻塞或断裂所致。如果潜水员将腰节阀开得太小,也可造成供气不足。

(3) 排气过度。常见于潜水员因缺乏经验,怕放漂而自行大量排气,也可发生于潜水衣破裂或排气阀关闭不严时,造成自动向外排气。

(4) 在加压舱内使用装具时,可因调压不当或从舱外常压下采集装具内气样时操作不当,使舱内压突然升高或装具内气压突然下降。

应当指出,本病在较浅深度时更易发生,如图 9-8 所示。

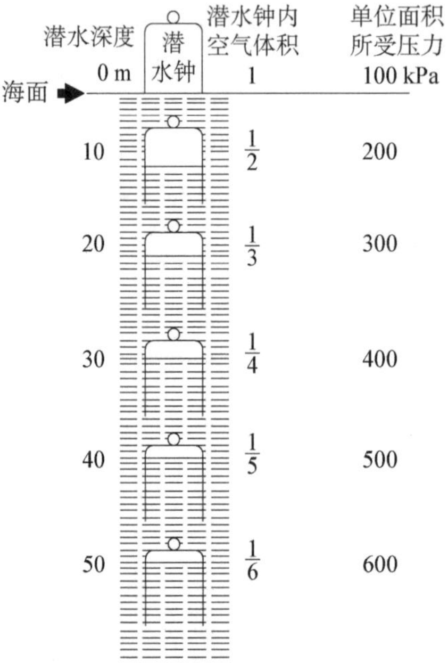

潜水深度	潜水钟内空气体积	单位面积所受压力
0 m　海面 ➡	1	100 kPa
10	$\frac{1}{2}$	200
20	$\frac{1}{3}$	300
30	$\frac{1}{4}$	400
40	$\frac{1}{5}$	500
50	$\frac{1}{6}$	600

图 9-7　潜时气体体积与水深变化的关系

图 9-8　全身挤压伤的形成示意图

3) **症状与体征**

全身挤压伤的症状和体征及其严重程度一般与压差的大小有关。

(1) 轻度:潜水装具内气压稍低于外界静水压就会使潜水衣轻度受压而紧贴躯体。这时,潜水员便感到胸部受压,吸气困难。

(2) 中度:由于潜水装具内气压很低,造成装具内外压差较大。在相当于潜水装具金属领盘下缘以上的皮肤可见到全身挤压伤的典型体征——界限分明的皮肤紫红、皮下瘀斑。这在使用十二螺栓潜水装具时更为明显。还可见患者口鼻黏膜和眼球黏膜充血、出血,鼓膜亦可因咽鼓管口被肿胀组织所堵而受压、充血或撕裂,头与颈部组织肿胀。由于脑、胃、肺等器官均可充血、出血,还可引起剧烈头痛、胃出血、便血、咳血等症状,甚至出现呼吸与循环功能障碍。

（3）重度：潜水装具内外压差过大时,患者头和颈部严重肿胀、充血,有的因此而无法摘下头盔。这时患者多处于昏迷状态,眼球突出,耳、鼻、口腔、眼黏膜下及视网膜出血,甚至失明。有时可能出现胸骨、肋骨骨折。如有颅内出血、颅内压增高等,还可导致一系列神经功能障碍,严重者可立即死亡。

4）诊断

本病的诊断并不困难,根据其特有的病史和典型症状、体征,即可直接做出诊断。

5）急救与治疗

（1）迅速抢救出水：潜水员发生挤压伤后,在水面保持有效供气的情况下,应令其迅速出水。如已发生严重的全身挤压伤,在提拉出水时,用力要均匀,不宜过快,切勿拉断信号绳和（或）供气软管,在水文气象条件恶劣的情况下,尤其要注意。

（2）出水后的加压处理：患者出水后应平卧,并迅速卸去潜水装具,送入加压舱内,进行加压处理,这是因为潜水员上升出水太快,可能同时发生减压病。其他急救与对症治疗可在加压舱内与加压处理同时进行。加压处理应按以下原则进行：

a. 患者症状较轻,又未发现减压病症状,在加压舱内可按空气潜水减压表,根据患者潜水深度和水下工作时间加上救出水面进入加压舱并加至一定压力的时间的总和,选择适宜的方案,进行减压。舱压减至 180 kPa 以下,给予间歇吸氧。如在下潜过程中即发生全身挤压伤,由于在高压下暴露时间极短,也可不进行加压处理。

b. 患者症状较重,无论是否出现减压病的症状,皆应按减压病加压治疗原则进行处理。因为这时患者不仅由于肺组织及身体其他组织充血、水肿,影响了氮气的排出,容易发生减压病,而且在全身挤压伤严重的情况下,减压病的症状又往往被掩盖。在未发现和无法判明减压病症状的情况下,治疗方案的选择仍应视患者在压力下的反应而定。治疗压力一般不应小于该次潜水深度相当的静水压,并在安全用氧压力下给予间歇吸氧。凡需要加压治疗,而现场又无加压舱者,可使患者在平卧体位下,先行其他急救与对症治疗,同时应争取时间,尽快转送到有治疗加压舱设备的医疗单位,做进一步治疗。

（3）对症治疗：主要是防治休克和感染,使各项症状和体征尽早消退。

本病经上述处理后,一般预后较好。轻者可在两三周内恢复;重者则需较长时间的治疗和休养;严重患者,如治疗不及时,也可造成死亡。

6）预防

潜水挤压伤的预防,应掌握以下几个环节：

（1）下潜前应认真检查潜水装备和装具。如压气泵、储气瓶、装具各部件（特别是头盔的排气阀和进气管的单向阀）的性能是否良好,软管、接头阀件是否连续牢固等,以免突然发生泄漏、断裂、供气不足甚至中断等故障。

（2）下潜时严格遵守各项规定。如潜水员必须沿潜水梯逐级入水,严禁直接跳入水中。头盔没水后应稍事停留,待证明一切正常时,再沿入水绳下潜。下潜时速度不宜过快。对新潜水员或技术不熟练者,一般 5～10 m/min。下潜中如感到受压,应立即停止下潜,不要排气,并要求水面增大供气量,待感觉正常后,再继续下潜。如有腰节阀,潜水员应经常注意调节气量。

（3）水下工作时,潜水服内应保持一定的气垫,一般以领盘刚脱离双肩为宜。在高低不平、地形复杂的地方要注意防止突然滑落深处;并提醒水面人员注意观察供气压力的变化,同时控制好信号绳和软管。

（4）若发生意外事故,应沉着、果断,水面、水下密切配合,及时采取措施。

a. 如排气阀损坏,关闭不严或潜水衣破裂,水面在大量供气的同时,可令潜水员立即上升出水。

b. 如出于某种原因发生供气中断,应通知潜水员停止排气,并立即上升出水。

潜水员在上述情况下出水后,应进行预防性加压治疗。

c. 发生放漂时,水面人员应收紧软管、信号绳,以防万一潜水衣胀破,失去正浮力,而又重新沉入水底,造成严重挤压伤。

9.4.2　局部挤压伤

局部挤压伤是指戴面罩的轻装潜水员,在潜水过程中(主要是在下潜过程中),由于面罩内压低于外界压力而导致的挤压损伤。

1）病因

在不同类型的面罩,造成面罩内气压低于外界静水压的原因不尽相同。主要有:

（1）戴眼鼻面罩或有咬嘴的全面罩进行潜水,在下潜时,要使面罩内密闭空间的气压与外界不断增加的水压保持平衡,就要用鼻子相应地向面罩内呼气。如果下潜速度太快,外界水压迅速增加,而潜水员忘记或来不及用鼻子及时向面罩内呼气,就会使面罩内处于相对负压状态,于是面罩就像拔火罐似地紧吸在潜水员面部,造成损伤。故又称面部挤压伤。

（2）佩戴没有咬嘴(用口鼻自然呼吸)的全面罩下潜时,外界水压迅速增加,而面罩内由于供气不足或中断(如供气调节器失控等),很快呈现相对负压,造成面部损伤。这时还可能引起胸廓的挤压伤或肺气压伤。

（3）无论戴何种面罩进行潜水,如果潜水员在下潜时屏气,都可能产生面部挤压伤,同时还可能并发胸廓的挤压伤。

2）症状、体征和诊断

当面罩内外压差较小时,潜水员仅感到面部被抽吸,同时和面罩边缘接触的皮肤有轻压感。随着压差的增大,症状也愈严重,会出现疼痛,以至剧烈疼痛;还可能出现视力模糊,甚至失明;由于胸部受压,也可出现呼吸困难和胸痛。检查时,轻者面罩范围内的皮肤有红肿、瘀血斑,眼结膜充血及鼻腔出血;严重者,可见眼球凸出,甚至视网膜出血。胸廓挤压严重时,可有咳血(肺出血)甚至肋骨骨折。根据上述病史和症状表现,即可确诊。

3）治疗

在现场,对面部红肿、瘀血的轻症患者,用局部冷敷;重症患者,除用镇痛剂止痛外,应给予吸氧,并根据具体病情做相应的处理。待病情稳定后转送医院。

有肺气压伤征象者,应按肺气压伤救治原则处理。

患者送至医院后,除继续上述治疗外,应根据损伤程度做进一步相应的处理。有视网膜出血者,可请专科医生诊治。注意预防休克和肺部感染。

4) 预防

(1) 潜水前,应认真检查装具的性能,使之处于良好状态。

a. 检查气瓶内压缩空气的压力,能否保证本次潜水的需要。

b. 严格检查自动供气调节器及软管、接头是否良好。

(2) 下潜过程中,切勿屏气。下潜速度不宜太快,并根据下潜速度,及时用鼻子向面罩内呼气,以保持面罩内外的压力平衡。

9.5 氮麻醉

氮麻醉是机体因吸入高分压氮而引起的一种中枢神经系统的功能性病理状态。当在机体脱离高分压氮作用后,即可恢复常态,因而它是可逆的。由于这种状态与临床上应用的全身麻醉及酒醉颇有相似之处,故称为氮麻醉。虽然氮麻醉不会对人体的健康和生命造成严重的危害,但是在潜水过程中,可因发生氮麻醉,引起神经功能障碍使潜水员操作失误,容易导致其他更危险的疾病和事故发生。

9.5.1 氮的麻醉原理

高分压氮及其他惰性气体对机体的麻醉作用的原理,至今尚无一致的看法。大多数人支持类脂质学说(即脂溶性学说)。即惰性气体容易进入富有类脂质的神经细胞膜,妨碍和阻断神经突触的正常传导功能的结果。在中枢神经系统的脑干网状结构中突触非常多,所以较易受累及。在初期和较轻程度时,形成中枢神经系统的脱抑制状态。随着阻断突触传导功能的作用加强和范围扩大,特别是由于网状结构中的上行激醒系统受抑制,使大脑皮层不能维持正常的觉醒状态;加上大脑皮层本身的神经细胞突触对高分压惰性气体敏感,以致发生麻醉。

事实证明,氙气、氪气、氩气的脂水溶比都比氮气大,它们的麻醉效能也都大于氮气,而氢气、氖气、氦气的脂水溶比都比氮气小,它们的麻醉效能也确实比氮气小。从而有力地支持了这一学说。该学说在潜水医学中的实践意义在于启发人们选择脂水溶比小的气体配制人工混合气,减轻或避免深潜水中惰性气体的麻醉作用,如表9-9所示。

表9-9　各种惰性气体的脂水溶比及相对麻醉性

气体种类	分子量	脂中溶解度	温度/℃	水中溶解度	脂水溶比	相对麻醉性
氙气 Xe	131.3	1.700	37.0	0.085	20.0	25.64
氪气 Kr	83.7	0.490	37.0	0.051	9.6	7.14
氩气 Ar	40.0	0.140	37.0	0.026	5.3	2.33
氮气 N₂	28.0	0.068	37.0	0.013	5.2	1.00
氢气 H₂	2.0	0.048	37.0	0.016	3.0	0.55

（续表）

气体种类	分子量	脂中溶解度	温度/℃	水中溶解度	脂水溶比	相对麻醉性
氖气 Ne	20.0	0.019	37.6	0.009	2.0	0.28
氦气 He	4.0	0.015	37.0	0.008	1.7	0.23

9.5.2　症状与体征

症状与体征的具体表现及轻重程度,可因个体以及环境的差异而有较大的差别。主要为情绪、智力、意识方面的障碍,运动障碍,感觉障碍以及其他一些变化。

1）精神活动障碍

（1）情绪异常:多见有欣快、多语、无故发笑,甚至狂欢。当氮分压高达一定程度时,即使训练有素的潜水员,也常有拉着信号绳打拍子、唱歌等情况。情绪变化还表现为咒骂、埋怨和拒绝执行水面人员的正常指令而轻举妄动。也有呈现有忧虑、惊慌、恐惧感。情绪变化的表现形式虽然不尽相同,甚至性质相反,但就中枢神经系统活动的变化本质来看,都是由脱抑制引起的。

（2）智力减退:主要为判断力下降,对简单的事物也不能很快正确鉴别,即刻的、短暂的记忆力减退尤明显。一些亲自进行的操作或曾努力去记忆的、重要的、简单数据,在数分钟后即被完全遗忘;思维能力减弱,注意力不集中,对常压下能正确、迅速地运算的数学题,不仅运算缓慢而且多有差错。

（3）神志不清:见于严重发病者,表现为昏昏沉沉,意识模糊甚至神志丧失,在可能出现短暂的强烈兴奋后,呈现麻醉性的昏睡。

2）协调障碍

主要表现在神经-肌肉活动方面。精细动作难以完成,粗大动作表现为举止过度、定位不准;难以维持正常体态等。最后甚至完全丧失有效活动的功能。

3）感觉异常

可出现口唇发麻,感觉迟钝甚至失去痛觉;有人尝到一种金属味;出现眩晕或幻视。

患者在返回常压后,仍可有疲倦、思睡的感觉,严重者记忆力丧失可持续数小时。如若采用吸氧减压法,减压后其症状可以大为减轻或完全消失。

上述症状与体征的出现及程度的轻重与高分压氮有直接的关系。在其他条件一致的情况下,氮分压越高,麻醉的出现越早,发展也越快、越严重。对于未适应的机体,处于不同程度高分压氮的环境中,多数人所表现的麻醉症状、体征与氮分压的关系,大致如表9-10所示。

表9-10　氮分压与氮麻醉的症状和体征之间的关系

深度/m	氮分压/kPa	症状和体征
30	320	轻松、自信、轻度欣快。精细动作效率低,精细分辨困难。
50	480	愉快、多话或有些眩晕,动作不准确。但尚能基本保持自身感觉,或者有嘴唇发麻感。

（续表）

深度/m	氮分压/kPa	症状和体征
70	640	笑失去控制,注意力不集中,较少或不注意自身安全。记忆力及工作能力明显降低,思维紊乱,易出差错。对信号刺激反应迟缓。有外周性麻木感或刺痛。
80	720	明显的运动失调障碍,定向能力和自制能力减低,已不能执行水下作业任务。
90	800	在一定时间内意识模糊,出现抑郁、幻觉、恐惧,失去清晰思维和有效的神经-肌肉运动。
100 以上	880 以上	麻醉性昏睡(在此之前或有短暂的强烈兴奋),神志丧失(或接近神志丧失)。

9.5.3　影响氮麻醉的因素

氮麻醉发生的速度和严重程度,除了高分压氮的决定作用外,还受其他多种因素的影响。主要有两个方面,一是外界条件,如二氧化碳分压大小;二是机体本身的因素,如个体差异等。

1) 二氧化碳等因素的影响

机体处于一定的高分压氮下,体内的二氧化碳张力越高、氮麻醉发生越快,越严重。一般认为,可能是因为二氧化碳张力增高,使血管、特别是脑血管扩张,血流量增加,因而进入脑组织的氮量也增多的缘故。

此外,饮酒、各种麻醉剂的使用等都可以加速氮麻醉的发生或加重氮麻醉的程度。

2) 个体差异

不同个体对高分压氮的麻醉作用的耐受能力有很大差异。即使各种条件一致,不同潜水员对氮麻醉的反应也不相同。例如:在 60 m 水深的作业中,有的潜水员全无不良感觉,十分清醒,有的却如酒醉样头昏。这种个体耐受能力的差异,并不和他们的健康程度以及他们对其他临床疾病的免疫力、抵抗力相平行。有人提出大量饮酒而不醉的人对氮的麻醉作用也有较强的耐受性。

3) 机体的适应性

机体对氮麻醉的适应幅度很大。经常进行加压锻炼和深度较大的潜水,使机体反复处于高分压氮的环境中,就能获得这种适应性。适应性的获得可使造成麻醉的氮分压阈值大大提高,从而使人们可以在相对的较大深度下从事作业。

在每次潜水作业中,随着机体暴露于高压下的时间的延长,也存在着短暂的适应性的问题。实践表明,在压缩空气潜水或加压中发生了氮麻醉后,若继续暴露于高分压氮中,数分钟之后症状就可能有所减轻。此后甚至再停留 2～3 h,氮麻醉的程度都可能不再加重,反而得以缓解。这一现象的机制,目前尚不清楚。

4) 主观能动性

人的主观能动作用在一定程度上对氮麻醉的发生和发展产生了不可忽视的影响。例如,由于焦虑、害怕、着急,会加重由氮麻醉造成的病态恐惧和急躁;由于恐慌而导致的手足失措会在氮麻醉造成的动作失调的基础上,造成更严重的后果。反之,如果潜水员充分地调动主观能动性、意志坚强,也能在一定程度上减少氮麻醉的影响。这在实践中也得到了证实。

9.5.4　救治措施

对氮麻醉本身无需特殊治疗。多数患者在离开高分压氮环境后,症状、体征会很快消失。即使少数严重患者在减压后有短时遗忘症等,也都可自行完全恢复。对曾有意志丧失的患者,则可入院观察 24 h。在发生氮麻醉后所采取的具体措施有:

(1) 氮麻醉一般发生在下潜过程中或着底后,如果氮麻醉程度较轻,可减缓下潜速度,或在着底时稍事停留。若已适应,症状消失,则可继续作业。反之则应根据情况升至第一停留站或回到水面。

(2) 氮麻醉时,潜水员可能发生多种事故,造成严重后果。所以此时水面人员要做好援救和加压舱备便等一切准备。

9.5.5　预防

(1) 限制空气潜水的深度

预防氮麻醉的首要措施是限制空气潜水深度,以限制氮分压的增高。一般认为,缺乏锻炼的潜水员进行通风式潜水时,潜水深度应小于 20～30 m,空气自携式潜水深度应小于 40 m。有经验的潜水员进行通风式潜水的深度应小于 60 m。

(2) 采用氦氧常规潜水

有条件者,对深于 60 m 的潜水作业,应酌情采用麻醉作用小的氦气来配制人工混合气(氦氧混合气)作为呼吸气体,即采用氦氧常规潜水。它可完全防止氮麻醉。

(3) 组织加压锻炼

加压锻炼可提高潜水员对高分压氮的耐受力。应有计划、有步骤地组织进行。

(4) 控制影响条件

严格掌握压缩空气中二氧化碳浓度的卫生学标准;大深度空气潜水时,不应下潜过快;着底后立即加强通风,以降低头盔中的二氧化碳浓度;潜水前禁止饮酒,以防止乙醇与氮的麻醉效能发生协同作用。

9.6　氧中毒

氧气是维持机体生命活动不可缺少的物质。吸入气中氧浓度升高或环境压力增高都可使氧分压增高。机体呼吸一定时间的高分压氧后,可出现毒性反应,使机体功能和组织受到损害,这种现象称为氧中毒。氧中毒的发生受环境因素的影响,在水中比在干燥的高气压环境中发病率高;劳动强度愈大,氧分压愈高,发病率也愈高,症状出现也愈快。

一般认为:连续 3 h 以上吸入分压 60～200 kPa(0.6～2.0 ATA)以上的氧气,可引起慢性氧中毒。因其病变主要表现在肺部,故又称肺型氧中毒。吸入分压为 200～300 kPa

(2.0～3.0 ATA)以上的氧气,可引起中枢神经系统的惊厥症状。氧分压愈高,出现症状的潜伏期也愈短,甚至数分钟内即可发病,故称急性氧中毒,又称惊厥型或中枢神经型氧中毒。此型亦可同时存在肺部的症状。

9.6.1　病因及影响发病的因素

潜水中发生氧中毒主要是由于潜水深度大、呼吸气中氧分压升高或在高压氧环境中停留的时间长。在使用氧气作呼吸气的潜水中,超过潜水深度-时程阈值后;或在使用氦氧潜水装具潜水时,混合气中氧分压过高,或在舱压大于 180 kPa 吸氧时皆有可能发生惊厥型氧中毒。肺型氧中毒则多见于长时间呼吸富氧混合气体的饱和潜水,或者在上述潜水后由混合气体改为吸氧减压时。

然而,发生氧中毒的深度-时程阈值也不是固定不变的,它受多方面因素的影响,主要有:

1) 个体差异

机体对高压氧的耐受力因个体不同而不同。即使同一个体,在不同情况下,对高压氧的耐受力也有差别。此外,精神紧张、情绪波动、睡眠不足和疲劳等也都会降低机体对高压氧的耐受力。

2) 药物的影响

动物实验证明,一切能提高兴奋性,增高代谢率的药物,如甲状腺素、肾上腺素、肾上腺皮质激素和拟交感神经兴奋剂等均可加剧氧的毒性作用;反之,降低兴奋性、抑制代谢的药物,如有镇静、安眠作用的药物均可降低氧的毒性作用。

3) 二氧化碳的影响

动物实验结果表明,体内二氧化碳的潴留可增强和加速氧的毒性作用。

4) 劳动强度

潜水时劳动量大,容易促发氧中毒。这可能是由于运动时代谢增强,二氧化碳产生增多所致。

5) 温度的影响

一般来说,低温可提高机体对氧中毒的耐受力,而高温则可降低机体对氧中毒的耐受力。这是因为温度的变化直接影响了机体代谢率的缘故。然而,潜水时水温又不能太低,太低使机体能量消耗增加,反而降低了机体对高压氧的耐受力。

9.6.2　发病原理

氧中毒的发病原理比较复杂。现将目前比较公认的观点综述于下:

(1) 高压氧使氧自由基的生成增多,从而破坏了神经细胞的正常代谢。

(2) 高压氧的毒性作用抑制了葡萄糖的氧化代谢和神经递质酶的合成。

(3) 氧中毒引起的肺部及其血液动力学方面的一系列改变,可能是由于高压氧对肺部的直接作用或神经内分泌系统的间接作用所致。

9.6.3 症状与体征

1）肺型氧中毒

机体长时间吸入 60~200 kPa 的氧后，即可出现肺型氧中毒。其肺部病变的临床表现主要有胸骨后不适或烧灼感，连续咳嗽，吸气时胸部剧痛，并有进行性呼吸困难。严重患者将出现肺水肿、出血和肺不张，最后可因呼吸极度困难而窒息死亡。

2）急性惊厥型氧中毒

当吸入分压为 200~300 kPa 以上的氧气时，会出现急性的以惊厥为主的神经系统症状。临床上将其发展过程分为三期，即前驱期、惊厥期和昏迷期，这三者是一个连续变化的过程，发展较快，彼此之间无明显的分界。现将三个发展阶段的临床表现综述如下：

多数患者先有口唇或面部肌肉颤动及面色苍白，继而可有前额出汗、眩晕、恶心，甚至呕吐以及瞳孔扩大等植物神经系统功能紊乱的症状；也可出现视野缩小、幻视、幻听；有的还有心悸、指（趾）发麻、情绪反常、烦躁不安等。

上述症状并非每次都会全部出现，有时甚至无任何前驱症状而突然发出短促尖叫，发生惊厥。惊厥时似癫痫大发作样全身强直性或阵发性痉挛。每次发作可持续 30 s~2 min 左右。在此期间，患者牙关紧闭、口吐白沫、神志丧失，也可能有大小便失禁。如果患者出现惊厥后，立即离开高压氧环境，则惊厥可停止（严重者还可能发作 1~2 次），但仍将酣睡不醒。病情严重者，醒后仍意识模糊或神志错乱，记忆力丧失，并有头痛、恶心、呕吐以及动作不协调等。一般在 1~2 h 后可恢复。

如果患者在惊厥发作后仍不离开高压氧环境，则可能很快出现昏迷，这时可因呼吸极度困难而死亡。

9.6.4 急救与治疗

氧中毒，尤其是急性氧中毒，一旦发生，均有病情急、发展快的特点。以急性氧中毒为例，救治的基本原则是：及时发现先兆症状，迅速离开高压氧环境，防止惊厥发生。具体救治措施如下：

1）加压舱内治疗

在加压舱内吸氧减压或高压氧治疗（面罩吸氧）时，一旦发现先兆症状，应迅速摘除面罩，改吸舱内空气。当潜水中潜水员出现氧中毒的先兆症状时，应立即上升出水。为防止肺气压伤的发生，上升速度一般应控制在 10 m/min 以内。

2）出水后的救治

（1）患者出水后，立即卸装、静卧、保暖，一般轻症患者可很快自行恢复。需要加压处理者，立即送入加压舱进行治疗。一般可采用空气减压的延长方案，即各站减压停留时间做适当延长。如因上升出水过快而发生肺气压伤，则应按肺气压伤的加压治疗原则进行处理。

（2）如患者出水后熟睡不醒，应有专人护理，以防突然发生惊厥。

（3）出现惊厥的重症患者，应给予抗惊厥等对症治疗。由于惊厥型氧中毒多数伴有肺部损伤，故禁用氯仿等吸入麻醉药。

9.6.5　预防

潜水中,为了预防氧中毒的发生,应做好以下几项工作:

(1) 加强宣传教育,提高全体作业人员对氧中毒的认识。严格遵守各项操作规则,认真负责地进行工作;要使潜水人员对氧中毒的前驱症状有所了解,以便及时发现,迅速采取有效措施,防止惊厥的发生。

(2) 作业前严格检查潜水装具、供氧设备及加压舱压力表的性能。

(3) 选拔潜水员时要做氧敏感试验。具体方法是:被试者进舱后,用压缩空气使舱压升至150～180 kPa,并在此压力下吸纯氧30 min,以观察其反应。如出现氧中毒症状,即为阳性(发现氧中毒的前驱症状,应迅速摘除面罩,停止吸氧)。氧敏感试验阳性者,不宜担任潜水员。

(4) 在使用氧气潜水时,要严格控制潜水规则规定的水下深度及停留时间极限(见表9-11)。

表9-11　氧气轻装潜水员在不同深度水下停留时间的极限

水深/m	停留时间/min
3.0	240
4.5	150
6.0	110
7.5	75
10.0	30

(5) 在加压舱内吸氧减压时,只能在舱内压强小于或等于180 kPa时呼吸纯氧,并要严格执行减压表中规定的吸氧时间和方法。

(6) 如需较长时间吸氧,目前多主张采用间歇吸氧法,即吸氧30 min,再吸空气5 min或吸氧30 min,再吸空气10 min,如此反复进行。这样提高机体对高压氧的耐受力,但鉴于氧对肺的毒性作用是可以累积的,因此有人提出“肺脏氧中毒的剂量单位”这一概念。并规定了在一次吸氧的全过程中,UPTD的累积数值标准,即吸氧减压治疗轻型潜水病时,不宜超过615 UPTD(肺型氧中毒剂量单位);高压氧疗法或治疗重型减压病时,不能超过1 425 UPTD。

(7) 潜水员平时应注意按规定作息、饮食和锻炼,控制影响机体的不利因素,以提高机体对氧的耐受力。

(8) 某些药物也有一定的预防作用,如改善大脑代谢的 r-氨基丁酸(口服1 g或溶于250～500 mL的5%～10%葡萄糖液中静脉滴注)和维生素B6(100～200 mg口服或肌肉注射),含巯基的药物(如硫辛酸等)以及具有抗氧化作用的维生素C和维生素E等。

9.7 缺氧症

氧气是机体生命活动不可缺少的物质,如果机体不能获得足够的氧气,或出于某种原因使组织不能有效地利用氧气,皆可造成缺氧。机体由于缺氧而出现的病症称为缺氧症,在潜水过程中,出于上述原因而引起潜水员的缺氧病症,称为潜水员缺氧症。

在临床上根据缺氧原因及其临床征象的病理过程不同,常将缺氧症分为供氧不足性缺氧(它包括少氧性缺氧,即血液性缺氧和循环性缺氧)和用氧障碍性缺氧即组织性(中毒性)缺氧。另外,还可根据缺氧发生、发展过程的快慢分为急性缺氧和慢性缺氧。

空气中一般含 21% 的氧气,但在有限空间内,由于通风不良,生物的呼吸作用以及物质的氧化作用会使有限空间变成缺氧的环境,如果作业场所中空气中的氧浓度较低(低于18%)则可能导致作业人员窒息。缺氧场所作业的危险性如表 9-12 所示。

表 9-12　缺氧场所作业的危险性

氧浓度(体积百分比)	症　状
18%	最低允许值
15%～18%	体力下降,难以从事重体力劳动,动作协调性降低,容易引发冠心病、肺病等
12%～14%	呼吸加深,频率加快,脉搏加快,动作协调性进一步降低,判断能力下降
10%～12%	呼吸加深加快,几乎丧失判断能力,嘴唇发紫
8%～10%	精神失常,昏迷,失去知觉,呕吐,脸色死灰
6%～8%	8 min 后 100% 致命;6 min 后 50% 致命;4～5 min,通过治疗可恢复
4%～6%	40 s 后昏迷,痉挛,呼吸减缓,死亡

9.7.1　潜水中导致供氧不足的原因

潜水中发生缺氧多见于使用闭式呼吸器时,使用通风式潜水装具、开放式潜水装具潜水中也有发生。在供气不足造成缺氧的同时,往往伴有二氧化碳积聚而引起"窒息"(见9.8 节)。此外,在常规氦氧潜水和饱和潜水中配制氦氧混合气时,氧浓度太低,也会发生。现将潜水中发生缺氧的原因分述于下:

(1) 装具和设备故障造成的供氧不足。

这种情况往往是由于潜水前没有认真检查所致。常见的有:使用闭合式呼吸器时,氧气瓶阀或供气装置漏气,氧气额定流量太小,甚至供氧装置失灵,不能供氧,使用开放式呼吸器时,呼吸调节器发生故障,使用通风式潜水装具潜水时,供气设备故障或供气软管阻塞、破裂等皆可造成供气中断。

(2) 违反操作规则。

闭合式呼吸器的氧气瓶内充氧不足或已使用过的氧气瓶未经测压又重复使用,皆可造成潜水中供氧不足。另外,无论使用闭合式呼吸器、开放式呼吸器还是屏气进行潜水,超过规定的水下深度-工作时间限度,都可使装具内和肺内的氧气耗尽而导致缺氧。使用闭合式氧气轻潜水装具呼吸纯氧进行潜水时,随着水下工作时间的延长,氧气被机体所消耗,体内不断被清洗出的氮气在呼吸袋内逐渐增多,占据了袋内有限的空间。如不按时清洗换气,以排出多余的氮气,就可能发生缺氧。这是因为在水下工作结束时,如果呼吸袋内氧含量降至 7% 时,在一定深度下(如 15 m 深度处),其分压为 $250 \times 7\% = 17.5 \text{ kPa}$,尚不致发生缺氧。这时如果上升出水,则随着环境压力降低,氧分压也下降,当上升到 12 m 时,氧分压可降为 $220 \times 7\% = 15.4 \text{ kPa}$ 而发生缺氧。故在长时间潜水结束后上升前,必须进行呼吸袋清洗换气。屏气潜水时,超过一定的深度-时间极限,使肺内氧浓度降低后再上升出水,发生缺氧的道理也相同。

(3) 混合气体配制错误。

在进行饱和潜水或常规氦氧潜水时,供潜水员呼吸的人工混合气体(如氮氧、氦氧及氦氮氧等)配制错误,如将氧浓度计算少了或误将氮气作为氧气充入瓶内,皆可导致急性缺氧。

9.7.2　症状与体征

一般来说,呼吸气中氧分压下降愈多、愈快,症状出现也愈快、愈严重,常常没有任何明显的先兆症状而突然发生昏迷。

由于缺氧症发展迅速、病程较短,故临床症状分期困难。现将临床表现按系统综述如下。

(1) 神经系统表现。

中枢神经系统,尤其是大脑皮层,对缺氧最敏感。在缺氧的早期或缺氧程度较轻时,一般认为氧分压下降至 $16 \sim 12 \text{ kPa}$,即相当于常压下含氧 $16\% \sim 12\%$,随着氧分压下降,潜水员可出现疲劳、反应迟钝、注意力减退、精细动作失调或焦虑不安、异常兴奋、自信、嗜睡等现象。如果氧分压继续下降至 9 kPa 以下,即相当于常压下含氧 9% 以下,潜水员对事物分析综合能力大大降低、思维紊乱,并迅速发生意识丧失、昏迷。在意识丧失之前,还可能有头痛、全身发热感、眼花、耳鸣等。但是,由于这些先兆症状往往出现较晚,加上潜水员在水下专心工作而未注意,以致突然发生昏迷。如果氧分压降低到 6 kPa 以下,潜水员将处于深度昏迷状态。

(2) 呼吸系统表现。

早期或轻度缺氧时,呼吸深而快,换气量增大,这是机体对缺氧的代偿性反应。当缺氧加重,一般认为氧分压降至 9 kPa 或更低,即相当于常压下含氧 9% 以下时,呼吸慢而弱,且不规则,并出现病理性呼吸,表现为机体对严重缺氧的代偿机能失调。如缺氧继续加重,氧分压降至 6 kPa 以下,呼吸中枢深度抑制,甚至麻痹,导致呼吸停止。

(3) 循环系统表现。

早期出现代偿性心率加快,心搏加强,血压升高。随着氧分压继续下降至 9 kPa 以下,机体代偿机能逐渐丧失,心跳慢而弱,脉搏细而无力,血压下降,随即出现循环功能失调以至衰竭,继呼吸停止数分钟(一般认为 $5 \sim 8 \text{ min}$)后,心跳亦停止,导致死亡。

由于吸入气中氧分压降低,红细胞的还原血红蛋白不能变成氧合血红蛋白,致使患者的皮肤和黏膜出现紫绀。

9.7.3　急救与治疗

本病发展迅速,病情严重。因此,救治必须迅速、正确,这对患者愈后有决定性意义。

1）及时发现,迅速抢救出水

潜水作业时,信号员应注意观察并按时询问潜水员情况。当感到信号绳突然拉紧,发出询问信号又得不到回答时(一般连发三次),应立即将潜水员提拉出水,千万不要以为潜水员需要下潜而不断放松信号绳。上升中,为防止肺气压伤的发生,提拉速度不应过快,一般以 10 m/min 为宜。如发生信号绳绞缠,可派另一名潜水员下水援救。

2）出水后的救治

(1)迅速卸下潜水呼吸器,呼吸新鲜空气,轻症患者多可自行恢复。

(2)对意识丧失、呼吸停止者,应立即施行人工呼吸。患者自然呼吸恢复后或微弱者,可注射呼吸兴奋剂。如有条件,可给患者呼吸含二氧化碳 $3\%\sim5\%$ 的氧气或纯氧。

(3)对心跳微弱,在给予强心剂或心内注射兴奋剂的同时,或心跳停止时,应争分夺秒地进行胸外心脏按摩,直至胸内直接心脏按摩。

(4)急救过程中,注意保暖、安静,以免增加患者的体力消耗。有其他合并症时,要分清主次,采取相应的急救措施。

(5)要特别注意对脑水肿的防治。因为这在脑组织严重缺氧时极易发生,且对患者生命威胁较大。其特征是:患者经抢救后,呼吸心跳已恢复,但仍处于昏迷不醒状态,呼吸心跳慢而不规则,眼底检查有视神经乳头水肿、渗血等。一旦出现上述症状,应及时采取急救措施,如吸氧、脱水疗法、头部降温、给予能量合剂等。

(6)高压氧治疗本病有较好疗效。救治及时,轻症患者可很快恢复,往往休息 1～2天后即可潜水;病情较重者,可能有头痛、恶心、呕吐、身体虚弱等后遗症,需要较长时间的治疗和休养。

9.7.4　预防

本病的预防,重点应掌握以下 3 个环节。

(1)认真检查潜水装具和设备,排除供氧不足的一切可能。使用通风式潜水装具时,应认真检查供气装置是否良好、气源储备是否充足;使用闭合式氧气呼吸器时,应认真测定氧气瓶内的压力,检查供氧装置性能和氧流量,检查呼吸器的气密性;使用开放式呼吸器时,应认真测定气瓶内压力,检查呼吸调节器性能是否良好。无论使用闭合式呼吸器、开放式呼吸器还是屏气潜水,皆应计算和规定水下工作深度-时间限度,不准超过允许停留时间的极限。

(2)严格遵守水下操作规程,尤其是使用闭合式氧气呼吸器潜水时,应遵守定期清洗换气的规定。使用开放式呼吸器潜水时,当气瓶已指示最低压力,应迅速上升出水。

(3)人员应严守岗位,通过信号绳经常询问潜水员的感觉,密切观察其动向,发现问题,及时进行正确处理。

9.8　二氧化碳中毒

潜水员二氧化碳中毒是指机体因吸入大于 2.7 kPa 的高分压二氧化碳而引起的一种病症。

通常情况下,适当分压的二氧化碳(分压为 0.4～3 kPa,即相当于常压下二氧化碳浓度为 0.4%～3%)是维持机体呼吸和血管运动中枢的兴奋性所必需的。在此范围内,当吸入气中二氧化碳分压增高时,肺泡及动脉血中二氧化碳分压也相应增高,刺激了主动脉体和颈动脉体的化学感受器,通过神经传导,提高了延髓呼吸中枢的兴奋性,反射性地增加了肺通气量,从而使肺泡气中二氧化碳分压始终维持在恒定的水平上(约 5 kPa)。如果二氧化碳分压增高超过正常生理调节范围(3 kPa,相当于常压下含 3% 的二氧化碳浓度)肺泡气中二氧化碳分压就难以通过生理调节而维持恒定水平,于是机体组织中的二氧化碳随着肺泡气中二氧化碳分压上升而蓄积,导致一系列病理变化。

潜水时,由于潜水装具中呼吸气体的容积有限,一旦其中二氧化碳浓度升高,其分压可迅速上升。因此,潜水中二氧化碳中毒的发生和发展都是很急的。

市政潜水员在作业时,还有可能接触到有限空间环境中本身存在的二氧化碳。如长期不开放的各种矿井、油井、船舱底部及下水道;利用植物发酵制糖、酿酒,用玉米制酒精、丙酮以及制造酵母等生产过程,若发酵桶、食品车间是密闭的或者隔离的,有较高浓度二氧化碳产生;在不通风的地窖和密闭仓库中储存蔬菜水果和谷物等可产生高浓度的二氧化碳。

9.8.1　发病原因

(1) 着通风式装具潜水时,水面供气不足,使头盔内通风不良;劳动强度大,呼出的二氧化碳增多,造成二氧化碳蓄积。

(2) 各种原因造成供气中断,二氧化碳分压迅速上升,这时往往伴有氧分压下降而发生"窒息"。

(3) 闭合式呼吸器内未装填二氧化碳吸收剂或产氧剂,或装填不足,或吸收剂已失效,或呼吸阀箱的单向阀失灵,皆可造成二氧化碳蓄积。

(4) 市政潜水员在作业时,还有可能接触到有限空间环境中的本身存在的二氧化碳。如长期不开放的各种矿井、油井、船舱底部及下水道;利用植物发酵制糖、酿酒,用玉米制酒精、丙酮以及制造酵母等生产过程,若发酵桶、食品车间是密闭的或者隔离的,有较高浓度二氧化碳产生;在不通风的地窖和密闭仓库中储存蔬菜水果和谷物等可产生高浓度的二氧化碳。

此外,装具呼吸阻力太大,使肺通气功能下降,妨碍气体交换,体内产生的二氧化碳排出受阻,造成二氧化碳潴留,也可引起二氧化碳中毒。

9.8.2　发病机理

急性二氧化碳中毒的发生和发展主要取决于吸入气中二氧化碳分压和作用于机体的

时间。其发病机理因作用部位不同而异。

在正常情况下,静脉血液内二氧化碳张力(6 kPa)高于肺泡内二氧化碳分压(5 kPa),所以血液内二氧化碳能扩散入肺泡呼出体外。

当吸入气中二氧化碳分压升高后,早期机体还可通过呼吸代偿和酸碱调节等机能维持体内环境的稳定。如果吸入气中二氧化碳分压过高,超出了机体的代偿能力,则不但血液内二氧化碳不能扩散入肺泡,而且,肺泡内高分压二氧化碳可迅速地扩散入血液内(它通过肺泡壁的速度比氧大25倍),结果造成体内二氧化碳潴留,酸碱平衡破坏,发生酸中毒。

它对各系统的影响如下:

1) 对神经系统的影响

中枢神经系统,特别是大脑皮层和延髓呼吸中枢,对高分压二氧化碳最敏感。当吸入高浓度二氧化碳后,大脑皮层经短时间兴奋后迅速转为显著的抑制状态,这种抑制随吸入气中二氧化碳浓度的升高而愈明显。

轻度二氧化碳中毒时出现的恶心、发冷、出汗、流涎,严重中毒时出现的抽搐、肌肉痉挛都是大脑皮层抑制时,皮层下中枢由于失去正常控制而兴奋的表现。

2) 对呼吸系统的影响

血液中二氧化碳张力升高后,可刺激主动脉体和颈动脉体化学感受器,冲动分别沿迷走神经和舌咽神经传入延髓呼吸中枢,提高中枢的兴奋性,反射性引起呼吸运动加强,增加了肺通气量,如表9-13所示。

表9-13 吸入气中二氧化碳浓度对人肺通气量的影响

吸入气中二氧化碳浓度/(%)	潮气量/mL	呼吸频率/(次/min)	肺通气量/(L/min)
0.03	440	16	7
1.00	500	16	8
2.00	560	16	9
4.00	823	17	14
5.00	1.300	20	26
7.60	2.100	28	58.8
10.40	2.500	35	87.5

由此可见,当吸入气中二氧化碳浓度不太高(3%)时,机体可通过增强呼吸活动,以维持肺泡气中二氧化碳分压不高出一定范围,这种代偿性调节,呼吸中枢起主要作用。若呼吸气中二氧化碳浓度超过3%时,肺泡气中二氧化碳分压就难以维持;如继续增高到10%(分压10 kPa)以上时,中枢代偿功能失调,呼吸中枢被抑制,甚至麻痹,出现呼吸不规则,以至停止,呼吸的反射性调节比呼吸中枢更早受抑制。

3) 对循环系统的影响

二氧化碳可以直接作用于心脏和血管,多表现为心搏减弱、心率变慢和血管扩张。

当吸入气中二氧化碳浓度低于10%(分压低于10 kPa)时,可刺激主动脉体、颈动脉体化学感受器,冲动经迷走神经、舌咽神经传入延髓心血管运动中枢,通过其调节,使迷走神经抑制,交感神经兴奋,肾上腺髓质分泌活动增加,引起心跳加快,心搏增强,血管收缩,血压上升。如表 9-14 所示,当吸入气中二氧化碳浓度高于 10%～15%(分压大于 10～15 kPa)时,出现心血管中枢代偿失调,中枢被抑制,使心跳变慢,心搏减弱,血压下降,最后导致心跳停止。当吸入高分压二氧化碳后,体内还将产生血液再分配,脑血管和冠状血管扩张,而骨骼肌和其他器官,如腹腔脏器血管收缩,以保证生命重要器官的血液供应。

表 9-14　肺泡气二氧化碳分压与血压、心率的关系

肺泡气二氧化碳分压/(kPa)	动脉血压/(kPa)			心率/(次/min)	观察次数
	收缩压	舒张压	脉压		
5.332	17.196	10.397	6.799	64	26
7.465	19.462	11.464	7.998	85	10
8.665	21.461	13.197	8.264	96	9
9.998	22.661	12.797	9.864	98	4
11.331	21.995	12.930	9.065	127	3

机体对吸入高分压二氧化碳的反应,个体差异很大。一般来说,呼吸频率低,潮气量大的潜水员,反应往往较轻。这种个体差异,也因潜水深度、劳动强度和呼吸的混合气体不同而异。

9.8.3　症状与体征

急性二氧化碳中毒的症状与体征及其严重程度与吸入气中二氧化碳分压升高的速度、程度有关。一般二氧化碳分压上升愈快、愈大,症状出现也愈快、愈严重。在实际潜水时,装具内的二氧化碳分压是逐渐升高的,往往潜水员一有不适感就立即采取措施,症状就不至于发展到很严重的程度。但若同时出现缺氧(窒息),则情况较为严重。

二氧化碳分压升高的具体数值与临床上分期无明显的界限,有些情况下,可迅速发生昏迷。二氧化碳中毒的症状也有较大的个体差异。为叙述方便,大致可分为以下三期。

1) 呼吸困难期

当吸入气中二氧化碳分压为 3～6 kPa,即相当于常压下吸入 3%～6% 浓度二氧化碳时,呼吸加深加快,继而感到呼吸急促、困难,以至难以忍受。

在这一时期,患者还表现为思维能力降低,动作迟缓、不协调,难以完成复杂而精细的工作。此外,还有头昏、头痛、颜面潮红、出汗、唾液分泌增加等症状与体征。

2) 呼吸痉挛期

当吸入气中二氧化碳分压达 6～10 kPa,即相当于常压下吸入 6%～10% 浓度的二氧化碳时,就可见动物在呼气的同时,出现全身肌肉痉挛,故称呼吸痉挛期。但在人体,则主要表现为呼吸困难期的症状加重,患者出现流涎、恶心、呕吐等副交感神经兴奋的征象,同时,表情淡漠、思维能力显著下降、肌肉无力、运动失调,甚至昏迷。

3) 麻醉期

当吸入气中二氧化碳分压高达 10 kPa 以上时,即相当于常压下吸入 10% 以上浓度的

二氧化碳时,中枢神经完全被抑制乃至功能衰竭,但在人体尚未发现此期的资料。在动物实验中看到,呼气时全身肌肉痉挛停止,呼吸深而慢,脉搏缓而有力,继而呼吸微弱、频率降低、脉缓而弱,各种反射先后消失,最后呼吸、心跳相继停止而死亡。

当患者离开高浓度二氧化碳环境后,可能还会遗留头痛、恶心、无力等症状,但一般能很快消失。

9.8.4 急救与治疗

急救的原则是:迅速使患者脱离高分压二氧化碳环境,呼吸新鲜空气或氧气。具体做法是:

1) 脱离高分压二氧化碳环境

潜水员感到呼吸困难、头痛、恶心冒汗时,应立即报告水面人员,停止工作,并大量通风换气。当采取一切必要措施,仍不能排除引起二氧化碳中毒的原因,应立即通知潜水员出水或将其提拉出水。如需减压,出水后迅速进加压舱按规定实施减压,其他治疗措施一并在舱内进行。如发生绞缠事故,可派一名潜水员下水援救。

2) 出水后的救治

立即卸去潜水装具,让患者呼吸新鲜空气或氧气,一般轻症患者,可迅速恢复,无需其他治疗。

重症患者,如已昏迷、呼吸停止,应立即做人工呼吸;如心脏衰竭,应注射强心剂;心跳停止,应立即做胸外心脏挤压或心内注射等,对症治疗。

如合并溺水,肺气压伤等其他疾病,应积极采取相应的急救治疗措施。

患者清醒后,注意观察与护理。如果有头痛、恶心、眩晕、肌无力等后遗症,无需特别处理。一般继续休息后,即可消失。待恢复健康后,方可潜水。

9.8.5 预防

本病预防要点是:潜水前认真检查供气设备和吸收剂或产氧剂性能;潜水中注意及时通风换气;感到呼吸困难、头痛又无法解除时,应立即上升出水。具体做法是:

1) 使用闭合式潜水装具时

(1) 严格检查二氧化碳吸收剂(或产氧剂)的性能及装填情况,计算其有效吸收时间,并按此时间在水下停留;水下工作期间应注意检查吸收剂(或产氧剂)的工作情况是否正常(手摸吸收剂罐或产氧剂罐外壁,如感到发热,即表示工作正常)。

(2) 每次潜水前皆应检查呼吸阀性能及供气装置情况,保证有额定的供气量。

(3) 潜水员感到呼吸困难,应停止工作,查明原因。如症状不见缓解,应立即报告请求出水。

2) 使用通风式潜水装具时

(1) 认真检查供气设备,确保空气压缩机(或压气泵)、储气瓶以及管道系统无故障,能进行正常供气,并保证有充足的气量。

(2) 应注意空气压缩机的位置和风向,防止排出的废气被吸入压缩机内。

(3) 潜水员在下水工作时应注意定期进行通风换气,使潜水衣内二氧化碳浓度不致超过相当常压下的 1.5%。发现供气不足或中断应及时找出原因,予以排除,如无法排除,应立即出水。

(4)感到呼吸困难、头痛、恶心等,应停止工作,加强通风,待症状消失才可继续工作。如症状不减轻,应立即上升出水。但采取上述措施必须迅速,以防病情迅速恶化。

另外,对屏气潜水的潜水员,入水前应多进行几次换气,以排除潴留的二氧化碳。在水下进行重体力劳动时,应加大通风量。

9.9 硫化氢中毒

9.9.1 硫化氢中毒的发病机制与临床表现

1)发病机制

(1)血中高浓度 H_2S 可直接刺激颈动脉窦和主动脉区的化学感受器,导致反射性呼吸抑制。

(2)H_2S 可直接作用于脑,低浓度起兴奋作用,高浓度起抑制作用,引起昏迷、呼吸中枢和血管运动中枢麻痹。因 H_2S 是细胞色素氧化酶的强抑制剂,能与线粒体内膜呼吸链中的氧化型细胞色素氧化酶中的三价铁离子结合,而抑制电子传递和氧的利用,引起细胞内缺氧,造成细胞内窒息。因脑组织对缺氧最敏感,故最易受损。

以上两种作用发生快,均可引起呼吸骤停,造成突然死亡。在发病初如能及时停止接触,则可因 H_2S 在体内很快氧化失活而迅速和完全恢复。

(3)继发性缺氧是由于 H_2S 引起呼吸暂停或肺水肿等因素所致血氧含量降低,可使病情加重,神经系统症状持久及发生多器官功能衰竭。

(4)H_2S 遇眼和呼吸道黏膜表面的水分后分解,并与组织中的碱性物质反应产生氢硫基、硫和氢离子、氢硫酸和硫化钠,对黏膜有强刺激和腐蚀作用,引起不同程度的化学性炎症反应。加之细胞内窒息,对较深的组织损伤最重,易引起肺水肿。

(5)心肌损害,尤其是迟发性损害的机制尚不清楚。急性中毒出现心肌梗死样表现,可能是由于 H_2S 的直接作用使冠状血管痉挛、心肌缺血、水肿、炎性浸润及心肌细胞内氧化障碍所致。

急性 H_2S 中毒致死病例的尸体解剖结果表明,硫化氢中毒常与病程长短有关,常见的是脑水肿、肺水肿,其次为心肌病变。一般可见尸体明显发绀,解剖时发出 H_2S 气味,血液呈流动状,内脏略呈绿色。脑水肿最常见,脑组织有点状出血、坏死等;可见脊髓神经组织变性。电击样死亡的尸体解剖呈非特异性窒息现象。

2)临床表现

急性 H_2S 中毒一般发病迅速,临床表现为脑和呼吸系统损害,亦可伴有心脏等器官功能障碍,上述临床表现因接触 H_2S 浓度和时间等因素不同而有明显差异。

(1)以中枢神经系统损害最为常见。

a. 接触较高浓度 H_2S 后,常先出现眼和上呼吸道刺激,随后出现头痛、头晕、乏力等症状,并发生轻度意识障碍。

b. 接触高浓度 H_2S 后,以脑病表现为显著,出现头痛、头晕、易激动、步态蹒跚、烦躁、意识模糊、谵妄、癫痫样抽搐,可呈全身性强直阵挛发作等;可突然发生昏迷;也可发生呼吸困难或呼吸停止后心跳停止。眼底检查可见个别病例有视神经乳头水肿。部分病例可同时伴有肺水肿。

脑病症状常较呼吸道症状的出现为早。可能因发生黏膜刺激作用需要一定时间。

c. 接触极高浓度 H_2S 后,可发生电击样死亡,即在接触后数秒或数分钟内呼吸骤停,数分钟后可发生心跳停止;也可立即或数分钟内昏迷,并呼吸骤停而死亡。死亡可在无警觉的情况下发生,当察觉到 H_2S 气味时可立即丧失嗅觉,少数病例在昏迷前瞬间可嗅到令人作呕的甜味。死亡前一般无先兆症状,可先出现呼吸深而快,随之呼吸骤停。

急性中毒时多在事故现场发生昏迷,其程度因接触 H_2S 的浓度和时间而异,偶可伴有或无呼吸衰竭。部分病例在脱离事故现场或转送医院途中即可苏醒。到达医院时仍维持生命体征的患者,如无缺氧性脑病,多恢复较快。昏迷时间较长者在复苏后可有头痛、头晕、视力或听力减退、定向障碍、共济失调或癫痫样抽搐等,绝大部分病例可完全恢复。曾有报道 2 人发生迟发性脑病,均在深度昏迷 2 天后苏醒,分别于 1.5 天和 3 天后再次昏迷,又分别于 2 周和 1 月后苏醒。

(2) 呼吸系统损害:可出现化学性支气管炎、肺炎、肺水肿、急性呼吸窘迫综合征等。少数中毒病例以肺水肿的临床表现为主,而神经系统症状较轻,可伴有眼结膜炎、角膜炎。

(3) 心肌损害:在中毒病程中,部分病例可发生心悸、气急、胸闷或心绞痛症状;少数病例在昏迷恢复、中毒症状好转 1 周后发生心肌梗死表现。心电图呈急性心肌梗死样图形,但可很快消失。其病情较轻,病程较短,愈后良好,诊疗方法与冠状动脉样硬化性心脏病所致的心肌梗死不同,故考虑为弥漫性中毒性心肌损害。心肌酶谱检查可有不同程度异常。

市政潜水事故与急救

10.1 基本急救知识 》》》

　　援救遇险潜水员时应以最快速度使其呼吸、循环功能恢复正常。为此,将遇险潜水员带至安全地段后,就应立即开始进行心肺复苏。首先对患者进行认真检查,尤其要侧重于可能危及生命的某些体征和症状,如呼吸状态,有无呼吸道阻塞,心跳、脉搏情况,神志是否清醒,有无休克状态,口鼻有无血性泡沫流出等,并展开相应的现场对症治疗。待其呼吸、循环功能恢复后,再转送至医疗单位做进一步救治。

10.1.1 现场处理的基本原则

　　(1)首先要动作迅速,尽快将遇险潜水员救援出水。

　　(2)要明确诊断,争分夺秒恢复其呼吸、循环功能,即不间断地实施心肺复苏术。

　　(3)对疑有减压病和肺气压伤的患者,应尽快送入加压舱,进行加压治疗。其他急救措施,如心肺复苏术、药物对症治疗等,可在加压过程中同时进行,直至呼吸循环功能改善为止。

　　(4)遇险者出水后,无论身体状况如何,皆不宜搀扶步行,应左侧半俯卧于担架上运送。

　　(5)如患者需加压治疗,现场又无加压舱设备,可在施行其他急救措施的同时,保持上述体位,以最快的速度送至有加压舱设备的单位,实施加压治疗。

　　(6)现场处理以"快"为先,各环节皆应争分夺秒,迅速而准确地展开,这往往直接关系到遇险者的生死存亡和体能康复,应引起足够重视。

10.1.2 心脏骤停和心肺复苏术

　　心脏骤停是指心脏跳动突然停止,有效循环功能消失,引起全身严重缺氧缺血。临床表现为意识丧失,主动脉搏动消失及听不到心音等。若不及时进行抢救,可导致死亡。心肺复苏术是对心脏和呼吸停止所采取的重要抢救措施。

　　1)心脏骤停的原因

　　电击、窒息或因缺氧、休克或栓塞等因素的共同作用所致等。

　　2)诊断要点

　　(1)意识突然丧失、抽搐。

（2）大的动脉搏动消失（如颈动脉和股动脉）。

（3）瞳孔散大，呼吸停止，紫绀。

（4）心音消失。

（5）心电图示心脏停顿，心室颤动或呈慢而无效的室性自主节律。

在以上 5 点中，以（1）、（2）、（3）项检查来判断比较简而快，特别运用于在野外的现场。听心音做心电图虽更为可靠，但易延误抢救时间，且一般人不易掌握，故不提倡。

3）抢救过程

心脏和呼吸停止后抢救过程主要可分两个阶段。第一阶段，迅速恢复心跳和呼吸，维持基本的生命活动，即实施心肺复苏术。第二阶段为复苏后的治疗，即药物治疗和护理，包括防治因循环骤停而造成的脑损害和各系统器官的生理生化变化。心肺复苏术是关系到抢救成功与否的先决条件，只有争分夺秒恢复循环与呼吸，以维持生命的基本活动，才有可能做进一步的抢救处理。本文主要介绍现场心肺复苏术。

实施心肺复苏术包括 3 个主要步骤：①打开气道（畅通气道）；②胸外心脏按压；③人工呼吸。

（1）畅通气道：由于血液循环中断，各组织器官严重缺血缺氧，特别是大脑，对缺氧很敏感，很快导致意志丧失，全身肌肉松弛，舌肌的松弛可使舌根后坠，堵塞气道，影响肺通气，所以应设法解除。主要方法有：仰头抬颈法、仰头抬颏法、气管插管法和气管切开术。后两者需由经过专科训练的专业人员操作，不具体介绍。现仅介绍前两种简单方法。

a. 仰头抬颈法：即操作者跪在患者一侧，一手置于患者前额部往后下方向按压，另一手轻轻往上托起患者颈部，使头后仰，一般使患者的耳垂和乳突成一连线，并与地面垂直，这样下颌前移，使舌根离开咽后壁而畅通气道。但对疑有颈部外伤者不能采用，否则，会加重颈椎骨的损伤或错位，压迫脊髓，造成高位截瘫，给抢救带来更大的麻烦。

b. 仰头抬颏法：操作者在患者一侧，一手置于患者额部往后下方按压，另一手以食指和拇指并排轻扶患者下颏骨部位，辅助患者头部后仰，使患者下颌前移，舌根离开咽壁而畅通气道。

仰头抬颏法比仰头抬颈法更有效，特别在疑有颈外伤或颈椎骨折者时更应采用这种方法，抬举下颏时应注意不要压迫软组织，否则，反致气道的阻塞。另外，在打开气道之前，应将患者口中的分泌物和其他异物尽快设法清除干净，保证气道的畅通，防止杂物进入气管。

（2）胸外心脏按压。

a. 概述：胸外心脏按压是恢复心跳和循环机能的首选方法。心脏位于胸廓内，胸椎骨的前方，胸骨的后方。按压胸骨时，心脏被动受压，胸内压力也同时增高，迫使血液从心脏挤出进入大动脉血管并推向胸廓外的血管而向前流动，放松时，心脏舒张，胸内压力也同时下降，促进静脉血流回心脏，如此反复进行，以达到维持血液循环的目的，直至心脏自主跳动恢复为止。

胸外心脏按压时，应将患者置于硬板上，并处于仰卧位，头部稍比下肢低，以利于脑部有充足的血流量及下肢静脉血的回流。如果患者在床上，应在患者背上垫上硬板或将病人抬至地上,进行抢救。

b. 按压的方法和要求:

(a) 正确的按压位置是保证胸外按压效果的重要前提。正确的按压位置是在胸骨的下 1/3 处。确定正确按压位置的步骤如下:①右手的食指和中指沿患者的右侧肋弓下缘向上,找到肋骨和胸骨接合处的中点;②两手指并齐,中指放在切迹中点(剑突底部),食指平放在胸骨下部;③另一只手的掌根紧挨食指上缘,置于胸骨上,即为正确按压位置,如图 10-1 所示。

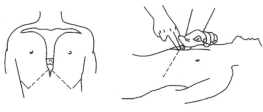

图 10-1 正确的按压位置

(b) 正确的按压姿势是达到胸外按压效果的基本保证。正确的按压姿势是:①使患者仰面躺在平硬的地方,救护人员立或跪在伤员一侧肩旁,救护人员的两肩位于患者胸骨正上方,两臂伸直,肘关节固定不屈,两手掌根相叠,手指翘起,不接触患者胸壁;②以髋关节为支点,利用上身的重力,垂直将正常成人胸骨压陷 3～5 cm(儿童和瘦弱者酌减);③按压至要求程度后,立即全部放松,但放松时救护人员的掌根不得离开胸壁,如图 10-2 所示。向下按压和松开的时间必须相等,以达到心脏最大的射血量。

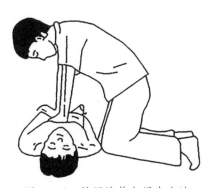

图 10-2 按压姿势与用力方法

c. 按压的幅度和速度:按压时应使胸骨下陷 3～5 cm,用力应以此为准。如用力太小,心脏的血不能射入血管或射入太少,达不到推动血液流动的目的,相反,用力太大,可能会造成肋骨骨折。按压的速度(频率)以 60～80 次/分为宜,儿童的按压速度可快一些,100 次/分左右,婴儿约 120 次/分。按压必须有节奏的、有冲击性地进行,不能间断,每次按压后,要突然放松压力,但掌根应随胸骨自然回弹至原位,不要离开胸壁,以防止再次按压时偏离位置。

d. 按压的有效指标：在按压过程中，要密切观察按压是否有效，否则，应及时找出原因并予以纠正。一般观察的指标是：①能触摸到大动脉搏动（如股动脉和颈动脉）；②血压维持在 12 kPa 左右；③皮肤黏膜、指甲逐渐转为红润；④瞳孔逐渐缩小至正常；⑤眼睑反射恢复；⑥呼吸改善或出现自主呼吸。

e. 注意事项：①一旦发现循环骤停，应立即做心脏胸外按压术，不可延误；②按压位置要正确，掌根与胸骨不能成角度；③按压力量要适当，速度要均匀；④按压与人工呼吸必须同时进行；⑤在检查按压是否有效时，不要超过 5 s。

（3）人工呼吸：心脏骤停以后，将导致呼吸的停止，这时组织器官失去了氧的供应，而机体所产生的二氧化碳也不能排出体外，使机体很快处于缺氧和二氧化碳潴留的状态。所以在心脏胸外按压的同时，一定要同时做人工呼吸，以保证氧的供应。人工呼吸的方法有多种，如简易呼吸器人工呼吸法、口对鼻人工呼吸法、口对口人工呼吸法。现场抢救最简便的方法为口对口和口对鼻人工呼吸法。

a. 口对口人工呼吸法，操作者在畅通患者气道的同时，将置于额部的一只手的拇指和食指捏住患者的鼻孔，另一手把颈或扶颏，深吸一口气，紧贴患者的口用力吹气，每次吹气约 800～1 000 mL 为宜（以看到患者胸部的扩张起伏为准），吹毕立即松开捏鼻的手。此时，患者胸廓和肺被动回缩排出气体，如此反复进行。吹气频率为 16～20 次/分左右。

b. 口对鼻人工呼吸法：对某些牙关紧闭的患者，因无法打开口腔而采用的另一方法。术者一只手捂住患者的口，防止口对鼻吹气时气体从患者口中溢出。实施时，术者深吸一口气后，对着患者的鼻孔用力吹气（要求术者的口应与患者的前鼻孔密合，这样，方能保证气体不被漏出），吹气的频率也为 16～20 次/分。人工呼吸时，吹气力量不要太猛，一般以每次急速吹入气量不超过 1 200 mL 为宜，也不宜少于 800 mL。如果吹气压力太大，超过会厌的张力，气体可通过食道进入胃部使胃扩张，胃内容物反流阻塞气道，甚至导致窒息。吹气太小时，肺泡通气不足，达不到供氧的目的。鉴于人工呼吸持续的时间较长，最好采用简易呼吸器进行人工呼吸。此器材轻巧，使用简便，特别适用于现场抢救，如图 10-3 所示。

4）实施心肺复苏的形式

（1）单人抢救法：抢救现场只有一个人时，胸外按压和人工呼吸必须同时兼顾，这样，才能保证抢救的成功，首先，应呼救，想办法叫来其他人帮忙。然后检查患者是否有呼吸，如没有呼吸，必须立即做人工呼吸，向患者连续吹气 2 次，即转入检查是否有脉搏，如没有脉搏，则立即心脏胸外按压，按压与人工呼吸的比例为 15：5，即首先进行短促人工呼吸 5 次，再在 10 s 内做胸外心胸按压 15 次，如图 10-4 所示。操作者应选择能兼顾按压和人工呼吸的恰当位置，以减少因来回移位而耽误抢救时间。

（2）双人抢救法：现场有两人时，人工呼吸和按压应密切配合，按压和人工呼吸的比例为 5：1。按压者在按压时应数 12345，当按压者数到 4 时，做人工呼吸者应做准备，深吸一口气，在按压者按压数到 5 次后将放松时，立即吹气，此时患者胸部被动扩张，气体顺利进入肺部，如此反复进行。若在抢救中，两者需调换位置时，按压者在做完第 5 次心脏胸外按压后，马上转到人工呼吸的位置上，接着做人工呼吸，而做人工呼吸者立即转到按压的位置上，等吹气后，接着按压，以保证不中断，如图 10-5 所示。

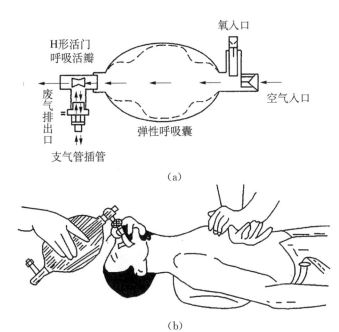

图 10 - 3　简易呼吸器人工呼吸法

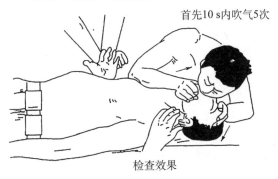

图 10 - 4　单人吹气和胸外心脏按压法

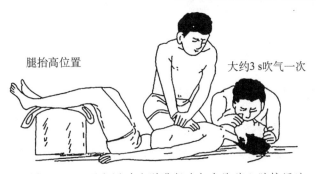

图 10 - 5　两人同时分别进行吹气和胸外心脏按压法

第二阶段的抢救,即复苏后的治疗(包括药物治疗),需在医疗单位或医院里进行。本文从略。

10.1.3　加压治疗

对于潜水减压病和肺气压伤来说,最根本、最有效的治疗方法是加压治疗。治疗时间愈早愈好,即使出于种种原因已延误治疗,仍应不失时机地争取加压治疗。

加压治疗可分为加压、高压下停留和减压三个阶段。

(1) 加压:加压速度应尽可能快些,尤其对重症患者和肺气压伤患者更应如此。但在实际应用时,往往要根据进舱者咽鼓管通气调压情况而定。一般要求以每分钟增加舱压 0.1 MPa 为宜。加压过程中,如患者耳痛难忍,可减慢加压速度或暂停加压,甚至必要时使舱压下降 0.01～0.05 MPa,待疼痛消失后再继续加压。如加压过程中发生副鼻窦疼痛,应立即减压出舱,做必要处理后,再行加压,不时做吞咽、鼓鼻等动作。对昏迷患者,必要时可做预防性耳鼓膜穿刺术。所加压力大小,应根据病情、预选的治疗方案、患者症状、体征及对加压治疗的反应情况而定,对急性患者,原则上应使症状消失;肺气压伤患者,治疗压力不应小于 0.5 MPa(慢性减压病患者也应如此)。如病情不重,也可选择低压(0.18 MPa)吸氧的治疗方案。

(2) 高压下停留:一般要求是在症状消失的压力下停满 30 min,或按治疗表中规定的停留时间停足,方开始减压。切勿症状一消失即开始减压。对于见效较慢的患者(多为延误治疗者),只要症状有所改善,停留时间还可适当延长。如果在压力下停留一定时间后,症状无任何改善,可能有以下几种情况:所加压力不够高;还需要延长停留时间;组织已出现不可逆的损伤;脊髓损伤处于"脊髓休克"时期。要判明情况,采取相应的措施。如确认继续治疗已无必要,可按相应的方案减压出舱。高压下停留期间,要加强舱内通风,以防因二氧化碳浓度升高而加深氮麻醉或发生二氧化碳中毒。治疗压力超过 0.7 MPa,有条件者可呼吸氦氧混合气(氧浓度为 19%～21%)。

(3) 减压:按照加压治疗表中相应的方案进行减压。在减压过程中,应严格按"表"中的规定进行操作,无特殊情况,不得随意修改。如果减压过程中,患者症状复发,原则上应再升高压力直至症状消失,然后在此压力下停满 30 min 后,按减压时间较长的下一级方案减压。

患者减压出舱后,应在舱旁观察 6～12 h。如有症状复发,还应再次进行加压治疗。值得指出的是,如患者在治疗过程中或治疗结束后出现耳痛、疲劳、头晕、头痛等不适,往往可能是由于鼓膜受压引起的,不应看成症状复发,也不需再进行加压治疗。如有轻度皮肤瘙痒,可进行热水浴来获得缓解,也无需再加压治疗。

10.2　有毒有害气体应急处置程序 ▷▷▷

1) 当有毒有害气体浓度达到第一级报警值时

当有毒有害气体浓度达到第一级报警值时(硫化氢含量为 $10×10^{-6}$、一氧化碳含量为 $12×10^{-6}$、可燃气体浓度小于或等于 25%LEL),现场应采取以下应急措施:

（1）立即安排专人观察风向、风速以确定受侵害的危险区。

（2）切断危险区的不防爆电器的电源。

（3）安排专人佩戴正压式空气呼吸机到危险区检查泄漏点。

（4）非作业人员撤入安全区。

2）当有毒有害气体浓度达到第二级报警值时

当有毒有害气体浓度达到安全临界浓度时（即第二级报警值，其中硫化氢含量为 20×10^{-6}、一氧化碳含量为 24×10^{-6}、可燃气体浓度小于或等于 50%LEL），现场应采取以下应急措施：

（1）戴上正压式空气呼吸机。

（2）向上级报告。

（3）指派专人至少在主要下风口 20 m、50 m、100 m、500 m 和 1 000 m 处进行有毒有害气体监测，需要时监测点可适当加密。

（4）实施井控程序，控制有毒有害气体泄漏源。

（5）撤离现场的非作业人员。

（6）清点现场人员。

（7）切断作业现场可能的着火源。

（8）通知救援机构。

3）当有毒有害气体浓度达到第三级报警值时

有毒有害气体浓度达到危险临界浓度时（即第三级报警值，其中硫化氢含量为 100×10^{-6}、一氧化碳含量为 100×10^{-6}、可燃气体浓度小于或等于 75%LEL），现场作业人员应按预案立即撤离井场。现场总负责人应按应急预案的通信表通知其他有关机构和相关人员。由施工单位和生产经营单位按相关规定分别向其上级主管部门报告。

10.3　放漂

潜水员因操作不当或意外情况导致其失去控制能力，在正浮力的作用下，不由自主地迅速漂浮到水面，这种失控上升就是通常所指的放漂。在使用通风式重潜水装具潜水的事故中，放漂的发生率较高，危险性较大。本节仅介绍引起放漂事故的原因、可能引起的疾病、损伤及处理办法。

10.3.1　放漂的原因

引起放漂的基本原因是潜水员的正浮力急剧地增加，使潜水员失去控制，以致不由自主地以加速的方式迅速浮出水面。造成正浮力急剧增加的原因有：

（1）潜水服充气过多或排气不及时，致使潜水服过度膨胀。这种情况多见于潜水员使用装具不熟练或由于意识丧失而不能主动排气。也可能因装具排气阀故障，而无法正常排气所致。潜水员不沿入水绳上升出水时，如果气量控制不好，也会造成放漂。

（2）压铅或潜水鞋脱落。

（3）潜水员在水下处于头低脚高位置时，使潜水衣内气体集向下肢，无法排气。

(4) 外力使潜水员失去控制。如水流过急,潜水员被冲离海底,潜水员脱离入水绳而失去自控,或者水面人员牵拉信号绳、软管太猛太快。

(5) 进行需要增大浮力的活动,特别是试图脱离泥泞的水底或者利用正浮力搬重物而突然放手等类似情形。

放漂发生在轻装潜水时主要是由于压铅失落、浮力背心使用不当以及干式潜水服充气过度等引起的。

10.3.2　放漂可能引起的疾病和损伤

1) 减压病

当潜水员水下作业深度和时间超过不减压潜水界限而发生放漂时,就会发生减压病。即使进行不减压潜水时发生放漂,因上升速度过快,仍偶有发生减压病的可能。

2) 肺气压伤

当发生放漂时,如潜水员屏气,或出于各种原因使其呼吸道通气受阻时,均可发生肺气压伤。这在较浅深度处更易发生。

3) 外伤

放漂时,潜水员以一定的加速度上升,若在水面遇到障碍物,则将因撞击而造成外伤(如脑震荡等)。

4) 挤压伤

放漂至水面时,如潜水衣因过度膨胀而破裂或抢救中排气过度,则可能因突然失去正浮力而又沉入水中,发生挤压伤。

5) 溺水

放漂至水面后,如出于某种原因造成潜水服内进水,则可发生溺水。

10.3.3　放漂后的处理

一般应将潜水员以最快的速度抢救出水。同时要减少供气,收紧信号绳。

出水后可酌情按下述原则处理:

(1) 如该次潜水需要减压,应立即进入加压舱内实施减压。为防止减压病的发生,可将舱压升到该次潜水的水底压力,水下停留时间则从开始下潜,到救出水面、进入加压舱并加压至该次潜水深度为止,然后选择相应的减压方案进行减压。

(2) 现场无加压设备时,如潜水员神志清醒,自持力良好,装具无损,则可在水面人员监护及救护潜水员的帮助下,重新下潜,如无减压病症状者,可下潜到比第一停留站深若干站处,按上述方法计算水下停留时间,选择延长方案减压,有症状则按相应的治疗方案进行减压。

(3) 如为不减压潜水放漂,又未出现减压病的症状和体征,可让其在加压舱旁休息,进行观察。

(4) 当潜水员放漂后出现意识丧失时,很可能是发生了肺气压伤或重型减压病,应毫不迟疑地迅速进行加压治疗。

(5) 若发生外伤、挤压伤、溺水,可采取相应的急救治疗措施。

10.3.4　放漂的预防

（1）潜水前仔细检查装具、认真着装。

（2）潜水员在潜水过程中，应随时注意调节气量；水面人员应根据水下实际情况掌握好供气量。

（3）在水下作业情况复杂或潜水条件差时，应派技术熟练的潜水员下潜。

（4）上升出水时应沿入水绳上升；水面人员提拉潜水软管的速度要适当。

10.4　供气中断

供气中断是指在潜水过程中，出于某种原因，终止了对水下潜水员的供气。出现这一现象时，往往会导致严重的潜水疾病或其他事故。

10.4.1　发生供气中断的原因

1）水面供气式潜水时

（1）供气系统突然故障，气源中断。

（2）因水面人员工作疏忽而误关供气阀。在极少情况下潜水员在水下吸用的是应急气瓶气体，而当一旦需要时，应急瓶贮气已被耗尽。

（3）供气软管断裂或被压扁、弯折、管内冻结、堵塞等原因造成供气中断。软管断裂多发生在供气软管水面部位或浅水中。

（4）头盔进水或面罩进水而无法排除。

2）自携式潜水时

（1）气瓶内气体耗尽。

（2）呼吸器发生故障而停止供气。

（3）中压软管爆裂。

10.4.2　供气中断引起的疾病

1）减压病

当潜水深度和时间超过不减压潜水范围，由于供气中断，迫使潜水员迅速出水，很可能发生减压病。

2）潜水员窒息

供气中断突然发生后，如潜水员被绞缠等原因而无法马上出水，随着时间的延长，潜水服内氧分压不断下降，二氧化碳分压持续升高，必然导致潜水员窒息。

3）挤压伤

使用通风式潜水装具发生供气中断时，如潜水员仍继续排气或下潜，就可能发生挤压伤；使用自携式装具潜水，发生供气中断时，则可发生面、胸等部位的局部挤压伤。

4）溺水

使用自携式装具潜水时，如潜水员因供气中断、窒息而扯去面罩或咬嘴，就可能发生溺水。

5）肺气压伤

发生供气中断后,潜水员快速上升,甚至放漂出水过程中,如果屏气,都可发生肺气压伤。

10.4.3　供气中断的处理

(1) 供气设备发生故障造成供气中断时,应迅速换用备用设备;若无备用设备或潜水软管破裂时,应令潜水员停止排气,立即上升出水。

(2) 因供气软管受压、堵塞或冻结,则应设法排除,排除无效立即出水。

(3) 水面需供式潜水或使用 TF-88 型潜水装具潜水时,应立即启动应急供气装置,节省用气,并立即上升出水。

(4) 出水后潜水员发生潜水疾病,应采取相应的急救治疗措施或组织转送。

10.4.4　供气中断的预防

(1) 使用空气压缩机供气时,应设有储气瓶和备用气源。并在潜水作业前认真检查供气系统的各个环节,保证完好无损。

(2) 供气软管需要按规定定期检查、试压;急流作业时应建议用软管接头夹进行加固;冬季作业应防止软管内结冰而堵塞。

(3) 使用自携式装具潜水前,应对装具及气瓶压力进行认真检查并估算水下可用时间。潜水中,当信号阀提示出水时,应立即清理出水。一级减压器输出压力要定期检测,中压管要定期检验。

(4) 通风式潜水时,一旦发生事故,提拉潜水员出水时,收回供气软管用力应均匀,切忌过猛,以防拉断供气软管,发生供气中断。

10.5　绞缠

潜水员的信号绳、软管被水下障碍物缠绕、钩挂,或者潜水员被海草、鱼网缠住,而不能上升出水,以致被迫在水中长时间停留,这种潜水事故称为水下绞缠。另外,作业潜水员不幸被塌方的泥沙压住、被涵洞及进水孔吸住或在坑道中作业时返回的途径被一些出乎意料的原因阻挡等,也会造成潜水员在水下暴露时间过长。本节仅介绍水下纠缠的原因、可能引起的疾病及处理办法等。

10.5.1　发生绞缠的原因

水下作业条件复杂多变,多数情况下能见度很低,甚至完全黑暗,靠摸索进行工作和行动,一不小心,就会造成水下绞缠。由于着水面供气式潜水装具作业时,潜水员拖着很长的信号绳、软管或脐带,因而较自携式潜水更易于发生水下绞缠。常见原因有以下几种:

(1) 信号绳、软管或脐带缠绕于某些物体,或信号绳、软管被绞、卡、夹、压。

（2）头盔的进气弯管或腰节阀等部件被缠挂。轻潜装具被渔网、绳索等缠住。

10.5.2　绞缠可能导致的疾病

（1）水面供气式潜水发生绞缠后，虽有较充裕的气体维持较长的水下停留时间，但潜水员仍有可能发生以下情况：

a. 体力衰竭。这是由于水下停留时间过长所造成，并可能因此而导致其他疾病和事故的发生。

b. 减压病。当被绞缠的潜水员得以解脱出水时，常会因水下停留时间过长而无法选择合理的减压方法和方案，一旦减压不充分，即可造成减压病。

c. 外伤。在潜水员极力解脱过程中或被迫在恶劣环境里长时间停留中，均有可能发生外伤。

（2）自携式潜水时，发生绞缠的概率较小，一旦发生，则因自携气瓶的容积有限，常造成供气中断，进而发生窒息、溺水等事故；解脱时，如丢弃装具，自由漂浮出水，又有可能发生肺气压伤。

10.5.3　绞缠的处理

（1）当绞缠发生时，要和潜水员密切联系，及时了解其状况。根据可能发生的疾病和其他事故，做好相应的救治准备。

（2）在水面人员的指导下，要求潜水员冷静地自我解脱；潜水员应努力使自己沉着、冷静，与水面或预备潜水员密切合作，切勿惊慌、急躁，拼命挣扎。不能自行解脱时则派预备潜水员进行水下援救。必要时，再系一根信号绳后可割断信号绳和（或）供气软管，迅速出水。与此同时，潜水医生要根据潜水员水下停留时间的延长，选择相应的减压方案。

（3）自携式潜水发生绞缠后，潜水员经过努力仍无法解脱时，可丢弃装具漂浮出水。这时，水面人员应做好援救、治疗的准备。

（4）潜水员出水后，要根据情况进行预防性加压处理，充分休息，并供给高能量的饮食。

（5）发生其他疾病，采取相应的急救措施。

10.5.4　案例分析

时间：2003年10月

地点：某水电站

事件简述：

检查水库闸门。检查维修保养工作之前，需要潜水员先下水到水深为48 m处检查1号闸门沉放是否到位及水密性情况。于是厂里在未做任何计划的情况下，自行组织潜水人员采用TF-12型潜水装具进行潜水。由于闸门槽间隙长为2.2 m、宽为0.6 m，空间狭小，潜水员到不了位，无法进行检查。于是临时决定，采用提起防护栅，由潜水员从上游钻过防护栅到闸门处检查。防护栅本身高度为4.5 m，施工时提升的高度只有80 cm左右，潜水员只能趴着爬过去。由于水深，能见度差，水温低，淤泥底质达60多cm等多种不利因素,施工过程中发生潜水员脐带被防护栅挂住导致绞缠。

当潜水员在水下发生绞缠后,由于潜水员潜水技术差,不具备自行快速解脱的能力,加之身体素质差,体力不支,心理过度紧张,造成放漂后产生倒栽溺水。潜水员在水下发生事故没有呼吸声后,水面保障人员经过多次努力都无法将出事的潜水员紧急救出水面进行抢救。在这紧急时刻,水面又没有备用救护潜水器材,临时组织人员组装一套管供式TF-12型潜水装具后,才派潜水员下水营救。当营救潜水员在水下找到出事潜水员时,出事潜水员已经没有知觉,并且潜水衣里已灌满水。在水面保障人员的配合下,经过多方努力才将出事的潜水员救出水面。从出事潜水员没有呼吸声到被救出水面所用时间26 min,紧急卸装后现场没有潜水医生,未能进行现场救治,就直接将潜水员送往县医院,到医院时已经身亡。

> 原因分析:这次事故反映了该作业组的安全意识极差。现场的指挥者工作安排不当,没有预备潜水员,没有备用装备,没有潜水医护人员在场,也没有提前和当地医院联系好等。
>
> 预防及教训:
>
> (1) 水下作业区条件复杂时,应预先认真进行水下调查和清理障碍物,派技术熟练的潜水员进行潜水作业,并预先安排好预备潜水员,做好潜水救护准备。
>
> (2) 作业时尽量避开障碍物。

10.6　溺水

10.6.1　概述

溺水又称淹溺,是指人在水中出于某种原因,吞入和吸入大量的水后机体呼吸、循环代谢及血液成分等功能均可发生严重紊乱;或由于少量水进入口腔、气管后,反射性地引起持续性喉痉挛或支气管痉挛,导致窒息和心跳停止。前者属"湿淹溺",在溺水中最为多见;后者因无水进入肺内,故称"干淹溺"。

淹溺在潜水作业、潜水运动、游泳以及意外落水时,都有可能发生。一旦发生,将迅速危及生命,必须尽快组织抢救。

10.6.2　潜水时发生溺水的原因

潜水时发生溺水的原因主要是潜水装具的破损和潜水员在水下发生意外(如操作失误、面罩、咬嘴脱落或意识丧失等)。

1) 潜水装具破损具体有下列情况:

(1) 轻潜装具呼吸器的有关部件失效、破损、连接不紧密等,以致进水。

(2) 通风式潜水时,头盔排气阀弹簧失灵;头盔、领盘及潜水服间连接不紧密或破裂进水,这在潜水员卧位时,危险性更大。

2）潜水员在水下可因下列情况而发生溺水,这在轻装潜水时尤其多见。

（1）技术不熟练,面罩和呼吸管进水后,未能有效地排出。

（2）因疲劳而操作失误。如面罩、咬嘴脱落等。

（3）因装具供气中断,潜水员拉脱面罩和咬嘴。

（4）发生其他潜水疾病和损伤后,尤其在潜水员意识丧失时,更易继发溺水。

10.6.3　临床表现

溺水者由于将大量的水和呕吐物吸入肺内,造成呼吸道阻塞而窒息。患者往往处于昏迷状态,呼吸停止,最后心跳停止而死亡。然而,也有少数溺水者（约 10%）,因惊恐、寒冷刺激而发生喉痉挛,造成窒息或引起心跳骤停而死亡。

溺水者被救出水后,一般状态是面部肿胀,面色青紫或苍白,双眼充血,四肢发冷,全身浮肿,呼吸停止。由于淹溺的时间长短不同,造成对机体的损伤程度和临床表现也不同。

10.6.4　急救与治疗

抢救的基本原则是争分夺秒、尽快进行心肺复苏,改善低氧血症并注意防治脑水肿。现场抢救的具体方法和要求是:

（1）迅速将溺水者抢救出水,立即就地急救,包括清除口鼻腔内泥沙、水草等异物,并取头低位施行心肺复苏术。这样,既可倒出呼吸道和胃内积水,又可不失时机地进行人工呼吸（切勿因倒水而延误抢救）。

（2）及早施行心肺复苏术。

a. 如溺水者呼吸已停止但仍有心跳时,应争分夺秒进行有效的人工呼吸,直至肺内液体大部分吸收或排出、气体有效交换量完全正常后方可停止。由于人工呼吸持续时间较长,一般宜采用简易呼吸器进行。此法设备轻巧,使用简便,特别适用于现场抢救。

b. 如溺水者呼吸、心跳皆已停止,除立即进行人工呼吸外,应同时做体外心脏按压术。必要时可向溺水者心腔内注射复苏药物,以促进自由搏动的恢复。此工作应由医师进行。

c. 如现场有加压系统设备,应在加压舱内进行抢救。吸入高压氧气,对改善缺氧状态、治疗脑水肿、复苏等都有很大好处。

（3）尽早组织后送至条件较好的医疗单位,做进一步救治。转送途中,人工呼吸和心脏按压术不能中断,并应避免剧烈颠簸和振动。

10.6.5　预防

预防潜水中发生溺水,重点应掌握三个环节,即潜水装具的检查,潜水员与水面人员的紧密配合,以及潜水疾病和事故的预防。具体要求包括如下几条。

（1）装具检查:每次潜水前,都要认真检查装具的气密性和可靠性,尤其要注意各部件的连接处是否完好;干式潜水服粘合缝、皱褶处有无假粘合及磨损易破现象;呼吸袋有无脱胶、吸收剂罐或产氧剂罐有无脱焊及破裂;排气阀、安全阀是否正常。必要时,可充气做耐压性能测试或气密性检查。

(2) 水面人员和潜水员紧密配合:潜水过程中,应健全岗位责任制,并密切配合。潜水员发现装具进水等异常情况后,应立即报告水面人员,以便及时采取相应的措施。通风式潜水服如破裂进水,应立即增大供气量,以控制潜水服内水位上升,同时尽快上升出水。水面人员应密切注意观察潜水员的水下动态,及早发现淹溺并及时援救。

(3) 预防潜水疾病和事故的发生,避免继发溺水事故。

10.6.6　案例分析

时间:2010 年 9 月 23 日

地点:深圳港西部港区

事件简述:

深圳港西部港区疏浚道路工程钻孔灌注桩工地发生钻机脱落至 50 m 深孔底事故。个体潜水员李某携其妻及驾驶员共计 3 人前往作业。钻孔桩深为 52.5 m,底部有高约为 2 m 的钻机,孔内为钻孔灌浆所需要的 1:1.1 泥浆水,水面与地面相平。

潜水员李某至工地后,穿 MZ - 300 轻装潜水装具,经水面测试供气顺畅后潜水至 50 m 孔底,其妻负责在水面通过对讲电话与其联系,其驾驶员负责在水面为其送放潜水脐带。约 2 min 后李贵勇潜至孔底,其间通信顺畅。到达孔底不久通信即中断,约几分钟后自行浮上一定高度(是水面负责拉脐带的驾驶员将其拉上一半),不久又沉入孔底,在通信无法恢复的情况下,其驾驶员再次将其拉起至孔深 10 m 处减压停留,等再次拉起至水面后,发现潜水员已完全没有知觉,潜水面罩内发现泥浆水,经 120 抢救无效,潜水员李某溺水身亡。

原因分析:

(1) 设备上配置的 MZ - 300 需供式潜水装置并不适合在泥浆水中潜水,因为过浓的泥浆水会阻碍装具上呼吸器膜片正常位移,从而影响装具的正常供气。

(2) 配备的空压机不合理。该空压机工作压力仅为 0.8 MPa,而 MZ - 300 潜水装具要求的供气余压为 0.6~1.4 MPa,加上 50 m 水深其绝对压为 0.6 MPa,考虑水和泥浆比重为 1:1.1,因此所需空压机供气压力至少不低于 1.3 MPa。

(3) 参加作业人员无证作业。潜水员李某籍贯重庆,1962 年出生,在何时何地参加的潜水培训不详,持国家安全生产监督管理总局签发的中华人民共和国特种作业操作证,作业种类为潜水作业,准操项目为重潜水作业。水面负责对讲通信人员陈某,女,年龄不详。与李某为夫妻关系,没有任何潜水作业相关的培训记录。水面脐带操作员刘某,男,年龄不详。为李某雇佣驾驶员,没有任何潜水作业相关的培训记录。

(4) 本次潜水作业配备潜水员 1 人,水面支持人员 2 人,共 3 人。作业现场未配备潜水减压舱以及专业的潜水医生,连应急潜水员以及应急潜水装备均无。

教训及预防措施：

（1）潜水行业是高风险行业，参加作业的潜水员及相关的辅助人员都必须经过专业培训持证上岗，严禁无证作业。

（2）潜水装具设备必须符合施工作业环境、条件要求，配备应急救助设备、应急气源等相关应急装具。大深度作业应配备专业潜水医生及潜水减压仓。

（3）每次潜水作业都必须制订详细的潜水作业计划和应急救助方案。桩孔作业还应考虑由于泥浆比例引起的理论减压水深与实际水深的差别。同时还应了解孔桩的地质层构造，防止桩孔塌方造成潜水事故。

10.7 水下冲击伤

10.7.1 概述

爆炸会产生冲击波，冲击波传到人体会引起不同程度的损伤。在水下发生爆炸冲击波传到人体而引起的机体损伤称为水下冲击伤。通常发生在潜水工作区附近进行水下爆破作业、意外发生水下炸弹爆炸或水下电焊、切割时遇到有限空间的可燃混合气体引起爆炸等场合。水下冲击伤的特点是体表损伤轻，内脏损伤重，病情发展迅速。

10.7.2 形成条件

在水中发生爆炸时，在爆炸中心迅速形成高温、高压的环形气团，一个强大的压缩冲击波高速度地向四周传播。一般认为，这种冲击波的压力值达到 $14\sim35\ kPa$ 时，即可造成机体的轻度损伤（如鼓膜破裂或内脏轻度出血），当达到 $100\sim260\ kPa$ 时，即可造成人员死亡。因此，如果潜水员或其他落水人员在爆炸中心附近的水域中，就会受到水中冲击波的伤害。

冲击波是一种很强的纵声波，它在水中的传导要比在空气中快 4 倍左右。因此，当水下爆炸时，这种冲击波对机体产生不同程度伤害的临界距离，要比在空气中大得多，故对水中人员有较大的杀伤力。人在水中的体位面向爆炸中心比背向爆炸中心所产生的胸、腹部内脏的损伤要严重；如果头部没入水中，就易造成脑的损伤。

10.7.3 致伤过程与临床表现

1）致伤过程

爆炸冲击波对机体各个器官和组织都可造成损伤，但最易受到损伤的是胸、腹部含气体的脏器，如肺、肠、胃等。这是由于人体内实质性器官和组织，其主要成分是水，而水几乎是不可压缩的。因此，冲击波形成的高压和随之而来的负压通过它们传递时，不易引起组织损伤。但当通过体内某些含气体的器官和组织传递时，气体急剧压缩，随后又急剧膨胀，致使局部产生类似许多小爆炸源的内爆效应，从而引起周围组织（肺泡壁）的损伤，如

图 10-6 所示。

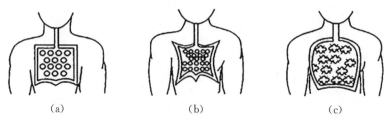

（a）　　　　　　（b）　　　　　　（c）

图 10-6　冲击波内爆效应致伤模式图

（a）正常时肺泡的大小　（b）高压（超压）作用时，胸腔缩小，膈肌上升，肺泡和血管被压缩　（c）高压过后负压起作用时，胸腔向外扩张，受压的肺泡突然胀大而被撕裂

此外，在气体急剧压缩的过程中，还将导致一系列血液动力学的剧烈变化，质量不同的组织受到相同的冲击波作用后，因惯性不同，运动的速度也不同，导致不同组织的连接部分产生撕裂和出血现象，如肠管和肠系膜之间、胸膜与肋骨之间造成损伤或出血。

2）临床表现

（1）腹部脏器的损伤。

腹部有猛烈撞击感，常见的病变是肠管的浆膜下及黏膜层出血，浆膜面撕裂及肠壁穿孔，尤其是肠系膜、横结肠和乙状结肠的损伤较多见，易于引起腹膜炎和腹腔脓肿。这种损伤，也可发生于胃。轻者腹部压痛，中度伤者可有呕吐、持续腹痛、排便频繁的症状；严重者剧烈腹痛，呕吐物有血块，大便带鲜血或类似沥青模样，伤者处于休克状态。重症伤员也有肝、脾、肾及膀胱的出血的情况，出现血尿。

（2）胸部脏器的损伤。

病变以肺出血为主，伤者胸痛、咳嗽、口吐含血泡沫。损伤严重时，肺水肿和气肿，有时也可发生肺破裂。

如冲击波作用于心脏时，可引起心包出血和心肌撕裂伤。

（3）脑部损伤。

如头部浸入水中，在水中冲击波的作用下，闭合性脑损伤常可发生，这也是某些重伤员迅速死亡的原因之一。

颅脑冲击伤的病变主要是脑血管损伤。

闭合性脑损伤的临床表现主要是脑震荡、脑挫伤和脑受压三个综合征，三者可同时存在而以某一个为主，如脑组织有撕裂出血、血肿或水肿等。主要表现有头痛、呕吐，呼吸加深，脉缓有力，脑脊液压力增加，血压升高等脑循环障碍和缺氧引起的代偿反应。

10.7.4　诊断

根据伤员在水中遭遇水下爆炸的情况，结合上述症状和体征，即可做出诊断。诊断时，必须记住该类伤员外轻内重的特点，绝不能以抢救出水当时的症状、体征及外伤作为判断的唯一依据。对于没有明显体表伤痕而处于休克状态的伤员，应严密观察病情的发展，仔细进行各系统的检查，以防误诊或漏诊。

10.7.5 急救与治疗

（1）当爆炸物在水下爆炸时,应迅速将潜水员救护出水。出水后的基本处理原则是:在严密观察下,进行对症治疗。即使潜水员出水后表现良好,也要卧床休息,或卧于担架上转运,不要搀扶伤员步行。需要减压或已并发减压病或肺气压伤者,应尽快送进加压舱,选择适宜方案,实施减压或加压治疗。其他治疗可在加压舱内同时进行。

（2）对口鼻流出血性泡沫状液体的伤员,应取左侧半俯卧头低位,以防冠状动脉及脑血管空气栓塞。

（3）保持呼吸道通畅,以防外伤性窒息。呼吸骤停者,应进行口对口人工呼吸,忌用挤压式人工呼吸。昏迷伤员有舌后坠时,牵舌固定或用咽导管维持呼吸,并给予吸氧。

（4）伤员应安静休息,注意保暖、止痛,防止感染并补充维生素。但禁止从口中给药或给食品,可用针刺疗法或注射给药。

（5）在严密观察下,迅速组织转送。优先转送有脑受压体征(昏迷、瞳孔散大、肢体瘫痪)的伤员。转送时,根据病情可采取平卧位、左侧半俯卧位或其他体位,但不可扶起步行。转送途中,注意避免颠簸、振动。

（6）转送至医院后应做进一步检查,并给予对症治疗,也可进行高压氧治疗。

10.7.6 预防

严格遵守水下爆破作业规则。在进行水下爆破时,潜水员应处于最小安全潜水作业距离之外,如表 10-1 所示。

表 10-1　水下爆破时最小安全潜水距离

炸药量/kg		≤3	≤50	≤250
爆破方式与 安全距离/m	水中爆炸	1 050	2 700	4 600
	单药包裸露爆炸	530	1 350	2 300
	群药包裸露爆炸	230	600	1 010
	钻孔爆炸	90	230	380

10.8　水下触电

10.8.1 概述

电能具有容易控制、便于输送、不污染环境以及利用效率高等特点,因此在水下工程中应用越来越广,如水下电焊与切割、水下照明、电动工具、仪器设备、水下工作舱,以及海底油气生产设施的水下动力或控制电源、大型阴极保护装置的外加电流供应等。水下电气的广泛应用,提高了水下作业的机械化程度和水下工作效率,减轻了潜水员的劳动强度,但是同时也因潜水员与各种水下用电装置接触的概率增加了,而使发生触电事故的机会也相应地增多了。

触电事故是由电流形式的能量失去控制并作用于人体造成的事故。触电事故大致分为两种情况：电击和电伤。电击是当电流流过人体时，电能直接作用于人体，人体受到不同程度的伤害。电伤是当电流转换成其他形式的能量（如热能等）作用于人体时，人体所受到不同形式的伤害，如电烧伤、皮肤金属化、电光眼等。

由于水下环境特点，水下触电事故具有触电事故和潜水事故两个特点，危险性更大。因此对于水下用电安全应高度重视，采取各项安全技术措施，尽量避免发生水下触电事故。而一旦发生水下触电事故，抢救时必须动作迅速、方法正确。

10.8.2　电流对人体的作用

电流通过人体时破坏人体内细胞的正常工作，主要表现为生物效应，使人体产生刺激和兴奋状态，使人体活的组织发生变异，从一种状态变为另一种状态。电流通过肌肉组织，引起肌肉收缩。电流对机体除直接作用外，还可能通过中枢神经系统起作用，使一些没有电流通过的部位也可能受到刺激，产生强烈的反应，重要器官（如心脏）的工作可能受到破坏。

电流作用于人体还包含有热效应、化学效应和机械效应。电流的热效应可能导致电流灼伤、电弧烧伤或电光眼，电流的化学效应可能导致皮肤金属化，电流的机械效应可能导致人体机械性损伤或留下电烙印。

人在水下触电和接触电流、接触电压、与带电体的间距及接地方式等因素有关。

1）接触电流

通过人体的电流越大，热的生理和病理反应越明显，引起心室颤动所需的时间越短，致命的危险性越大。按照人体呈现的状态，可将预期通过人体的电流分为 3 个级别：

（1）感知电流。

在一定概率下，通过人体引起人有任何感觉的最小——电流（有效值，下同）称为该概率下的感知电流。依据《潜水员水下用电安全技术规程》（16636—2008），在水下，人体的感知电流阈值，交流电为 0.5 mA，直流电为 2 mA（对于女性应降低 30％，下同）。

感知电流一般不会对人体构成伤害，但当电流增大时，感觉增强，反应加剧，可能导致放漂、坠落等二次潜水事故。

（2）摆脱电流。

当通过人体的电流超过感知电流时，肌肉收缩增加，刺痛感觉增强，感觉部位扩展。当电流增大到一定程度时，由于中枢神经反射和肌肉收缩、痉挛，触电人将不能自行摆脱带电体。在一定概率下，人触电后能自行摆脱带电体的最大电流称为该概率下的摆脱电流。摆脱电流与个体生理特征、电极形状、电极尺寸等因素有关。根据《潜水员水下用电安全技术规程》，在水下，人体的摆脱电流阈值，交流电为 9 mA，直流电为 40 mA。

摆脱电流是人体可以忍受但一般尚不致造成不良后果的电流，是有较大危险的界限。当流经人体的电流超过摆脱电流以后，会感到异常痛苦、恐慌和难以忍受；如时间过长，则可能昏迷、窒息，甚至死亡。

（3）室颤电流。

通过人体引起心室发生纤维性颤动的最小电流称为室颤电流。在较短时间内危及生命的电流称为最小致命电流。在小电流（不超过数百毫安）的作用下，电击致命的主要原因是电流引起心室颤动。因此，可以认为室颤电流是最小的致命电流。

2）接触电压

根据欧姆定律，电压越高，电流也就越大。电击持续时间越长，电击危险性越大。潜水员用电时，暴露在水中或金属舱内，用电环境非常恶劣。因此，《潜水员水下用电安全技术规程》对潜水员用电电压做了严格规定，要求湿式焊接和切割设备的水下用电电压必须符合表 10 - 2 的规定。《潜水员水下用电安全操作规程》还具体规定，甲板减压舱及潜水钟等设备内只允许使用 24 V 直流电源，初级动力若取自 440 V 三相电源系统，则应通过隔离变压器进行降压。

表 10 - 2　湿式焊接和切割设备的水下用电规定

条件	人体安全电流/(mA)	电流路径阻抗/(Ω)	电压/(V)[1]	
			最大	额定
有自动跳闸装置的交流电[2]	500	500	250	220
有自动跳闸装置的直流电	570	500	285	250
无自动跳闸装置的交流电	10	750	7.5	6
无自动跳闸装置的直流电	40	750	30	24

注：1）电压(V)=人体安全电流(A)×电流路径阻抗(Ω)。其中，人体安全电流的计算，参见本标准的附录 A（提示的附录）。

2）本标准规定自动跳闸装置的动作响应时间≤20 ms。

3）人体阻抗

人体阻抗是确定和限制人体电流的参数之一。因此，它是处理很多电气安全问题必须考虑的基本因素。

人体阻抗是皮肤阻抗和体内阻抗的几何和，皮肤阻抗在人体阻抗中占有很大比例。皮肤状态对人体阻抗的影响很大，皮肤沾水或损伤后，皮肤阻抗明显下降。当潜水员在水下作业时，皮肤长时间浸润，皮肤阻抗几乎完全消失。体内阻抗主要取决于电流途径和接触面积。接触压力增加、接触面积增大会降低人体阻抗。

另外，接触电压升高，人体阻抗会急剧降低。

4）与带电体的间距

水下固定的电气结构、设施（如海底油气生产设施、大型阴极保护装置等）的电源通常是不能随意中断的。潜水员在其附近水域作业时，如果带电导体特别是高压导体故障接地时，或接地装置流过故障电流时，流散电流在附近水中产生的电压梯变，可能使潜水员遭受电击。潜水员与带电体的间距越小，接触电压越高。因此，水下电气结构、设施一般应在离其适当的距离上设置隔离遮栏或安全标志。水下安全距离是指当水中所出现的电压梯度不会危害潜水员时，潜水员距带电体的最小距离。如果水下电气设备由直流电源供电，且电压不超过 30 V，此时安全距离可视为零。

10.8.3　水下触电事故的原因

由于水有一定的导电性,使人体的接触电阻大大降低,电流容易从人体中通过,所以比在陆上使用电气设备更容易触电。触电事故的原因是多种多样的,有管理上的原因,也有技术上的原因。但归纳起来,不外乎是由不安全状态和不安全行为造成的。

1) 不安全状态

不安全状态主要有:

(1) 与水下作业安全有关的各种便携式和固定式电气设备、结构设施达不到国家标准 GB 16636—2008、GB 17869—1999 等的有关规定和要求。

(2) 没有经常对水下电气设备、设施及其电缆进行检测、检查,并记录。

(3) 没有定期对水下电气线路中主动保护装置进行定期试验,并记录。

(4) 水下电气设备、设施的电气安全性能下降或电缆损坏而漏电后,没有及时维修或采取相应的措施。

2) 不安全行为

不安全行为主要有:

(1) 水下电气设备、设施的安装、改造及维护没有遵照国家标准 GB 17869—1999,且不是由通晓水下用电安全技术的资深电工实施。

(2) 制度不完善或违章作业,安全意识差。

(3) 管理不当,现场混乱,水面、水下通信不畅、配合不密切。

(4) 缺乏水下用电安全知识,经验不足,操作失误。

(5) 安全技术措施不完善或运用不正确。

(6) 不重视用电安全保护,如水下电焊时不戴橡胶手套等。

(7) 水下轻度触电时由于惊恐导致二次事故。

10.8.4　症状和体征

1) 水下电击伤

电流流过人体,电能直接作用于人体将造成电击。水下电击伤是指潜水员在水下受电击致伤。

小电流流过人体,会引起麻感、针刺感、压迫感、打击感、痉挛、疼痛、呼吸困难、血压异常、昏迷、心律不齐、窒息、心室颤动等症状。水下轻度电击会使潜水员感到刺激、痛苦,给潜水员造成心理惊恐,可能导致放漂、下坠、呼吸困难等继发性潜水事故;水下重度电击,可能使人痉挛或失去知觉,并发潜水事故,如不能迅速处理,可能导致严重后果。

小电流电击使人致命的最危险、最主要原因是引起心室颤动。麻痹和中止呼吸、电休克,虽然也可能导致死亡,但其危险性比引起心室颤动要小得多。由于电流的瞬时作用而发生心室颤动时,呼吸可能持续 2～3 min,但血液已中止循环,大脑和全身迅速缺氧,病情将急剧恶化。所以在心室颤动状态下,如不及时抢救,心脏很快将停止跳动。

数十毫安以上的工频交流电流通过人体,即可以引起心室颤动或心脏停止跳动,也可能导致呼吸中止。

2）电伤

电伤是由电流的热效应、化学效应、机械效应等对人体造成的伤害。触电伤亡事故中，纯电伤性质的及带有电伤性质的约占75％。

（1）电烧伤。电烧伤是电流的热效应造成的伤害，分为电流灼伤和电弧烧伤。电流灼伤是人体与带电体接触，电流通过人体由电能转换成热能造成的伤害。电流灼伤一般发生在低压设备或低压线路上。电弧烧伤是由弧光放电造成的伤害，分为直接电弧烧伤和间接电弧烧伤。前者是带电体与人体之间发生电弧，有电流流过人体的烧伤；后者是电弧发生在人体附近对人体的烧伤，包含熔化了的炽热金属溅出造成的烫伤。直接电弧烧伤是与电击同时发生的。

电弧温度高达8 000℃以上，可造成大面积、大深度的烧伤，甚至烧焦、烧掉四肢及其他部位。高压电弧的烧伤较低压电弧严重，直流电弧的烧伤较工频交流电弧严重。

发生直接电弧烧伤时，电流进、出口烧伤最为严重，体内也会受到烧伤。与电击不同的是，电弧烧伤会在人体表面留下明显痕迹，而且致命电流较大。

水下电焊与切割作业时，如不注意防护，容易遭致电弧伤。但由于接触电压较低，所发生的直接电弧烧伤事故大多是局部的、轻度的。右手持电焊把或电割把，如果绝缘不良而漏电，电压太高或距离工作太近，会被电弧烧伤；左手若触摸工件或距工件较近，也会遭受电击和电伤。发生直接电弧烧伤时，伤员会感到剧痛，并伴有烧灼感，往往持续时间很短。一般会有多处击伤点，创面表皮脱落，伤口呈轻度焦化状。过后往往会出现水肿，边缘出现水泡，创面渗出液较多。

（2）皮肤金属化。皮肤金属化是在电弧高温的作用下，金属熔化、汽化，金属微粒渗入皮肤，使皮肤粗糙而张紧的伤害。皮肤金属化多与电弧烧伤同时发生。

（3）电烙印。电烙印是在人体与带电体接触的部位留下的永久性斑痕。斑痕处皮肤失去原有弹性、色泽，表皮坏死，失去知觉。

（4）机械性损伤。机械性损伤是电流作用于人体时，由于中枢神经反射、肌肉强烈收缩、体内液体汽化等作用导致的机体组织断裂、骨折等伤害。

（5）电光眼。电光眼是发生弧光放电时，由红外线、可见光、紫外线对眼睛的伤害。电光眼表现为角膜炎或结膜炎。

10.8.5　急救与治疗

触电急救的基本原则是动作迅速、方法正确。尤其是潜水员水下触电急救，更要争分夺秒，及时救治。

（1）潜水员在水下使用电气设备或在电气设施附近水域作业时，水面人员要密切注意其动态并与有关方保持联系，一旦发生潜水员触电事故，能立即切断电源。

（2）如果触电者伤势不重、神志清醒，尚能控制自己，应令其立即上升出水进行检查。

（3）如果触电者有些心慌、四肢发麻、全身无力、疼痛，甚至呼吸困难，应请求水面派预备潜水员下去协助其上升出水。切记，只有当电源切断后预备潜水员才能下去援救。

（4）如果触电者伤势较重，失去知觉，水面应立即派预备潜水员下去援救出水。到达水面后，如触电者没有呼吸和心跳，应争分夺秒在水中实施心肺复苏术。同时，在水面人员的援助下,尽快救护出水实施急救。

(5) 如果触电者意识丧失后,继发淹溺,应同时按淹溺特点进行救治。

(6) 如现场有加压系统设备,应在加压舱内进行抢救。吸入高压氧气,对改善缺氧状态、治疗脑水肿、复苏等都有很大好处。

(7) 对于触电同时发生的外伤,应分别根据情况处理。对于不危及生命的轻度外伤,可放在触电急救之后处理;对于严重的外伤,应与人工呼吸和胸外心脏挤压同时处理;如伤口出血应予止血,为了防止伤口感染,最好予以包扎。

(8) 尽早组织后送往条件较好的医疗单位,做进一步救治。

10.8.6　预防

水下触电救治的难度比陆上要大得多,因此,应当十分重视水下用电安全问题。水下触电的预防主要应考虑以下几方面:

(1) 严格遵守《潜水员水下用电安全技术规程》,使与潜水员有关的各种类型潜水系统、潜水装具、水下作业设备等在用电安全方面达到其技术要求;对于水下电气结构、设施的电气状况,必须在潜水员下水前查询和掌握,必要时,采取相应的应急处理措施,以确保水下作业潜水员的安全。

(2) 严格按照《潜水员水下用电安全操作规程》(GB 17869—1999)进行上述设备、设施的安装、改造和维护,并由通晓水下用电安全技术的资深电工实施。特别是,应经常对水下电气设备、设施的电气安全性能进行检测,应经常对电缆上的机械损害及绝缘性能进行检查,应定期对电气线路中的主动保护装置进行试验,并记录。

(3) 健全制度,加强管理,按章作业,正确操作。

(4) 重视用电安全防护,如进行水下焊接与切割作业时,应戴橡胶手套和护目镜等。

(5) 潜水员应懂得水下安全用电的有关知识,熟悉水下用电安全技术,掌握水下用电安全技术措施和正确操作方法。

10.9　援救遇险市政潜水员

市政潜水员无论在水下或井下遇险,援救的首要任务是尽快将其救捞上来,以利于尽早在陆地上实施相应的急救措施,这是能否救助成功的关键。为此,援救行动要在统一指挥下,有条不紊、迅速、有效地展开,其基本程序和正确措施,可根据以下不同情况部署。

10.9.1　对水下遇险者的救生

潜水员在水下或井下进行作业时,水面或者地面要备好一套装备供预备潜水员穿戴。潜水员在水下遇险,无法自行解脱,此时现场潜水指挥应让穿戴好装备的预备潜水员迅速潜入出事现场,观察遇险潜水员状况,采取相应的救助措施。

如遇险潜水员已失去知觉,要尽快把他带至水面。上升时,保持直立姿势,并控制适宜的上升速率,以防发生肺气压伤。到达水面后,如遇险潜水员仍没有呼吸和心跳,应争分夺秒在水中实施心肺复苏术。同时,在水面人员的援助下,尽快救护出水。要去掉其身上的压铅,或向浮力背心内充气。如遇险潜水员着通风式潜水装具,则到达水面后,应迅速救护出水,在岸上展开心肺复苏等急救措施。

如遇险潜水员尚有知觉,预备潜水员应迅速判明事故原因,根据使用的潜水装具不同,采取相应的援救措施:着通风式潜水装具者,如有绞缠,应帮助其解脱,然后水面人员以一定的上升速度拉至水面,救护出水;着自携式潜水装具者,预备潜水员要弄清其精神状态,若神志不清,则迅速以规定的上升速度将其带至水面,救护出水。若遇险者神志清楚,则应首先潜至遇险者面前,相互注视,示意其勿乱划动,使其增强信心、情绪安定,并采取相应的救助措施,如对装具故障者实施成对呼吸法、水下绞缠者协助解脱、遭水下生物伤害者协助驱赶等。但上述援救过程中,必须注意以下三点:

(1)接近遇险潜水员时,要特别小心,不能被遇险者抓住不放,甚至撕下自己的面罩,造成援救失败,致使两人同时遇险。

(2)注意防止在水中突然下沉。为此,援救时,首先要去掉遇险者的压铅,或向其浮力背心内充气,以增加正浮力。如遇险者头朝下并打水下沉,应迅速抓住其脚蹼,阻止其打水,并很快潜至下面,抓住遇险者气瓶阀,将其扳正,同时去掉自己身上的压铅,以增加正浮力,争取尽快浮出水面。

(3)实施成对呼吸时,未戴咬嘴的潜水员在上升时应不断缓慢吐气,以防发生肺气压伤。

(4)注意事项:遇险者情绪不稳定时或表现惊慌、挣扎时,都将造成对其本人和救援人员安全的威胁,这时不宜进行拖运,应查明原因,设法使其安定后再拖运。拖运中,预备潜水员要随时注意观察遇险者的情况变化,并根据具体情况,采取相应措施。拖运遇险者的方法有多种,如托头拖运法、手脚伸展拖运法、夹臂拖运法、胸臂交叉拖运法、脚推法、绳索拖运法和双人拖运法等,可根据具体情况,选择其中较适宜的方法。如有可能,应尽量采用绳索拖运法,因该法可减轻救援者的疲劳、拖运速度快,且不易被遇险者抓住不放而造成危险,具有很大的主动性。

10.9.2 对井下遇险者的救生

下井人员通常按 3~5 人为一组,井上留 2 名监护人和 1 名配合人,井上人员应密切注意井下情况,不得擅自离岗,当井下人员发生不测时,必须及时进行救助,确保井下操作人员的生命安全;不可盲目救援;拯救人员需佩戴空气呼吸器下井救人,并立即撤出危险地段,同时向负责人汇报,并及时与急救中心联系,说明出事地点与具体情况。

附录 市政工程作业安全须知

第一节 总则

为确保潜水人员的安全与健康,实行安全潜水作业。总的要求是:

(一)责任制是安全作业的基础。

潜水组织在承接一项潜水任务时,必须任命该项任务的项目主管。主管根据需要,聘任或兼任潜水监督或潜水长。对直接参加潜水作业的一切人员均须明确其任务分工,岗位责任以及交接班制度,不得擅离岗位。

对凡能影响或保证该作业现场安全的其他人员必须与有关方协商,明确其各种配合协作责任。

(二)建立严格的人员考核制度。

对一切与潜水作业安全有关人员都要进行考核。潜水员必须取得国家认可的合格证书。不得允许不称职或不合格的人员参加潜水作业。不得录用不合格潜水员,不得准许不符合现场要求的潜水员潜水。

(三)建立严格的设备管理制度。

保证投入使用的设备和装备按照有关规定和标准给予检验,符合安全作业要求,方可投入使用。技术资料齐全,专人负责并记录使用情况和维修保养。

(四)潜水作业必须严明安全纪律,严格实行作业程序。必须结合所采用的潜水技术及实际作业环境和条件制订潜水方案。潜水方案强调安全纪律,应结合实际情况,将事关安全健康的潜水禁忌事项单独列出作为安全纪律。

与空气潜水有关的禁忌事项列举如下:

1. 空气潜水的最大安全深度为 60 m。即潜水深度超过 60 m 时,不得使用压缩空气作为潜水员呼吸气。使用自携式潜水呼吸器进行空气潜水的最大安全深度为 40 m。

2. 潜水深度大于 50 m 或减压时间超过 20 min,或必要时不能在 4 h 内将病员运送到潜水站以外的加压舱治疗时,必须配备水面加压舱及其全套附属设备。

3. 禁止潜水员在水下作业中使用纯氧作为呼吸气体。作为水下吸氧阶段减压时可在 12 m 以浅,或作为水面吸氧阶段减压时,减压舱内静息状态下 15 m 以浅吸氧减压是安全的。

4. 无特殊安全措施,严禁从航行船舶或移动设施上进行潜水作业。

5. 不允许感觉不适的潜水员坚持潜水。

6. 潜水站距水面大于 5 m 时,无特殊安全措施(如吊笼等)不得采取水面潜水方式。

7. 无水面照料员不得允许潜水员进行水面潜水。

8. 进行水面潜水必须明确预备潜水员,保证随时可以下潜执行应急援救。

9. 无水下照料员和有效安全措施,不得允许潜水员进行危险水区和封闭空间冒险作业。

10. 不得允许潜水员在不安全的水流中作业。

11. 未经潜水监督或潜水长允许,不得随意变动设备装具部件位置和解除安全绳等危及潜水员自身安全的非程序化操作。

在承接潜水任务后必须尽快制订出该项任务的潜水方案。

潜水方案提要:潜水方案大体须要包括下列程序和内容。

1. 计划程序。

组织潜水作业。事前应周密计划,必须充分考虑和估计作业环境、条件以及一切可能危及作业安全的因素并提出相应对策。主要包括:

(1) 气象和水文条件。

(2) 底质和潜水现场的各种危险因素。

(3) 潜水深度和方式。

(4) 结合作业具体情况筹划人员、设备和装具的适当配备。

(5) 与作业范围内可能的影响因素。

(6) 通信联络程序。

(7) 各种意外情况的估计。

2. 准备程序。

潜水作业开工前,必须认真做好各种技术和组织准备。主要包括:

(1) 与有关方面的负责人联系协商。落实和明确与作业现场安全有关的一切配合协作关系。

(2) 选定个人装具和呼吸气体。

(3) 制订设备程序,进行设备和装具开工前的检验和检查。

(4) 确定人员作业岗位。

(5) 根据任务选定符合要求的水下作业潜水员。

(6) 入水和出水时的防寒保暖预防措施。

3. 潜水程序。

潜水作业期间,根据不同作业方式,严格执行各种规章程序。一般包括:

(1) 潜水指挥人员、潜水队员包括潜水员的具体职责。

(2) 各种类型个人装具的使用。

(3) 各种气体和呼吸气体的供应及其分压规范。

(4) 水面潜水作业程序。

(5) 在特殊潜水作业区的作业。

(6) 水下装备的使用与操作。

(7) 水下作业的深度、时间限制。

（8）潜水员的下潜、提升和返回水面。

（9）潜水员减压使用的减压表和治疗表。

（10）临时应急措施。

（11）作业结束时的善后工作。

（12）记录和记录簿的保存。

4. 应急程序。

充分估计各种意外事故，尽量做到有备无患。大体包括：

（1）应急信号。

（2）水上、水下发生事故的救助。

（3）紧急加、减压治疗及所需的加压舱。

（4）现场伤员急救。

（5）医药方面的外援。

（6）向应急服务机构呼救，最好做到事前联系。

（7）作业现场紧急撤退人员的各种注意事项。

（8）应急电源。

5. 潜水医师对潜水方案的重要意见和事关安全健康的潜水禁忌事项单独列出作为安全纪律。

编制完毕上报上级潜水组织确认批复，今后进行同类作业时如无修改或补充，无须重复上报，但必须随时提供潜水规则副本备查和使用。

（五）潜水医务人员必须经专门训练并获得从事潜水医务工作的资格者。潜水医务保障由现场潜水医务人员负责实施，或通过咨询由项目主管、潜水监督、潜水长负责实施。

（六）在承担潜水任务中，必须做好各种作业记录，建立严格的报告制度和文件管理制度。

第二节　潜水组织

合理组织潜水队伍是完成承接的潜水任务所必备条件。根据潜水作业任务的具体情况，以作业安全性和效益经济性为重要依据，组织大、中、小型潜水队伍。

当一个由国家认可的一定资质的潜水机构承接某项潜水任务时，必须任命项目主管（或称项目经理），项目主管是该机构的全权代表。

一、项目主管

（一）项目主管的责任。

1. 编制和上报潜水方案。

2. 根据作业需要，聘任或兼任潜水监督或潜水长。

3. 督促、指导潜水监督和潜水长实施潜水方案和潜水安全规则。

4. 提供作业所需的设备、装具，监督执行设备管理制度。

5. 执行报告制度和文件管理制度，按照任务要求，准备好适用于该潜水任务的各种作业记录簿(表)。

6. 负责落实与作业现场有关方的协调和合作,将各有关的具体负责人介绍给潜水监督和潜水长。

7. 选择适当和安全的场所设置潜水站。

8. 落实应急服务组织并保证随时取得联系。

(二)项目主管由潜水组织或委任者组织考核,必须符合下列条件:

1. 通晓潜水任务和潜水技术知识。

2. 有管理科学知识、丰富的潜水作业组织管理经验和与有关方的协调能力。

3. 熟悉与潜水作业安全有关的法令、法规,重视劳动保护和安全。

二、潜水监督

被聘请的潜水监督直接对项目主管负责,通过各值班潜水长全权指挥潜水队进行潜水作业。潜水监督的责任如下:

1. 认真执行潜水条例、潜水规则、潜水方案,设法完成潜水作业任务计划,保证潜水作业人员特别是潜水员的安全与健康。

2. 在项目主管的认可下,合理组织潜水队,对全体队员要认真考核,不得使用不称职和不合格人员特别是潜水员,明确任务、岗位责任和交接班制度。

3. 明确各潜水长的分工和交接班制,保证现场指挥统一。

4. 组织现场设备和装具的合理使用、维护、记录。监督规定的检验和检查,执行设备管理制度,必要时设专业设备技术员。

5. 审查和会签值班潜水长记载的潜水作业记录簿。

6. 与各方具体负责人的日常联系,准确及时与对方互通信息,协调合作,防止作业安全受到干扰。

7. 如作业现场无潜水医务人员,必须亲自主持潜水员加、减压以及病员的急救治疗和追踪观察。

8. 当发生意外情况或潜水事故时,应立即采取有效措施,同时向项目主管报告。

三、潜水长

当仅聘任一名潜水长时,潜水长对项目主管负责,不但要担当上述潜水监督的职责,而且要担当潜水长之职。

(一)潜水长职责。

1. 明确潜水长自己的分工和任务。

2. 负责分工范围内的潜水作业指挥。

3. 为保证安全或根据潜水员感觉不适、自己认为不能胜任水下任务或已下水因故需立即出水等请求,必须立即采取有效措施直至停止或中止潜水作业。切记潜水规则中的禁忌事项。

4. 在潜水作业进行期间不得离开潜水站,不得放弃指挥岗位。潜水长必须进行潜水作业时,应征得潜水监督允许,并指定有潜水长资格的潜水员代理指挥,方可进行潜水。

5. 当发生意外情况或潜水事故时，应立即采取有效措施。同时向潜水监督或项目主管报告。

6. 认真准确记载潜水作业记录，每班记载完毕后必须签名。

7. 审查及签证潜水员记录簿。

（二）潜水监督和潜水长的条件。

潜水监督和潜水长由项目主管聘任，潜水机构考评其资格、委任考核其任职能力，其主要应符合下列条件：

1. 精通所指挥的潜水和水下作业技术，并具有潜水监督或潜水长的实际经历或经验。对其所指挥的潜水作业具有相应类型潜水员合格证书。

2. 了解潜水医学知识，掌握潜水加、减压技能，减压病及其他潜水事故的一般急救治疗和追踪观察。当作业现场无潜水医务人员时，能亲自主持医务保证工作。

3. 熟悉有关法令、法规、规范和标准，有一定的管理和协调能力。

四、潜水员

潜水员是在潜水主管的认可下由潜水监督合理组织的。

当潜水员不进行水下作业时应服从分配，履行潜水队水面人员各项职责。

（一）潜水队水面人员职责。

1. 必须坚持岗位，听从指挥，熟悉和遵守与自己有关的潜水安全规则，认真及时汇报工作。

2. 管理好信号绳和脐带，为潜水员提供妥善照料，保证信息畅通、联系及时、正确。

3. 遵守设备管理制度和设备程序，保证作业现场一切设备安全运转。

4. 各种岗位明确，协调一致，记录正确，严格遵守规则，程序化安全控制潜水各过程，做好生命保障工作。

5. 水面照料员要确认其持有有效的类型相同的合格证书的潜水员。

（二）接受考核，定期或不定期体检。

潜水员培训必须由具有潜水员培训许可证的单位进行培训考核，详见附录《中华人民共和国潜水员管理办法》。并规定每年年审一次，主要包括技术审查和体格审查。在大深度潜水作业队伍组织前或每次大深度潜水前，潜水员均应不定期体检，确认潜水员为适潜潜水员。

（三）潜水员必须携带潜水员证书、特种技能证书和个人潜水员记录簿。

特种技能证书的取得必须经特种技能培训并经考核为合格者，如无损探伤、水下电焊、水下爆破等。

（四）在感觉不适、认为不能胜任水下任务和已下水因故需立即出水时，有权力向潜水长提出请求，停止或中止潜水。

（五）潜水员水下作业时，接到水面上升指令，必须立即停止工作，整理好脐带、信号绳和工具后上升出水，无特殊情况不得延误。如有特殊情况，应请示潜水长并得到同意。

（六）潜水员必须沿入水绳或导索下潜、上升出水。水下行走必须经上方越过或绕过障碍物，切勿穿越。必须遵循往返途经一致的原则。

（七）潜水员从事水下不同潜水作业，必须遵循不同作业的特殊安全操作规范和注意事项。

如冲泥、大坝堵漏、闸门、阀门、入水口检修、水下爆破、电焊电割、寒冷环境、高海拔潜水等。

（八）每班或每次作业完毕，认真填写潜水员记录簿，签名后送交值班潜水长审查、签证，并妥善保管。这是潜水员个人经历和积累经验的证据。

（九）严明安全纪律，遵守潜水规则，严格实行作业程序，及时汇报工作。杜绝一切违规和非程序化作业，特别应强调未经值班潜水长允许，不得随意变动设备装具部件位置和解除安全绳，不得擅自进入危险水区和水下封闭空间冒险作业等危及自身安全的违章作业。

（十）预备潜水员必须着装待命，随时可以下潜执行水下应急援救。

空气潜水员应能胜任作业深度较大和作业复杂的潜水工程。至少能胜任本企、事业空气潜水的水下作业任务，一般应具备以下要求：

1. 掌握空气潜水基本理论知识。

2. 能正确使用和维护自携式、通风式和水面需供式三类装具。

3. 在各种情况下能安全而熟练地进行 60 m 以线的潜水。

4. 能进行一般水下工程作业。会使用水下工具和水下手提式动力工具。

5. 会使用和维护空气潜水用各种潜水员通信系统。

6. 正确使用、操作和维护各种空气潜水设备。

7. 通晓空气潜水应急程序及实施方法。

8. 能识别减压病等一般潜水疾病的症状。

9. 会进行一般伤员的急救，人工呼吸和胸外心脏按压。

10. 会使用减压表和治疗表，在潜水长指导下能操作减压舱实施潜水减压和治疗减压病。

11. 掌握一定的工程基础知识。

12. 能看懂施工图、管道示意图等。

13. 能进行水下一般勘测任务并提出报告。

14. 熟悉潜水作业各种水面保证工作，胜任照料员和援救潜水员的工作。

五、其他人员

其他人员包括专业设备技术管理人员、潜水设备值班操作人员、潜水组织特派员、潜水医师等，不做详细叙述。

第三节 施工现场的一般规定

（一）施工现场的生产指挥人员，必须熟悉所承担工程有关的安全技术标准、规程及保护环境的有关要求，并应对工人讲解保护环境、安全操作方法。参加施工的工人，要熟知本工种的安全技术操作规程和施工现场的一般安全要求。在操作中，应坚守工作岗位，严禁酒后操作。

（二）特种作业人员，如电工、焊工、司炉工、起重机司机和各种机动车辆司机及各种设备的操作工，须经过专门训练，考试合格获得操作证，方准独立上岗操作。

（三）正确使用个人防护用品和安全防护设施。进入施工现场，必须戴安全帽、穿安全鞋。禁止穿拖鞋或光脚。在没有防护设施的高空、下井作业，必须系安全带、安全绳。安全帽、安全带、安全绳要定期检查，不符合要求的，严禁使用。

（四）施工现场的窨井、沉淀池、管道内等危险处，应有防护设施或明显的安全标志。夜间应设红灯示警。

（五）施工现场交通要道要有明显的交通指示标志。交通频繁的交叉路口，应设指挥；危险地区，要悬挂"危险"或"禁止通行牌"。夜间设红灯示警。

路面施工安全维护参照《公路养护安全作业规程》(JTG H30—2015)。

（六）施工人员操作前要进行岗位检查；检查应急救援设备状况；下班时应收集好工具，清理操作现场，清除不安全因素。在易燃易爆物品仓库和操作场所，严禁吸烟，不准擅自移动现场的消防器材，更不准挪作他用。

（七）所有进入现场的机械安装好后，使用前必须验收，经验收合格后方能投入使用。凡故障设备及在修设备，均不能投入运转使用。

（八）工作前必须检查机械、仪表、工具等，确认完好方准使用。

（九）电气设备和线路必须绝缘良好，电线不得与金属物绑在一起；各种电动机具必须按规定接零接地，并设置单一开关。

（十）施工机械和电气设备不得带故障运转和超负荷作业，发现不正常情况应停机检查，不得在运转中修理。

（十一）在架空输电线路下面工作应停电。不能停电时，应有隔离防护措施。起重机不得在架空输电线路下面工作，通过架空输电线路时应将起重臂落下。在架空输电线路一侧工作时，不论在任何情况下，起重臂、钢丝绳或重物等与架空输电线路的最近距离应不小于下表规定。

输电线路	1 kV 以下	1～20 kV	35～110 kV	154 kV	220 kV
允许与输电线路的最近距离/m	1.5	2	4	5	6

（十二）行灯电压不得超过 36 V，在管道或井下施工时，行灯电压不得超过 12 V。

（十三）钢管脚手应用外径为 48～51 mm,壁厚为 3～3.5 mm 的钢管,长度以 4～6.5 m 和 2.1～2.3 m 为宜。有严重锈蚀、弯曲、压扁和裂纹的不得使用。

（十四）扣件应有出厂合格证明,发现有脆裂、变形、滑丝的禁止使用。

（十五）钢制脚手板应采用 2～3 cm 的一级钢材,长度为 1.5～3.6 m,宽度为 23～25 cm,肋高为 5 cm 为宜,两端应有连接装置,板面应钻有防滑孔。凡是裂纹、扭曲的不得使用。

第四节　有毒有害有限空间安全作业规范

（一）前期准备。

1. 必须在作业前对作业人、监护人进行安全生产教育,提高井下作业人员的安全意识,特别是对新员工一定要进行安全教育。安全教育前要做充分准备,安全教育时要讲究效果,安全教育后受教育者每人必须签字。

2. 下井作业是指在新老管网相接的检查井中砌筑雨、污水管道封头、拆除封头;新建的雨、污水管网和正在运行中的雨、污水管网通过检查井相接必须下检查井工作的;采用工人下检查井清除垃圾的;运行的雨、污水管网清通养护过程中必须下井作业的;以及其他因素必须下井工作。

3. 凡下井作业必须由施工单位编制详细的施工方案和应急预案报工程部和安全部审批,批准后由施工负责人组织所有施工人员开会进行下井前安全技术措施、安全组织纪律教育。在正式施工前由下井作业施工负责人签发下井作业票。

4. 施工前必须事先对原管道的水流方向和水位高低进行检查,特别要调查附近工厂排放的工业废水、废气的有害程度及排放时间,以便确定封堵和制定安全防护措施。

5. 下井作业人员必须身体健康、神志清醒。超过 50 岁人员和有呼吸道、心血管、过敏症或皮肤过敏症、饮酒后不得从事该工作。

6. 拆除封堵时必须遵循先下游后上游,严禁同时拆除两个封堵。

7. 严禁使用过滤式防毒面具和隔离供氧面具。必须使用供压缩空气的隔离式防护装具。雨、污水管网中下井作业人员必须穿戴供压缩空气的隔离式防护装备。

8. 作业前,应提前 1 h 打开工作面及其上、下游的检查井盖,用排风扇、轴流风机强排风 30 分钟以上,并经多功能气体测试仪检测,所测读数在安全范围内方可下井。主要项目有：硫化氢、含氧量、一氧化碳、甲烷（可燃气体）,所有检测数据如实填写《下井作业票》。操作人员下井后,井口必须连续排风,直至操作人员上井。

9. 施工时各种机电设备及抽水点的值班人员应全力保障机电设备的正常安全运行,确保达到降水、送气、换气效果,如抽水点出现异常情况应及时汇报施工现场负责人,井下工作人员撤离工作点。

10. 遇重大自然灾害及狂风暴雨等恶劣天气,应尽量减少或杜绝下井作业。

（二）安全措施。

1. 施工期间每半小时须用多功能气体测试仪检测是否正常（污水管道必须连续监测）,以判断作业环境有无毒气等情况,或下井作业人员随身携带毒气检测仪,如有异常时立即采取必要的应急措施。

2. 作业区域周围应设置明显的警示标志,所有打开井盖的检查井旁均应设置围栏并有专人看守,夜间抢修时,应使用涂有荧光漆的警示标志,并在井口周围悬挂红灯,以提醒来往车辆绕道和防止行人坠入,作业人员必须穿戴安全反光防护背心。工作完毕后应立即盖好全部井盖,以免留下隐患。

3. 下井前,作业人员应检查各自的个人防护器材是否齐全、完好(包括防爆手电、手套、安全鞋、安全绳、安全帽等)。作业人员下井前必须确认并在《下井作业票》签字。

4. 下井人员通常按 3~5 人为一组,井上留 2 名监护人和 1 名配合人,井上人员应密切注意井下情况,不得擅自离岗,当井下人员发生不测时,必须及时进行救助,确保井下操作人员的生命安全;不可盲目救援;进行下井作业时,安全员必须在现场看护。

5. 井上人员禁止在井边闲聊、抛扔工具,以防止物品等掉入敞开的井内,发生危险,应将井四周 2 m 范围内松软垃圾清理出作业区域,零星工具应远离井口,井口及井下作业人员严禁吸烟,以防沼气燃烧或爆炸。井内照明灯具必须使用低压灯照明,防止沼气燃烧或爆炸。

6. 作业人员下井前,应穿着防毒衣、安全鞋、系好腰带,戴好安全帽,上、下井时系好安全绳,井上人员检查合格后再使用扶梯上、下井,以免意外跌落危及安全。

7. 下井作业前必须填写《下井作业票》,做好应急救援措施。

8. 下井使用自备的梯子,以防井壁的爬梯年久锈蚀断裂而发生危险。

9. 井下人员应留心观察井内、管内的情况,发生紧急情况时不要慌乱,到地面前千万不要在井下卸下防毒面罩。

10. 井上人员应在规定的路线下接应井下操作人员,发现有反常现象应立即协助井下人员撤离或做好急救准备。

11. 为防止垂直运输物体的过程中因物体坠落而伤害井下作业人员,下井作业人员必须在下井前佩戴有效的安全帽,并扣牢,进行防护。井下作业人员在井上人员起吊物体时,尽量躲到井口范围外的可靠处。起吊物体用的绳索、吊桶等必须可靠牢固,防止在吊物时突然损坏,发生伤人事故。井口上部工作人员须增强工作责任心,传递材、物、料要稳妥、可靠,防止滑脱,并服从现场负责人的统一管理,不蛮干、不急躁。

12. 联络办法:采用有线或无线对讲机通话联系,若呼叫无应答,井上人员须立即救助。

13. 施工方现场负责人须严格控制戴呼吸器人员在井下的工作时间,确保安全。下井作业人员连续工作一般不得超过 1 h。

14. 作业中气体监测。在有毒有害气体较严重的作业现场或者作业时间较长的项目,应采取连续监测的方式,随时掌握气体情况、排放规律并相应采取有效的防护措施,一旦气体超标立即停止作业,保证下井作业人员的安全。连续监测可采用两种方式:①专业监测人员现场连续监测的方式;②作业人员随身佩戴微型监测仪器报警监测的方式。一但井内发现硫化氢气体,随时报警,作业人员及时撤离。

15. 下井操作人员上井后须及时实施自身清洁工作,以免污物、细菌等侵蚀。

16. 在拆除管道封堵时,考虑上游的水位的情况:水位超过管径或大于 1 m 时,拆除封堵,一次不得大于管径的 1/3,防止上游大量水流冲走作业人员;在拆除封堵时必须连续机械通风,防止管道内的有害气体突然大量涌进井室,造成安全事故。

17. 管道疏通时必须连续进行机械通风,因为在疏通时,搅动的影响会造成淤泥和封闭管道中的有害气体溢出,造成人员事故。小管径或覆土较浅的污水管线,尽可能地在地面上使用工具疏通。

18. 发生作业险情时,严禁盲目施救,拯救人员需佩戴空气呼吸器下井救人,并立即撤出危险地段,同时向负责人汇报,并及时与急救中心联系,说明出事地点与具体情况。